西北工业大学精品学术著作培育项目资助出版

雷击作用下典型复合材料
结构的多场耦合效应

王富生　马襄腾　韩春永　吴　悦　陈　汉　著

科学出版社

北　京

内 容 简 介

　　针对复合材料典型结构，本书介绍了雷击放电机理和磁流体动力学理论、三维雷电等离子体通道数值计算方法、复合材料油箱口盖结构雷击烧蚀分析、整体油箱雷击点火源分析、雷电磁流体与复合材料多场耦合分析、复合材料雷击动态损伤本构模型、复合材料雷击烧蚀后剩余强度预测方法、复合材料雷击汽化反冲和剩余强度分析、复合材料连接结构雷击损伤分析、雷电电弧作用下复合材料喷铝防护分析、新型复合薄膜雷电防护性能分析、分段式导流条雷击防护方法等内容。

　　本书可作为航空、航天、材料、机械、力学和土木等专业从事电、磁、热和冲击耦合效应研究的高年级本科生和研究生的课程教材，也可供相关专业的研究人员和工程技术人员参考。

图书在版编目（CIP）数据

雷击作用下典型复合材料结构的多场耦合效应 / 王富生等著. —北京：科学出版社，2023.10
　ISBN 978-7-03-074586-6

　Ⅰ. ①雷…　Ⅱ. ①王…　Ⅲ. ①复合材料–防雷–耦合作用–研究
Ⅳ. ①TB33

中国国家版本馆 CIP 数据核字（2023）第 010778 号

责任编辑：任　静 / 责任校对：胡小洁
责任印制：赵　博 / 封面设计：蓝正设计

科学出版社 出版
北京东黄城根北街 16 号
邮政编码：100717
http://www.sciencep.com
北京中石油彩色印刷有限责任公司印刷
科学出版社发行　各地新华书店经销
*
2023 年 10 月第 一 版　开本：720×1000　1/16
2024 年 3 月第二次印刷　印张：22 1/4
字数：446 000
定价：**178.00 元**
（如有印装质量问题，我社负责调换）

前　言

无论是军用飞机还是民航客机都不可避免地在雷雨天气中飞行，导致飞机不可避免地遭遇雷击事故。特别是全天候作战飞机，其遭遇雷击的概率更大。雷电流作用在复合材料结构表面时会造成严重的热损伤和机械冲击损伤。复合材料雷击损伤响应属于电、磁、力、热和化学等多场耦合作用，雷击后会导致飞机机身结构的刚度、强度和稳定性大大降低。近年来复合材料的使用量已成为衡量飞机结构先进性的重要标志，但复合材料对雷电效应十分敏感，致使其结构的雷电毁伤防御能力较差，现代飞机结构设计中明确要求其需要重点考虑防雷击问题，同时在船舶、风电等其他复合材料工程领域中也会遇到同样的问题。

本书是在作者 2016 年出版专著《飞机复合材料结构雷击损伤评估和防护设计》的基础上，结合作者承担的国家自然科学基金(编号：52175147、51875463和 51475369)、航空科学基金(编号：20200044053002 和 2013ZF53068)、陕西省自然科学基础研究计划(编号：2018JM1001)和各类国防科技项目的成果完成的，同时本书的出版得到了西北工业大学精品学术著作培育项目的资助。与 2016 年版专著不同的是，本书结合复合材料典型结构介绍新的研究成果，特别在以下的工作方面具有特色：基于磁流体动力学理论建立了雷击放电通道的磁流体动力学模型，获得了放电通道的形成、演化和发展机理，进一步考虑了放电磁流体与复合材料之间的多场耦合机理、界面插值技术和动网格技术；计及雷击过程中的飞机运动，考虑了雷电弧附着过程对复合材料结构雷击损伤的影响；基于连续介质力学建立了雷电作用下复合材料率型损伤本构模型和物态方程，分析了复合材料加筋壁板在雷击下的动态损伤响应；在复合材料结构雷击后安全性能预测方面，提出了汽化反冲后剩余强度的预测方法；对比分析了不同材质金属网、喷铝层、新型防护膜和分段式导流条的防雷击性能，建立了相应的理论分析模型；另外，还研究了金属和复合材料飞机燃油箱雷击点火源的产生机制。

全书共分为 13 章，第 1 章绪论介绍了飞机雷击放电、雷击损伤评估和防雷击设计的研究现状，第 2 章介绍雷击放电机理与磁流体动力学理论，开展了二维和三维等离子体放电通道仿真分析，第 3 章介绍复合材料油箱口盖的雷击烧蚀损伤特性，第 4 章介绍整体油箱雷击点火源分析方法，第 5 章介绍雷电磁流体与复合材料的多物理场耦合方法，第 6 章介绍复合材料雷击动态损伤本构模型和物态方程，第 7 章对比分析了不同失效准则下复合材料结构雷击烧蚀损伤后的剩余强度，第 8 章介绍复合材料加筋壁板不同金属网防护性能分析和防雷击设计的优化方法，第 9 章研究了复合材料加筋壁板汽化反冲效应及汽化反冲后的剩余强度，第 10 章介绍了含螺栓复合材料典型连接结构的雷击损伤分析方法，第 11 章介绍雷电电弧作用下复合材料无防护基准件和喷铝防护结构损伤特性，第 12 章介绍了新型防护材料的防雷击性能，第 13 章介绍分段式导流条雷击防护分析。希望本书的出版能为我国复合材料结构的雷击防护设计起到一定的指导作用。

本书在出版过程中得到了航空工业 601 研究所、航空工业 611 研究所、航空工业 637 研究所、航空工业复材、中国电科 33 研究所、航天科技 703 研究所、航天科工第九总体设计部、合肥航太电物理技术有限责任公司、西安爱邦电磁技术有限责任公司等单位有关领导、专家和工程技术人员的大力支持。西北工业大学力学与土木建筑学院的贾森清、李妍、俞晓桑、张耀、魏政、黄卫超、陈广悦、李昕昕和程胜楠等博士生和硕士生也为本书的出版做出了辛勤努力，在此一致表示感谢。

由于作者水平有限，书中不妥之处在所难免，希望读者不吝赐教。

目　　录

前言
第1章　绪论 ……………………………………………………………………… 1
　1.1　飞机雷击背景 ………………………………………………………… 1
　1.2　飞机雷击研究现状 …………………………………………………… 4
　　1.2.1　雷电观测和放电机制 ………………………………………… 4
　　1.2.2　雷电通道数值模拟 …………………………………………… 5
　　1.2.3　雷电触发机理和多物理场耦合 ……………………………… 8
　1.3　复合材料防雷击设计研究 …………………………………………… 10
　1.4　复合材料雷击后剩余强度研究 ……………………………………… 13
　1.5　飞机燃油系统雷击损伤研究 ………………………………………… 14
　1.6　本书内容安排 ………………………………………………………… 17
　　参考文献 ……………………………………………………………… 18
第2章　磁流体动力学理论与雷击放电机理 ……………………………… 27
　2.1　雷电磁流体动力学理论 ……………………………………………… 27
　　2.1.1　流体动力学方程 ……………………………………………… 27
　　2.1.2　磁流体动力学方程 …………………………………………… 29
　2.2　放电等离子体数值计算方法 ………………………………………… 36
　　2.2.1　CFD 计算方法及流程 ………………………………………… 36
　　2.2.2　FLUENT 二次开发 …………………………………………… 37
　　2.2.3　MHD 模型求解 ………………………………………………… 39
　2.3　二维电弧热等离子体实例验证 ……………………………………… 40
　　2.3.1　二维电弧几何模型 …………………………………………… 41
　　2.3.2　边界条件 ……………………………………………………… 41
　　2.3.3　计算结果分析和验证 ………………………………………… 42
　2.4　三维雷电电弧等离子计算 …………………………………………… 45
　　2.4.1　几何模型及网格划分 ………………………………………… 45
　　2.4.2　边界条件 ……………………………………………………… 46
　　2.4.3　放电等离子通道计算设置 …………………………………… 48

2.5　三维等离子通道特征 ··· 48
　　2.5.1　放电通道演变过程 ··· 48
　　2.5.2　等离子体通道传热分析 ·· 50
　　2.5.3　过压和冲击波效应 ··· 54
　　2.5.4　电磁分布特征 ·· 57
参考文献 ··· 60
第3章　复合材料油箱口盖结构雷击烧蚀分析 ···························· 63
3.1　油箱口盖结构雷击分析 ·· 63
　　3.1.1　油箱口盖结构雷击模型 ·· 63
　　3.1.2　计算结果与分析 ··· 64
3.2　油箱口盖雷击损伤影响因素分析 ······································ 66
　　3.2.1　口盖材质对雷击烧蚀影响 ·· 66
　　3.2.2　雷击位置影响 ·· 67
　　3.2.3　口盖厚度的影响 ··· 71
　　3.2.4　搭接区域间隙内填充密封胶 ······································ 74
3.3　含螺栓油箱口盖结构 ·· 75
　　3.3.1　含螺栓油箱口盖有限元模型 ······································ 75
　　3.3.2　雷电作用在口盖时的计算结果分析 ································ 77
　　3.3.3　雷电作用在螺栓时的计算结果分析 ································ 78
参考文献 ··· 80
第4章　整体油箱雷击点火源分析 ··· 81
4.1　油箱结构的雷击危害 ·· 81
4.2　整体油箱雷击计算模型 ·· 82
　　4.2.1　金属整体油箱结构 ··· 82
　　4.2.2　复合材料整体油箱结构 ·· 85
　　4.2.3　材料参数和边界条件 ··· 86
4.3　金属整体油箱点火源分析 ·· 87
　　4.3.1　电流密度分布情况 ··· 87
　　4.3.2　电接触程度对结构界面电流密度的影响 ························· 95
　　4.3.3　组件界面电场强度分析 ··· 97
　　4.3.4　温度分布规律 ·· 99
4.4　复合材料整体油箱点火源分析 ·· 100
　　4.4.1　复合材料油箱电流密度分布 ······································ 100
　　4.4.2　复合材料油箱组件界面电场强度分析 ··························· 105
　　4.4.3　复合材料油箱温度分布 ··· 106

参考文献 ··· 107
第5章　雷电磁流体与复合材料多物理场耦合方法 ·················· 109
　5.1　雷击多物理场耦合技术 ····································· 109
　　5.1.1　基本理论 ··· 109
　　5.1.2　插值方法对比 ··· 112
　　5.1.3　动网格技术 ··· 115
　　5.1.4　雷电磁流体与复合材料耦合算法 ······················· 118
　5.2　雷电磁流体与复合材料加筋壁板耦合分析与验证 ············· 120
　　5.2.1　复合材料加筋壁板雷击试验 ····························· 120
　　5.2.2　雷击后复合材料加筋壁板超声 C 扫描检测 ················ 124
　　5.2.3　雷电磁流体与复合材料加筋壁板耦合计算 ················· 126
　5.3　雷电磁流体与复合材料扫掠耦合分析 ······················ 134
　　5.3.1　飞机雷击扫掠机理 ····································· 134
　　5.3.2　雷击扫掠通道演变 ····································· 135
　　5.3.3　雷击扫掠损伤 ··· 140
　参考文献 ··· 142
第6章　复合材料雷击动态损伤模型分析 ···························· 144
　6.1　各向异性本构模型 ··· 144
　6.2　各向异性弹塑性本构模型 ··································· 145
　　6.2.1　弹性阶段应力-应变关系 ······························· 145
　　6.2.2　塑性阶段应力-应变关系 ······························· 149
　6.3　物态方程和屈服方程 ······································· 151
　　6.3.1　物态方程的引入 ······································· 151
　　6.3.2　弹性阶段物态方程及修正 ······························· 151
　　6.3.3　塑性阶段物态方程修正 ································· 152
　　6.3.4　屈服方程 ··· 153
　6.4　雷击动态损伤分析方法 ····································· 154
　　6.4.1　复合材料加筋壁板有限元模型 ··························· 154
　　6.4.2　分析流程和材料参数 ··································· 155
　6.5　计算结果分析 ··· 157
　　6.5.1　复合材料加筋壁板等效应力分布 ························· 157
　　6.5.2　复合材料加筋壁板温度分布 ····························· 162
　　6.5.3　复合材料加筋壁板变形情况 ····························· 166
　　6.5.4　复合材料加筋壁板分层损伤分析 ························· 170
　参考文献 ··· 172

第7章　不同失效准则下复合材料雷击后剩余强度分析 ············ 175
　7.1　雷击损伤后复合材料力学性能 ······························· 175
　7.2　雷击损伤后复合材料层合板压缩试验 ······················· 176
　　7.2.1　试验件 ··· 176
　　7.2.2　试验方案 ··· 176
　　7.2.3　试验结果及分析 ··································· 177
　7.3　复合材料渐进损伤分析方法 ································· 180
　　7.3.1　应力计算 ··· 180
　　7.3.2　复合材料失效准则 ································· 181
　　7.3.3　材料退化模式 ····································· 184
　7.4　雷击后复合材料层合板压缩模拟分析 ······················· 185
　　7.4.1　剩余强度分析方法及失效定义 ······················· 185
　　7.4.2　不同铺层的损伤扩展 ······························· 185
　　7.4.3　载荷-位移曲线及破坏载荷 ··························· 190
　参考文献 ··· 192
第8章　复合材料加筋壁板不同金属网防雷击性能分析 ············ 194
　8.1　不同形式金属网 ··· 194
　8.2　复合材料加筋壁板金属网雷击防护机理分析 ················· 195
　　8.2.1　有限元模型及材料参数 ····························· 195
　　8.2.2　金属网雷击烧蚀判断准则 ··························· 197
　　8.2.3　铜网雷击防护分析 ································· 197
　　8.2.4　不同材料金属网防护性能对比分析 ··················· 199
　8.3　网格间距影响分析 ······································· 201
　　8.3.1　网格间距的变化对雷击防护效果的影响分析 ············· 201
　　8.3.2　网格间距的变化对结构增重的影响分析 ··············· 205
　8.4　复合材料加筋壁板防雷击设计优化 ························· 206
　　8.4.1　设计优化方法 ····································· 206
　　8.4.2　铜网防护件的设计优化 ····························· 208
　　8.4.3　复合材料基准件的防雷击设计优化 ··················· 214
　参考文献 ··· 216
第9章　复合材料加筋壁板汽化反冲和剩余强度分析 ············ 218
　9.1　雷击汽化反冲效应 ······································· 218
　9.2　铜网防护复合材料雷击烧蚀特征 ··························· 218
　　9.2.1　铜网防护件有限元模型 ····························· 218
　　9.2.2　铜网防护件雷击烧蚀计算与试验结果对比 ············· 220

9.3 汽化反冲效应分析 ·· 221
9.3.1 汽化反冲分析方法 ·· 221
9.3.2 汽化反冲有限元模型 ·· 223
9.3.3 计算结果分析 ·· 224
9.4 剩余强度分析 ·· 232
9.4.1 剩余强度分析流程 ·· 232
9.4.2 计算结果分析 ·· 233
9.5 雷电流 B 分量对复合材料损伤的影响 ·· 242
参考文献 ·· 244
第 10 章 复合材料连接结构汽化反冲和铝网防雷击分析 ·· 246
10.1 含螺栓复合材料结构 ·· 246
10.2 复合材料典型连接结构和有限元模型 ·· 247
10.2.1 复合材料连接件 ·· 247
10.2.2 铝网防护下复合材料连接件 ·· 248
10.3 基准件雷击损伤分析 ·· 249
10.3.1 第一次雷击烧蚀损伤与汽化反冲分析 ·· 249
10.3.2 第二次雷击烧蚀损伤与汽化反冲分析 ·· 254
10.4 铝网防护复合材料连接件雷击损伤分析 ·· 258
10.4.1 第一次雷击烧蚀损伤与汽化反冲分析 ·· 258
10.4.2 第二次雷击烧蚀损伤与汽化反冲分析 ·· 262
10.5 雷击损伤后剩余强度分析 ·· 267
10.5.1 基准件第一次雷击后剩余强度分析 ·· 267
10.5.2 基准件第二次雷击后剩余强度分析 ·· 269
10.5.3 铝网防护件第一次雷击后剩余强度分析 ·· 271
10.5.4 铝网防护件第二次雷击后剩余强度分析 ·· 272
10.5.5 完整件拉伸失效时的损伤特征 ·· 274
10.5.6 不同工况下的拉伸强度比较 ·· 276
参考文献 ·· 276
第 11 章 雷电电弧作用下复合材料喷铝防护性能分析 ·· 278
11.1 复合材料电弧附着特性 ·· 278
11.1.1 复合材料电弧附着模型建立 ·· 278
11.1.2 材料参数和边界条件 ·· 279
11.1.3 计算流程 ·· 281
11.1.4 不同阳极材料电弧激发时间 ·· 283
11.1.5 不同阳极材料电弧运动特性 ·· 284

11.2　复合材料损伤预测及验证 ··· 286
　　11.2.1　复合材料雷击损伤模式 ·· 286
　　11.2.2　复合材料损伤预测及机理 ··· 287
11.3　复合材料表面喷铝雷击防护分析 ·· 290
　　11.3.1　复合材料表面喷铝 ··· 290
　　11.3.2　无防护基准件雷击损伤 ·· 292
　　11.3.3　全喷铝雷击防护分析 ·· 294
　　11.3.4　局部喷铝雷击防护分析 ·· 296
参考文献 ··· 299

第 12 章　雷电电弧作用下新型复合薄膜防护性能分析 ······················ 301
12.1　镀镍碳纤维/羰基铁粉复合薄膜 ··· 301
12.2　等效材料参数计算 ·· 302
　　12.2.1　均匀化理论 ··· 302
　　12.2.2　RVE 模型 ·· 302
　　12.2.3　等效参数计算理论基础 ·· 304
　　12.2.4　计算流程 ·· 307
　　12.2.5　等效参数计算结果 ··· 308
12.3　NCF/CIP 新型薄膜雷击烧蚀损伤分析 ·· 315
　　12.3.1　模型建立 ·· 315
　　12.3.2　放电通道附着特征 ··· 316
　　12.3.3　有无防护膜的雷击热效应比较 ··· 318
参考文献 ··· 321

第 13 章　分段式导流条雷击防护分析 ·· 323
13.1　分段式导流条 ·· 323
13.2　分段式导流条的电压击穿特性 ·· 324
　　13.2.1　二分段高压击穿模型 ·· 324
　　13.2.2　电压击穿分析 ·· 325
13.3　分段式导流条击穿电压的影响因素 ·· 328
　　13.3.1　电压上升速率的影响 ·· 328
　　13.3.2　金属片段间隙宽度的影响 ·· 329
　　13.3.3　金属片段几何形状的影响 ·· 329
　　13.3.4　高电压击穿试验证 ··· 332
13.4　分段式导流条的高电流击穿特性 ·· 335
　　13.4.1　高电流击穿模型 ·· 335
　　13.4.2　结果与讨论 ··· 337
参考文献 ··· 343

第1章 绪　　论

1.1　飞机雷击背景

雷电是自然界雷暴云中电荷积累到一定程度后释放其内部电能的强电磁脉冲现象，在极短时间内传导强大电流、极高温度和强电磁场，同时伴随强光、雷鸣等物理现象[1]。雷击现象频繁出现在云层内部、云际之间或云层与大地之间，也会发生于雷暴云与建筑物或飞行器之间，具有温度高、时间短、大电流、高电压和强电磁辐射等放电特性。雷雨云中正、负电荷在重力作用下发生分离而出现两个不同极性的电荷区域，当雷暴云中电荷密集处的电场达到25~30kV/m时出现先导放电。放电通道中的空气粒子受高温和电场作用发生热电离，同时在电场作用下发生电离而转化为热等离子，随着大气电场逐渐增强而发生梯级先导，在电子雪崩的驱使下先导逐渐向下发展，与其诱发的迎面先导汇合形成热等离子体放电通道。雷击主放电阶段持续时间极短，一般在50~100μs；包括余辉阶段在内，一段完整的雷击放电过程一般存在高电流冲击、连续低电流作用和高电流脉冲分量反复冲击等过程，持续时间在0.03~1s之间。放电主通道常表现为无规则的弯曲状，如图1-1所示，除主通道外还伴随许多条分叉小通道，雷电附着后会出现一次或多次的回击现象。此外，雷雨云中可能存在多个电荷中心，一次放电结束后会引起其他电荷中心继续放电，从而出现许多条连续的放电通道，如图1-2所示。

图 1-1　雷击放电通道　　　　　　　图 1-2　连续多条放电通道[1]

雷击的损坏能力极强，潜在危险性较高，释放的物理效能可造成建筑损坏、森林火灾、油库失火、能源损耗、电子故障等较为严重的经济损失，雷击灾害已经从过去主要集中在建筑和电力部门逐渐扩展到航空、航天和通信等领域，影响空间运载火箭、地面飞机和航空器等的正常飞行[2]。一般威胁飞机飞行安全的自然灾害有暴雨天气、低能见度、严重颠簸、风切变、表面结冰和雷击等，其中雷击是最为复杂和难以预测的，对飞机造成的破坏包括机身电弧附着点处金属熔化出现孔洞以及雷达罩和天线的破坏等[3]，德国汉莎航空公司维修记录显示对飞机雷击损伤的维修数量约占总维修数量的17%[4]。

飞机遭遇雷击主要有途经强电场区域自我触发的先导放电和拦截自然雷电而形成的双向先导放电两种情形，通常一架固定航路的飞机，平均每年要遭到一次雷击[5]。据统计飞机遭遇雷击主要由自身触发放电造成，飞行高度在 7km 以上，飞机遭遇雷击都是由其自身触发放电引起，飞行高度在 7km 以下只有10%的情况由飞机拦截造成[6]。据资料记载，飞机平均航行1000～1500小时就遭受一次雷击[7]，尽管飞机飞行会极力避免在恶劣天气下飞行，但从近几十年报道的飞机事故来看，由雷击造成飞机事故的损失程度是非常严重的，飞机雷击事件如图1-3所示。随着现代先进飞机的发展，为提高飞机飞行性能，采用更先进的综合航空电子系统和更轻便的复合材料，这些复合材料和灵敏的电子系统在遭遇雷击后反而更容易被破坏。

图 1-3　飞机雷击事故

针对飞机在雷电环境中的飞行安全问题，飞机设计手册关于飞机防雷击设计有着严格的规定。我国对飞行器雷击问题研究起步较晚，雷击防护系统大部分参考国外的设计标准，航空器的雷击问题已成为我国现代航空器设计的重大技术瓶颈之一[8]。在现代航空业，无论军用飞机还是民航客机都不可避免在雷雨天执行飞行任务，特别是全天候作战飞机，都面临雷击问题，过去飞机主要采用金属材料制成，即便遭受雷击也能很快地将雷电流传导到翼尖和尾翼的放电刷上，通过放电刷把雷电流释放到空气中，金属良好的导电性保证了金属材质的飞机很少因雷电造成严重损坏。但出于降低成本和减重的考虑，现代先进航空器结构上采用非金属材料越来越多，特别是碳纤维/环氧树脂复合材料，虽然碳纤维是良好的电导体，但环氧树脂的电导率却很低，故碳纤维复合材料整体表现为电导性差[9]。碳纤维复合材料的电阻率是铝的 2000 倍，雷击后会产生更为严重的损伤，主要有表面的热烧蚀和冲击开裂，因此现代飞机设计中明确要求复合材料结构在机翼、机头雷达罩和油箱中应用时需要考虑防雷击问题。

目前，航空工业的快速发展对飞机结构材料性能的要求越来越高，铝合金、钛合金和合金钢等传统金属材料已经难以满足飞机结构的设计需求。此外，为了降低飞机的机身重量，提高飞机的续航能力，复合材料因其具有轻质、可设计性强、比强度大、比模量高等一系列优点，已经越来越广泛地应用在飞机结构设计上。如波音公司自 B737 开始就已经在飞机结构设计中采用复合材料，而在新一代的大型民航客机 B787 上复合材料的使用量占到飞机结构总重量的一半左右，A350 客机中复合材料的使用量同样达到了飞机结构总重量的 52%。我国自主研发的支线客机 ARJ21 和大型客机 C919 在其中央翼盒和机身尾段均采用复合材料结构设计。但复合材料是由导电性较好的碳纤维和电绝缘的环氧树脂组成，与传统的工程材料相比复合材料整体导电性能较差，从而导致复合材料结构电磁屏蔽性能的缺失，使得飞机结构对雷电效应非常敏感，在飞行的过程中遭遇雷击的概率也大大增加，雷击造成的后果也更为严重[10]。

雷电流对飞机结构造成的损伤类型可分为直接效应损伤和间接效应损伤。直接效应损伤主要是由雷电流在复合材料结构内部传导造成的损伤，其损伤形式包括复合材料的灼烧、熔融、相变、分层、等离子体的热力冲击、汽化反冲和结构畸变等[11]，此种损伤形式对飞机机身的强度、刚度和稳定性带来巨大危害。间接效应损伤主要是由于雷电流在复合材料内部传导时产生的电磁场和电势差对电子、电气设备、电网或电网终端造成的损伤，这些损伤主要是由于复合材料内部传导大电流而导致磁场发生变化，可使电子、电器系统的瞬间电压发生变化，影响电子控制和使显示系统失灵[12]，此种损伤形式对飞机航电系统和控制系统带来巨大危害。

随着航空工业的快速发展，全球各地的航线、航班数量大幅度增加，关于飞机遭受雷击事件的报道也频繁出现。据统计，由于雷击导致的飞机事故每年都在百起以上，迄今为止已超过 2500 架飞机被雷电击毁，严重影响飞机飞行安全。近二十年来，国内外发生的飞机雷击事故主要有：2000 年，一架运七客机在武汉下降过程中遭受雷击坠毁；2004 年，一架南非小型飞机在长沙附近遭受雷击坠毁于湘江；2005 年，一架麦道 DC9 客机在尼日利亚降落时，因雷击坠毁造成多人死亡；2006 年，一架波音客机在武汉机场降落过程中起落架舱内发现雷电附着；2007 年，沈阳飞机维修基地的一架 B6205 飞机的升降舵后缘、发动机喷口和左侧机身等部位发现多处雷击痕迹；2010 年，一架 B737 客机在哥伦比亚圣安德烈斯岛降落过程中遭遇雷击而实施紧急迫降，飞机坠毁并断为三截，造成至少一人死亡和多人受伤；2015 年，一架 B757 飞机在冰岛首都机场起飞后便遭受雷击，机头被雷电击穿；2016 年，阿提哈德航空公司的一架 B777-300ER 型客机，在穿越雷暴区时右侧机翼被雷电击中，所幸未造成人员伤亡；2017 年，一架新西兰客机在被闪电击中后被迫返回奥克兰；2018 年，英国哈里王子乘坐的私人飞机前往阿姆斯特丹的途中被雷电击中，幸运的是飞机没有失事；2019 年，一架苏霍伊超级喷气机 100 客机遭遇雷击后电气自动化设备失灵，被迫返航后实施硬着陆，致使机身断裂起火，事故导致 41 人遇难。据估计大约每一架民航飞机每年至少遭遇一次雷击，在雷暴环境中飞机本身触发的雷电可能会导致飞机外部结构和航电系统的损坏。我国的民用和军用飞机都曾发生过多起因遭遇雷击而坠毁的事故[13]。雷击对飞机正常航行的威胁已不容忽视，并逐渐成为研究热点。

1.2　飞机雷击研究现状

1.2.1　雷电观测和放电机制

雷电放电现象本质是大气火花放电，经科学家们对雷电放电现象的深入研究，并随着雷电测量技术和试验水平的日益提高，对雷电形成机制和活动规律有了一定的认识。目前，针对雷雨云起电机制和雷击放电通道形成机理，国内外一般借助雷电观测和理论分析相结合的方式展开。雷雨云主要由大气对流运动而形成，解释雷雨云起电现象的理论有很多，比如对流起电、粒子碰撞起电、温差起电、大雨滴破碎起电和粒子感应起电等。这些理论在一定程度上可以解释雷雨云的起电过程，但实际起电机制非常复杂，可能是一种也可能是多种起电机制的综合作用，目前尚未形成一种雷击起电机制可用于解释所有雷雨云起电现象，通常需要结合多种起电机制分析雷雨云中不同极性电荷区域的形成机理[14,15]。

为了研究放电通道的先导起始机理、梯阶先导发展特性、分叉特征、连接过程、通道内电磁场变化和温度分布规律等，常借助于高速摄像、光谱探测、声呐测量及电磁辐射探测等技术手段完成。基于时间分辨照片和测量数据，分析雷击放电机理和变化规律。通过对大量云对地放电现象观测结果的分析，Berger 等[16]依据测量得到的雷电流波形特征，将云对地放电划分为正极性放电和负极性放电两类。据 Rakov 等[17]调查发现，在全球雷电活动中云对地放电案例占 1/4，其中90%属于云对地负极放电，10%属于云对地正极放电。雷电梯级先导形成过程利用普通高速摄像装置难以分辨，鉴于负极放电梯级先导与实验室长间隙放电现象相似，Gorin 等[18]研究了 6m 长间隙负极放电的梯级先导过程，梯级初始脉冲电晕为一系列丝状通道分支，随后逐渐演化形成负极流注。Gallimberti 等[19]结合长间隙放电试验结果，归纳总结了雷击放电过程及其基本原理，当初始电晕周围空间电场强度达到一定阈值时，流注前端受到电子雪崩的推动而逐渐向下发展形成一条负极下行先导放电通道，与地面附近激发出的正极上行先导相连，形成一条完整的放电通道，发生附着后由附着点沿原通道返回并中和负极先导中的负电荷，完成首次回击过程，雷击过程一般存在多次连续回击现象。Warner 等[20]在美国一座高 163m 的塔上测量到了两次自然雷电在首次回击前的通道连接过程，计算出两次上行连接先导的二维长度都大于 200m，上行先导的二维平均速度在 $10^4\sim$ 10^5m/s 之间变化，下行先导的二维平均速度在 10^5m/s 量级。

在雷电光学观测方面，因雷电通道内的峰值温度高达上万度，各气体粒子受激发出现光辐射，雷电等离子通道温度、空间分布结构和内部物理特征等可以借助多普勒展宽、分子带状光谱和谱线相对强度等光谱分析途径获得[21]。王杰等[22,23]利用无狭缝光栅摄谱仪进行了自然雷电的光谱观测试验，结合等离子体传输理论计算出通道内温度、压强、粒子数分布和平均电离度等特征，放电通道的温度通常在27000～30000K 以上。董彩霞等[24,25]利用无狭缝高速摄谱仪观测雷电回击过程，通过分析雷电时间分辨光谱结构，依据谱线波长和相对强度等信息分析了通道内温度、热导率和扩散系数随时间的变化特征。此外，使用高时间分辨率的特殊高速摄影可对雷电放电的演变方向和分叉特性进行实时记录，但是单个观测站点只能得到雷电通道的二维图像。Liu 等[26]利用两个不同角度的摄像机来拍摄雷电通道，利用图形化重建方法将三维重建算法简化为一系列的二维几何问题，延长每个图像上的垂直法线，如果不同图像上的两条法线相交则建立一个单位像素高的圆柱体，最后将一系列圆柱体堆放在一起得到三维放电通道。在雷电声学探测方面，章涵等[27]利用麦克风阵列采集雷声信号，设计了一套由麦克风列阵和便携式数据采集存储设备组成的单站雷电通道三维定位系统，利用声学方法可以对雷电进行三维定位，但不能准确测定雷电通道的三维特征。在雷电电磁学测量方面，通常借助雷电甚高频(Very High Frequency，VHF)电磁脉冲辐射源定位技术确定雷电产生的电磁特性和放电发展路径，可以认识雷雨云中的放电过程和雷暴电荷结构特征[28]。

1.2.2 雷电通道数值模拟

自然雷电放电属于长间隙气体放电现象，放电距离长达几十千米，影响雷电放电和通道形成因素非常复杂。伴随着科技试验水平的进步和雷电测量技术的提高，为了研究自然界的雷击放电行为，国内外研究者借助先进的测量设备对自然界的雷电活动进行了深入的研究。通过对雷击现象瞬间放电的快速捕捉，目前对雷电的形成机制和放电规律有了一定的了解。雷电观测技术可以为自然雷击放电机理研究提供直接数据支持，但考虑到自然雷电的观测难度和人工引雷试验实施的困难，对其进行直接研究具有一定的局限性。通常选择实验室长间隙空气放电相似模拟自然雷电过程，根据长间隙放电试验观测数据分析放电通道的形成机理，并在此基础上提出关于放电通道的数值分析模型，将长间隙放电试验手段与数值仿真计算相结合进一步开展放电通道的研究工作。

在自然大气条件下，Gurevich 等[29]发现了一种称为失控击穿的新现象，并且对失控击穿进行了理论上的深入研究，研究结果表明：失控击穿现象可广泛用于解释在雷暴大气中观察到的重要现象。20 世纪 70 年代法国 Les Renardieres 小组[30]对长间隙放电试验进行了全面系统的研究，获得了 1～10m 尺寸典型的棒-板长间隙放电物理参数，对典型电极正、负极性冲击电压作用下的长间隙放电基本物理过程有了一定的认识，并描述了在操作波作用下先导起始和发展等过程。进入 80 年代以后，随着放电观测技术的发展，Hidaka[31]等建立了基于 Pockels 效应的瞬态电场光学测量系统，采用 BGO 晶体对 1～3m 间隙尺度下正极性放电间隙电场进行了测量，提出先导头部电晕区电场为 0.8～1.0MV/m，先导通道内电场为 0.1～0.5MV/m。通过长间隙放电与自然雷电进行对比，二者内在物理过程大致相同，放电过程大致包括初始电晕、流注先导、空间先导、流注和迎面先导等[32]。基于长间隙放电试验的研究，为了计算放电通道的形成过程、发展路径、温度分布和电磁场分布等，国内外学者结合放电试验数据提出了许多放电通道的数值计算模型。Rakov 等[33]依据控制方程类型将众多雷电模型划归为四种主要模型：①结合流体三大控制方程和状态方程建立的气体动力学雷电模型，用来描述一小段雷电通道的径向演变和冲击波现象；②根据 Maxwell 方程求解通道内电流分布和周围电磁场规律的雷电回击电磁模型；③采用垂直瞬态传输线表示雷电过程中单位长度电阻、电感和电容的关系并求解电磁场的雷电分布电路模型；④基于雷击放电特征的观测来确定雷电通道电流时空分布的雷电工程模型。

针对长间隙放电过程，Niemeyer 等[34]考虑放电发展过程中的随机因素，基于分形理论提出了电解质击穿模型(Dielectic Breakdown Model，DBM)。随后，Wiesmann 等[35]在此基础上引入放电阈值电压提出了 WZ 模型。这两种模型的建立为研究雷电放电发展方向提供了新思路。2002 年，Mansell 等[36]将 DBM 模型与一种雷雨云模型相结合，通过求解拉普拉斯方程确定计算区域的电场分布，利用概率发展函数计算得到各方向上的发展概率，基于均匀分布的随机数确定发展方向，首次进行了 500m 空间分辨率下雷击双向先导放电的三维数值模拟，在几何形态上可以较好地反映放电通道的弯曲和分叉特性。Gulyás A 等[37]结合已有的概率模型和经验数据提出了 OSLM 模型，将雷电放电过程的各个阶段形成模块化建模，实现了从雷雨云起电到回击完成的放电通道发展路径模拟。

雷击放电传导的强电流可将通道瞬间加热到数万度的峰值温度，空气被电离而转换成热等离子体，具有磁流体特性，一定程度上雷击放电可视为导电流体。在局部热动平衡状态下，将描述流体特性的 Navier-Stokes 控制方程和反映电磁规律的 Maxwell 方程联合建立磁流体动力学(Magnetohydrodynamics，MHD)模型，该模型适用于模拟导电流体、电弧和等离子体等磁流体，并且逐渐应用于飞机雷击分析。Lalande 等[38]对航行时飞机雷击现象进行观测，将飞机雷击过程划分为预击穿阶段、先导发展阶段、回击和持续放电阶段，并发现在电流为 330A 且放电时间从 200ms 持续到 1s 的过程中，雷电放电通道与电弧比较接近。Lago 等[39,40]基于电弧与雷击放电之间的相似性，利用 MHD 模型并借助 FLUENT 软件模拟二维和三维的放电电弧，研究了在外加磁场作用下对放电通道的影响，建立棒-板放电模型对飞机遭遇雷击后复合材料的损伤进行分析。Tanaka 等[41]在直流电分别为 100A 和 2000A 且放电持续时间超过 100ms 的作用下，得到了长达 1.6m 和 3.2m 的自由燃烧电弧，研究结果表明：电弧柱的特征与间隙长度无关且不受电极影响，与雷击放电通道中的小段对比发现二者之间非常相似。Chemartin 等[42]运用 MHD 模型并借助 EDF 开发的 Code_Saturne 软件模拟出三维雷电放电通道，同时与 Tanaka 所得到的试验结果进行对比，借用正规化长度和膨胀半径等参数来描述放电通道的扭曲特性，发现模拟结果与试验结果在几何形态上具有较高的符合度，温度和电场等分布规律与试验结果也比较吻合。Tholin 等[43]在模拟得到的三维雷击放电通道的基础上，进一步仿真飞机遭遇雷击时的扫掠现象，重点分析了雷击扫掠对飞机表面蒙皮的损伤。

以上研究借助先进的试验测量技术对长间隙放电和自然界的雷击现象作了研究分析，为长间隙放电现象理论研究提供了直接的数据支持。通常在实验室条件下模拟长间隙放电近似自然雷击行为，并结合观测数据提出分析模型，将观测数据、长间隙放电试验手段与数值仿真分析相结合的研究方法对雷击通道的发展和形成机理开展进一步的研究。对于自然的雷击现象，其雷电流分支可能瞬间会达到 10^9 伏特，而实验室条件下的闪电发生器通常会在数十千伏的范围内运行。这种限制意味着为了使雷击电弧克服气隙的绝缘强度，必须将任一电极放置在足够靠近样品表面的位置，以使空气间隙击穿从而形成放电电弧[19,44]。Li 等[45]提出了一种适用于一般等离子体-电磁系统磁扩散和波传播机制的新型数值仿真方法，该方法通过 Navier-Stokes 方程与 Maxwell 方程联立组合形成适用于雷电流-电磁环境的流体力学方程。同时 Lebouvier 等[46]研究了放电间隙和工作电流对电弧放电的影响，研究结果表明：缩小放电间隙可以达到空气击穿电压，从而近似模拟自然放电过程，并且通过对雷电电弧的仿真研究证明了纯四氟甲烷(CF₄)高压电弧放电的可能性。Campbell 等[47]提出了一个电弧和熔池的二维模型，用于研究焊接参数和阳极材料对电弧放电和放电性能的影响。Lago 等[39]研究了雷电的二维数值仿真模型，并通过该数值模型研究了不同类型雷电弧与放电阳极之间的关系，提出了一个模拟电弧和复合材料相互作用的数值模型，并通过模拟复合材料的退化来评估复合材料平板的爆破损伤情况。Asano 等[48]对雷电放电过程中从第一次电晕的产生和发展到引导通道的形成和传播进行了研究，并且对长间隙放电后续阶段的基本过程进行了分析。Rakov 等[49]通过显示通道的不同高度和不同时间的径向轮廓来完成雷击的完整演变过程。Mansell 等[36]使用随机介质击穿模型对闪电放电过程进行仿真数值模拟，仿真结果表明：该雷电模型可以用来模拟雷电放电的宏观双向扩展。Lopez 等[50]提出了一个数值模型来描述电弧与材料之间的相互作用，仿真结果表明该数值模型可用于计算电弧与材料之间的能量转移。Chemartin 等[42,51]基于 MHD 模型和 EDF 开发的仿真软件对三维雷击放电通道进行模拟，同时与试验结果进行对比验证，采用正规化长度和膨胀半径等参数描述雷击放电通道的特性，研究发现模拟结果和试验结果在雷击通道形态上比较吻合，深入分析发现温度和电场分布等情况也比较吻合。

总体而言，目前较多采用长间隙放电近似模拟雷击放电过程，虽然基于概率模型的数值方法可以得到放电通道的弯曲、分叉等几何特征，但不能反映等离子放电通道的温度、电流、磁场等分布特性等。雷击的直接效应主要由焦耳热和电磁力等引起，为研究雷击对结构造成的损伤，雷击放电通道模拟必须反映通道的温度和电磁等特性，得到包括电、磁、力、热等复杂载荷。采用 MHD 方法模拟雷击放电是比较合理且更为接近真实雷电的一种数值模拟方法，可以得到放电通道的几何特征及演变规律，最终得到复杂雷电载荷，为雷击直接效应研究和防雷击设计提供基础。但 MHD 方法主要用于常用的电弧模拟，却很少应用于雷击放电通道的模拟。

1.2.3　雷电触发机理和多物理场耦合

早在 20 世纪 50 年代，Gunn 等[52]就开始关注飞机飞行中遭遇雷击的问题，测量了飞机飞越各种天气和云层时的表面电场。1967 年在美国亚利桑那州弗拉格斯塔夫的一次雷暴研究项目中，一架 DC-6 研究型飞机被雷击中三次，测量并记录了电场和气象参数[53]。早期研究者的关注点主要集中在航空器雷击触发机理和雷电电流脉冲特征研究，1980 年美国国家航空航天局(NASA)开展了一项名为"风暴灾害"的研究计划，美国宇航局的 F-106B 飞机在 5000 到 40000 英尺之间的高度进行了大约 1500 次穿越雷暴飞行，被雷电击中了 714 次，该计划首次截获了雷电与飞机之间相互作用的重要雷电特征数据[54-57]。基于这些飞行雷击数据，Mazur 等[58,61]发现雷电回击通道初始诱发于航空器且向外传播，表明航空器发生的雷击主要由航空器飞入带电云层所触发。法国 C-160 研究型飞机上的多点电场测量结果为飞机触发雷电先导的物理模型提供了验证[62]。Hoole 等[63]研究了由传输线矩阵法建模的 F106-B 飞机对微秒、亚微秒脉冲的响应, 校正了通过测量电场确定雷电流脉冲的方程。Castellani 等[64]采用杆-平面间隙的方法设计试验, 验证了飞机雷击过程中相反极性雷电先导的双向传播机制。

当雷电通道与飞机发生附着后, 由于复合材料较低的电导率, 能量瞬间在雷击附着区域聚集并产生大量焦耳热, 此过程涉及到电、磁、力、热多物理场的耦合作用, 研究雷击作用下复合材料的直接效应需要解决多场耦合问题。针对多场耦合问题, 国内外学者作了大量的研究, 李伟等[65]提出了一种简单实用的飞机机翼气动耦合的改进松耦合计算方法, 该方法使计算结果的收敛性和稳定性随着时间步长的增加而增加, 所以在较大的时间步长下可以获得合理的计算结果, 并且证明了在机翼大变形和大展弦比下改进松耦合方法的有效性。Wang 等[66]形成了多物理场松耦合程序以用于高超音速再入飞行器。Slone 等[67]研究了一种用于动态流固耦合(Dynamic Fluid Structure Interaction, DFSI) 的三维有限体积非结构网格方法 (Finite Volume-Unstructured Mesh, FV-UM), 研究表明该方法可被用于流体流动、结构动力学和网格运动等动态仿真数值计算。Wang 等[68]采用完全热-电-机械耦合和动态有限元模型分析了火花等离子体烧结(SPS)过程, 数值仿真结果得到了(Spark Plasma Sintering, SPS)过程中温度和应力的分布, 并验证了结果的正确性。Tabiei 等[69]采用松耦合方法实现了耦合流体热结构的仿真模拟。对于雷击下的多场耦合问题, 涉及流体域和固体域的数值传递问题, 通常是一个双向传递的过程; 针对复杂多物理场数值的双向传递问题, 可以结合动网格技术和插值方法实现。张瑞等[70]基于动态网格方法开展了液压缸的双向流固耦合分析, 并且详细介绍了动网格方法的应用。Ahn 等[71]提出了一种用于运动边界问题的动态网格调整方案, 仿真结果验证了动态网格调整的能力和效果。陈炎等[72]基于动态体网格模型开发了一种新型流固耦合数值模拟计算方法, 该方法使用温度体积模型在每个时间步生成动态网格, 得到每一步的计算结果并传递计算后的边界条件。Dettmer 等[73]研究了流体流动和流体网格对整体模拟过程收敛性的影响, 通过流体网格精度的计算结果证明在流体-结构耦合模拟计算中可以通过动网格等高精度动态网格方法提高数值计算效率。Antaki 等[74]针对带有动态边界的流体问题提出了一种并行动态网格拉格朗日方法, 研究结果表明该方法与常规的流量求解器方法相比可以使几何部件的仿真成本更小。Zhang 和 Samareh 等[75,76]详细给出网格变形技术、网格重生成技术和自由网格变形技术的比较, 并且将弹簧近似法和局部网格重生成联合运用到动网格中, 通过仿真结果对比分析可知: 多种动网格方法结合的高精度动网格技术可以提高网格的变形能力。

综合来看, 目前对于多场耦合分析方法的研究已经较为成熟, 形成了比较完整的多场耦合分析流程。但雷击作用下复合材料的多场耦合研究和损伤分析涉及动态流固耦合、非匹配网格插值和雷击直接效应分析等问题, 目前国内外的研究仍然不充分, 本书的工作可以为雷击作用下复合材料的多物理场耦合和损伤分析提供理论基础，具有一定的理论和工程实践意义。

1.3　复合材料防雷击设计研究

复合材料导电、导热性能差是飞机机身结构极易遭受雷击损伤的主要原因。复合材料结构遭受雷击时容易产生严重的损伤主要是由于附着区沉积的巨大能量无法迅速导走，积聚的能量和雷电的强热力冲击作用导致复合材料上的温度上升和结构畸变，从而使雷击损伤后复合材料结构的刚度、强度和稳定性都会下降，严重威胁飞机的飞行安全。因此，为减小飞机复合材料结构遭受雷击时的损伤程度，并保证其遭遇雷击后具有较好的安全性，就必须对飞机复合材料结构进行相应的防雷击设计。飞机结构无法预判雷电发生位置，难以提前避开雷击附着，只能采取被动雷击防护措施，提高复合材料表面的导电性是防雷击设计的主要方式，即在复合材料结构表面铺设导电性较好的防护材料。

当前常用的飞机复合材料结构件雷击防护方式是在复合材料结构表面铺设金属网、喷铝层和其他导电性较好的薄膜，这些雷击防护方案已经开展了较多的研究，并评估了各防护措施的优劣性。Abdelal 等[77]利用电热耦合分析方法并考虑随温度变化的材料属性，建立了复合材料层合板铜网防护件的雷击损伤模型，获得了无防护复合材料层合板和铜网防护复合材料层合板的温度分布和热分解轮廓，研究结果表明：该模型可较准确地模拟复合材料层合板在雷电流作用下的热损伤，表面铺设铜网可减小复合材料层合板的损伤程度；但由于铜网的缓慢熔化，与复合材料层合板之间的热传导也会造成一定的损伤。Kawakami 等[78]对表面铺设铜网的 T700S/2510 复合材料层合板的防雷击性能进行了雷击试验，试验结果表明：在复合材料层合板表面铺设铜网可有效降低复合材料的雷击损伤面积和损伤深度，只是在雷电流附着点附近产生了小面积的铜网熔化和基体烧蚀。Dhanya 等[79]从铜箔防雷系统的厚度变化和孔面积百分比的角度出发，研究了铜网对复合材料层合板的防雷击效果，研究结果表明：与无防护的复合材料层合板相比，采用 50μm 厚的铜箔和 60%孔隙率的铜网可减少 6.44%的热分解体积，且增加铜箔厚度和减小孔隙率可明显减小复合材料的热分解率。Katunin 等[80]采用数值仿真的方法研究了全聚合导电复合材料的抗雷击性能，建立了防护层的单胞模型，研究结果表明：全聚合导电复合材料显示出良好的防雷击性能，能大幅度减少复合材料的雷击损伤面积和损伤体积。Martin 等[81]概述了飞机复合材料结构防雷击设计的一般原则，介绍了主要的防雷击设计方案和其他防护材料或技术替代方案，通过各设计方案的对比发现：高级纤维非编织布雷电防护设计方案显示出优良的防护效果，且能大幅度降低材料的密度。金属镀层法虽然比较灵活，但防护效果相对稍差。Marialuigia 等[82]研究了多功能石墨烯/多面体低聚倍半硅氧烷环氧树脂层对复合材料结构的防雷击效果，在复合材料表面铺设该型防护层可大幅度降低附着区的温度和质量损失率。Sharma 等[83]通过表面粘贴巴克纸的方法制造了高负荷多壁碳纳米管(Multiwalled Carbon Nanotubes，MWCNT)增强复合材料层合板以研究其弯曲、动态力学、电气和电磁干扰屏蔽性能，研究结果表明：随着 MWCNT 含量的增加，复合材料层合板的抗弯强度和储存模量均增加，但面内电导率变化不大。Mall 等[84]测试了五种导电纳米复合材料防护系统在遭受模拟雷击后的抗压强度退化，这些系统均将四层嵌入环氧树脂中的标准碳纤维织物和一层镍涂层的碳纤维织物作为雷击防护组件，其他四个系统中还有一个附加的保护系统，分别为镍纳米纤维织物、对齐巴克纸、随机巴克纸和混合巴克纸。Chen 等[85]通过化学官能化进行共轭交联制备了高导电率的巴克纸，该型巴克纸贴覆在复合材料表面可大幅度提高复合材料结构的抗雷击性能。Jack 等[86]制备了碳纳米管(Carbon Nanotube，CNT)雷击防护薄膜，建立了基于 CNT 薄膜的非确定性纳米结构多尺度模型，通过数值方法评估了薄膜的雷击防护性能。

国内也有大量学者开展了飞机复合材料结构的防雷击设计研究。吴志恩等[87]对飞机复合材料构件的防雷击设计问题进行了论述，并提出了飞机复合材料构件防雷击的各种不同防护措施，介绍了各种防护措施的特点、适用性和优缺点等。段泽民等[88,89]简述了雷电环境对飞机的危害、飞机雷电防护的试验要求、雷击试验方法与波形以及我国飞机雷电防护试验的研究概况。范瑞敏等[5]对大型客机的防雷击技术进行了系统的概述，介绍了飞机雷电防护标准、大型客机雷击区域划分、雷击环境试验波形和试验方法。王志平等[90]研究了复合材料表面喷涂铝导电层后的抗雷击性能，将雷电流作为激励源施加在复合材料表面导电层，得到了雷电流脉冲下复合材料结构上的电场、温度分布和最佳导电层厚度；研究结果表明：雷电附着瞬间附着点及其附近的电场强度最高，温度也最高；复合材料的电阻热会使导电层升温，但对复合材料的性能基本不会产生影响；导电层的厚度对雷电防护性能影响较大，最佳导电层厚度为 0.2mm。胡好等[91]采用 B+C+D 组合电流波形对碳/环氧层压结构和碳/环氧 NOMEX 蜂窝夹芯结构的复合材料层合板进行了雷击试验，对比了表面铺设铜网和喷涂抗静电涂料防护方式的雷电防护能力，研究结果表明：碳/环氧 NOMEX 蜂窝夹芯结构复合材料层合板的雷击损伤程度比碳/环氧层压结构复合材料层合板的损伤程度小，表面铺设铜网防护方式的损伤程度比表面喷涂抗静电涂料防护方式的损伤程度小。刘辉平等[92]采用 A+B+C 组合电流波形开展了火焰喷铝和铺设铜网两种防护方式的复合材料层合板的雷击试验，火焰喷涂铝防护的复合材料层合板损伤面积小于铜网防护的损伤面积，两者损伤深度占总厚度的 40%～60%。纪朝辉等[93]设计了火焰喷涂铝层、黏结铝箔网和黏结铝箔三种雷击防护层形式，这三种雷击防护层均能显著提高复合材料的抗雷击性能，并具有很好的适用性。郭云力等[94,98]对比分析了金属网、镀镍碳毡和玻璃纤维隔离层的防雷击效果，三种防护措施均能较好提高复合材料层合板的抗雷击性能，但镀镍碳毡的防护效果明显优于金属网的防护效果。Gou 等[99]研究了一种由碳纳米纤维和镍纳米丝材料制成的特种防护纸，并通过相应的制造工艺将其固定在复合材料表面，不仅降低了表面复合材料的树脂基体含量，而且增加了表面导电性，雷击试验结果表明：复合材料表面导电性较好时能够为雷电流提供快速传导路径，从而降低复合材料内部的损伤。Zhang 等[100]将纳米碳黑颗粒和氯化铜加入到复合材料的基体中，复合材料的导电性能和力学性能同时得到改善。付尚琛等[101]研究了喷铝涂层对碳纤维增强树脂基复合材料的防雷击效果，在一定范围内，喷铝涂层厚度越大，防雷击效果越好。本课题组还研究了喷铝和金属网防护下复合材料加筋壁板的雷击损伤特性[102,103]，分析了铜网和铝网对复合材料加筋壁板的防护机理，并分别评估了铜网和铝网防雷击的优劣性以及网格间距对防雷击效果的影响，研究结果表明：铜网的防护效果优于铝网，随着网格间距的增大复合材料加筋壁板的损伤面积和损伤深度都增加，虽然在相同网格间距下铜网的增重大于铝网，但防护效果优于铝网。

与飞机其他部位的雷电防护形式不同，飞机雷达罩的雷电防护设计不能影响其自身的电磁功能。考虑到雷达罩电磁窗的透波需求，传统的涂覆式雷击防护形式会导致电磁信号屏蔽，不适用于雷达罩雷电防护。雷达罩需要采用导流条组成的雷电防护系统，导流条结构不仅可以提供雷电传递路径，而且减少了对雷达波的干扰。Heise 等[104]描述了用于测试天线罩雷电保护系统所需的高电压和大电流试验方法。MeBar 等[105]对不同厚度的金属线进行电击穿爆炸试验，其中较小直径的部件首先汽化产生金属蒸汽，形成了绕过较大直径段金属线的电流通道，这为分段式导流条的发展提供了技术支持。Drumm 等[106]在慕尼黑联邦武装部队大学进行了分段式导流条的高电压测试，发现分段式导流条的击穿电压显著依赖于电压上升速率。Bäuml 等[107]描述了分段式和整体导流条之间以及不同类型分段式导流条之间的雷电防护效果差异。Ulmann[108]和 Delannoy 等[109]分别从试验和仿真的角度分析各种类型和尺寸导流条的雷达罩防护机制，重点分析了环境湿度和条带材质的影响，基于三维模型的电场计算分析了不同导流条的击穿阈值，并推导出给定内部电极配置的最佳条带长度计算公式。Karch 等[110]提出了用于无人机雷达罩防雷设计所需的必要试验程序。Piche 等[111]针对雷达罩以及导流条在内的防雷系统进行电磁场分析，预测包含金属实体导流条雷达罩的无线电冲击。胡自力等[112]针对某型直升机机载雷达罩防护系统进行计算机辅助设计，总结了铺设导流条的经验公式。蔡良元等[113]结合雷达罩的雷电防护试验，提出了雷达罩雷电防护设计方法以及导流条的选择和布置原则。刘涛[114,115]等基于雷电环境中雷达罩的空间电场分布和表面电位分布，分析含导流条雷达罩的雷击防护效果和透波性能，通过测试方法和仿真计算确定了飞机雷达罩的最佳防雷设计。Duan 等[116]提出了一种金属管段制成的新型轻质防雷电缆,并对热气球这类软壳构成的飞行器进行雷电防护,研究了雷电对该防雷电缆的烧蚀和冲击损伤。作者课题组[117,118]研究了分段式导流条对复合材料的防雷击性能,提出了基于磁流体动力学理论的多物理场耦合模型,并将数值模拟结果与试验结果进行对比以验证建立模型的正确性,研究结果表明:分段式导流条具有较好的电压控制效果,且分段式导流条的击穿电压明显低于雷击电压,在雷击下分段式导流条可迅速电离形成等离子体通道,可较好地引导雷电流传导。

1.4 复合材料雷击后剩余强度研究

雷击损伤后的复合材料力学性能下降明显,但并不意味着雷击后的复合材料完全不符合结构强度要求。通过复合材料雷击后剩余强度研究,可以量化雷击损伤对复合材料的力学强度的降低程度。在飞机复合材料结构雷击后剩余强度评估方面,国内外学者也进行了一定的研究。Hirano 等[119]开展了复合材料层合板雷击后轴向压缩试验以评估其剩余强度,研究结果表明:复合材料层合板雷击损伤后的压缩剩余强度主要受层合板的分层损伤影响。Feraboli 等[120, 121]对无缺口和含紧固件两类复合材料层合板开展了雷击损伤后的拉伸和压缩试验研究,复合材料层合板的压缩剩余强度减小比较明显,而拉伸剩余强度减小不明显。Kawakami 等[78,122]通过四点弯试验研究了挖补修复后金属网防护复合材料层合板的雷击后弯曲强度,对比分析了两种修补方式下复合材料层合板的剩余强度,研究结果表明:当修复铜网与修复区域母网重叠时,修补后的复合材料层合板与初始层合板剩余强度几乎相同;而当修复铜网与修复区域母网存在间隙时,修补后复合材料层合板的剩余强度明显小于初始层合板的剩余强度。Kumar 等[123]研究了聚苯基全聚合物黏合层对复合材料的防雷击性能,通过雷击试验验证了该型防护层的电流耗散性能,采用轴向压缩试验研究了复合材料层合板的雷击后剩余强度,研究结果表明:该型防护材料几乎能为复合材料结构提供 100%的安全性,当防护层厚度为 0.25~0.4mm 时,复合材料层合板雷击后的剩余强度是完整板的 99%。Gou 等[99]针对纳米纤维和镍纳米丝制成的薄纸防护复合材料开展了雷击剩余强度分析,该型薄纸可以有效降低复合材料的损伤面积和深度,且雷击后的弯曲试验证明复合材料结构的剩余强度没有明显降低。董琪[124]通过试验研究了复合材料层合板雷击后的拉伸和压缩剩余强度,发现了复合材料层合板的拉伸失效位移和失效载荷随着电流峰值的增加而减小,并且复合材料层合板只受到 D 波形作用下的压缩剩余强度明显大于受到 D+C 组合波形作用下的压缩剩余强度。

在进行剩余强度计算分析时,需要考虑雷击对复合材料造成的损伤缺陷和材料性能退化,同时还需要结合损伤失效准则来判断拉伸或压缩过程中复合材料的刚度下降,模拟复合材料的渐进损伤过程。刘远飞等[125]基于唯象分析方法建立了复合材料层合板烧蚀损伤引起的力学性能退化模型,并分析了影响复合材料雷击损伤的主要因素,分别采用 Hashin 和 Yeh 失效准则预测了轴向拉伸载荷下复合材料层合板的剩余强度,研究结果表明:当电阻率提高到原来的两倍、三倍和四倍时,其轴向拉伸剩余强度分别下降了 7.14%、24.76%和30.66%;当比热容增加到原来的两倍、五倍和十倍时,其轴向拉伸剩余强度分别下降了 3.65%、4.86%和8.32%。夏乾善等[126,129]为提高 CFRP 复合材料结构的抗雷击特性,制备了银修饰碳纳米管纸防护的复合材料层合板试验件,试验研究了其在雷击作用下的损伤行为和雷击后剩余强度,研究结果表明:银修饰碳纳米管纸可显著提高复合材料疏导雷电流的能力,并明显减小了其雷击损伤面积和损伤深度;通过对其剩余强度研究发现:银修饰碳纳米管纸防护的 CFRP 复合材料层合板雷击后抗压强度保留率为 90.74%。

作者课题组[7,130,131]基于渐进损伤分析方法分析了复合材料层合板雷击后的剩余强度,对比分析了 Hashin 准则、Tserpes 准则和最大应力准则对剩余强度计算结果的影响,研究结果表明:雷击损伤后复合材料层合板的应力集中主要出现在固定端的两个角和雷击损伤区域,采用 Hashin 准则和 Tserpes 准则的剩余强度计算结果偏大,而采用最大应力准则的剩余强度计算结果偏小,但采用 Hashin 准则计算结果与试验结果误差最小。作者课题组丁宁[132]采用全程分析法研究了复合材料层合板雷击损伤后的拉伸剩余强度,并分析了复合材料层合板各层的损伤扩展规律,研究结果表明:全程分析法可较好地模拟复合材料层合板的剩余强度,复合材料层合板雷击后的剩余强度随着比能的增加而逐渐降低,且二者满足双指数函数关系。作者课题组刘志强[133]研究了复合材料加筋壁板雷击后的稳定性和剩余强度,研究结果表明:以 600℃作为热完全失效准则时含雷击损伤复合材料加筋壁板的最大失效载荷与试验结果误差最小。

1.5　飞机燃油系统雷击损伤研究

燃油系统作为飞机机身结构中最重要的部件之一,其安全性和可靠性直接关乎飞机的飞行安全。根据 SAE 分区标准可知燃油系统是飞机机身结构中遭遇雷击概率较大的区域,且雷击产生的损伤也比较严重。由雷电导致的飞机油箱爆炸是飞机面临的最大威胁之一,油箱爆炸往往会给飞机和乘客带来灾难性的后果。1959年法国 Lockheed L-1649A 客机在飞行过程中被雷电击中,致使两个燃油箱起火爆炸。1963 年由马里兰州飞往费城的一架 B707 飞机因雷电击中油箱而坠毁于埃尔克顿，81 人全部遇难。1976 年伊朗帝国空军的一架 B747 军事运输机，在德黑兰飞往麦奎尔空军基地中途降落时遭遇雷击而坠毁，17 人全部身亡，经事后调查事故起因很可能是雷电直接击中了飞机油箱。1996 年纽约肯尼迪国际机场一架 B747-100 型飞机在起飞后的爬升阶段燃油箱遭遇雷击，中央油箱发生爆炸致使机上 230 名乘客全部遇难，如图 1-4 所示。此后美国国家运输安全委员会对该事故原因进行了调查，发现事故是由不明点火源点燃中央油箱内的燃油蒸汽而引起的。自 1959 年以来全球共发生了 18 起飞机油箱的爆炸事故，共造成了 542 人遇难和巨大的经济损失，这些雷击事故进一步推动了飞机燃油系统雷电防护的研究。

图 1-4 TWA800 事件中坠毁的 B747-100 型飞机

雷击引起的多起油箱爆炸灾难性事件引起了国内外航空局和相关研究人员的密切关注，导致燃油燃烧与油箱爆炸的主要因素是油箱内部存在足以将油气混合物点燃的热源。在飞机油箱中同时存在着气态喷气燃料和液态喷气燃料，蒸汽与空气按一定比例形成油气混合物存在于液态喷气燃料上方。如果在燃油箱内部存在点火源，油气混合物将会被点燃，从而引发油箱爆炸[134,135]。对于飞机油箱防爆处理，重点在于抑制或消除点火源。燃油箱点火源防护规范 FAA25.981-1C[136]中对引起油箱爆炸的点火源归纳为以下三类：电弧、电火花和热斑，并对这三类点火源做出如下定义：电弧是指相互接触的两个导体之间的接触区域承受过大电流造成的间隙气体等离子化，大电流流过形成的等离子体如果进入油箱内部将会引燃油气混合物，从而引发油箱爆炸；电火花是指两导体间足够大的电场强度导致导体之间介质击穿，从而形成的放电通道；热斑指的是因油箱在雷电的作用下产生焦耳热聚集，导致油箱内部与油气混合物相接触的内壁或者各结构件的表面温度达到油气混合物的自燃点，这些部位的高温热斑也会造成燃油蒸汽的引燃。同时 FAA25.981-1C 对飞机的适航性提出了新的要求，在进行飞机油箱部件和油箱组装设计时，必须保证油箱在雷电测试环境下没有点火源产生。

SAE ARP5416 标准[137]介绍了飞机燃油系统点火源测试的相关方法，包括整体油箱及其部件的雷电流传导、雷电流直接附着试验和油箱内点火源检测方法。

为了保证机组人员和乘客的人身安全，避免雷电带来巨大经济损失，商用飞机在投入使用之前，必须取得航空局颁布的飞机适航性认证，这就为油箱在雷电环境下的点火源分析与防护提出了新的需求。目前国内外军机与商用飞机普遍采用机翼整体油箱[138,139]，与传统的软油箱相比，机翼整体油箱结构可以增加飞机载油量，进而提高续航时间，并且减轻飞机重量，使飞机的空间得到充分利用。机翼整体油箱是将飞机上各种构件通过一定手段组合起来形成的可以到达储存和运输喷气燃料的封闭舱段，机翼整体油箱结构包括上下蒙皮、翼梁、加强肋、中间肋、桁条、燃油管路、液压管路和检修口盖等；各种结构件通过卡箍或紧固件相互连接起来。国内外学者通过仿真与试验对油箱结构雷击点火源和防护做了相关研究，主要包括雷电放电通道特性、结构件雷击和整体油箱雷击，具体包括在雷电扫掠通道作用下整体油箱蒙皮加热分析、对整体油箱不同位置处产生点火源可能性的试验研究、整体油箱紧固件处电流传导特性的研究等[140-142]。

飞机燃油系统的雷击损伤研究对于大型浮顶式储油罐的雷击研究也具有一定的借鉴意义，其中主要包括采用二次密封和电气连接措施避免油罐的雷击引爆、利用有限差分法计算浮顶油罐遭遇雷击时的电场分布、油罐的定量风险评估等[143-145]。代表性工作如下：李连桂[146]通过仿真计算对雷电经 FQIS 线缆耦合到燃油箱的能量是否达到安全阈值进行分析，研究结果表明：当雷电流从机头注入后分别从右机翼或机尾流出时，线缆的峰值电流大于 0.125A，可能引起燃油箱产生火花；当雷电流从机翼注入后从机尾流出时，线缆的峰值电流远小于 0.01A，不会引燃油箱。房延志等[147]将 ARJ21-700 检修口盖与下蒙皮组成试验件单元，并施加雷电流激励载荷，以试验的方式开展了 ARJ21-700 飞机机翼整体油箱口盖的雷电防护研究，研究结果表明：检修口盖外表面出现电弧，但由于油箱外部不存在燃油蒸汽，即使有少许的燃油蒸汽，在高速气流作用下也会很快挥发，因此不存在潜在危险；由于检修口盖螺母封包质量良好，电流通道安排合理，并没有在油箱一侧产生火花和热斑。张铁纯等[148]采用 COMSOL 软件对传统油箱检修口盖进行仿真得到其电流密度分布，同时进行点火源试验研究了传统油箱检修口盖的点火源防护性能，研究结果表明：在检修口盖处、紧固件和结构件界面处电流密度较大，试验中紧固件处产生了电弧。在此基础上，研究人员设计了一种新型检修口盖，仿真结果表明：新型口盖内侧壁板处电流密度较低，并通过了点火源防护试验验证。赵毅等[149]采用 EMA3D 软件研究了在雷电流 A 和 D 波形分量下大型客机金属油箱的点火源防护问题，仿真结果表明：在雷电流直接附着的情况下，油箱内部结构和管路系统的电流、电压分量较低，电流值为 407A，电压值为11V，低于引起油箱内部点燃的阈值；同时又开展了相同工况下的雷击试验研究，试验结果表明：油箱内部结构和管路系统的电流和电压实测值分别为 175A 和100V，量级与仿真分析相当。Ranjith 等[150]通过 ABAQUS 软件中的热电耦合单元模拟了雷电击中金属整体油箱蒙皮时，蒙皮厚度对于蒙皮上热斑形成的影响，确定了受雷电影响最大的区域，并计算了不同厚度铝合金蒙皮的电流耗散能量，研究结果表明：对于不同厚度(1mm、2mm)的铝合金蒙皮遭受雷击时，根据其上的温度分布，蒙皮上不会有热斑形成，其在防止油箱爆炸方面是安全的；2mm 铝合金的能量耗散小于 1mm 的铝合金蒙皮，能量耗散越小，产生热斑的可能性越低。Monferran 等[151]利用最大似然法并结合统计检验形成了基于测量数据库的非参数统计拟合方法，用于分析雷电注入下飞机紧固件结构的电阻变化情况，预测了雷击作用下金属燃油箱和复合材料燃油箱紧固件界面处的电流分布和电流峰值大小。Robb 等[152]利用红外扫描照相机研究了飞机油箱蒙皮在雷击作用下的表面热点温度，试验中电流峰值为 200A，并传导 15C 的电荷。研究结果表明：对于钛合金和不锈钢材料而言，随着蒙皮的厚度减小，产生热斑点火源的概率增大。

1.6　本书内容安排

在作者 2016 年专著《飞机复合材料结构雷击损伤评估和防护设计》出版的基础上，本专著是作者课题组近年来在航空复合材料结构雷击研究进展方面新的系统工作和总结。作者课题组进一步对复合材料典型结构雷击过程中的放电机理、放电通道模拟、多场耦合、损伤评估、防雷击设计等开展了深入研究，全书共分为 13 章。

第 1 章介绍飞机雷击的研究背景：通过调研总结雷电放电机制、放电通道数值模拟、多物理场耦合分析方法、防雷击设计、雷击后剩余强度和飞机燃油系统雷击损伤的研究现状。

第 2 章介绍磁流体动力学理论与雷击放电机理：根据磁流体动力学理论研究雷击放电机理，介绍放电通道建模和边界条件的设置方法，结合 FLUENT 二次开发技术模拟二维和三维放电通道的形成、演化和发展过程，分析放电通道传热机理、过压、冲击波和电磁场分布特征。

第 3 章介绍复合材料油箱口盖的雷击烧蚀特性：研究飞机油箱口盖在雷击下的损伤特征，对比分析油箱口盖材质、雷击位置、口盖厚度和间隙内填充密封胶等对其雷击损伤特征的影响，同时分析含螺栓油箱口盖的雷击损伤特征。

第 4 章介绍整体油箱雷击点火源研究：形成飞机整体金属油箱结构和复合材料油箱结构的建模方法，分别获得金属和复合材料油箱在雷击作用下卡箍、螺栓、蒙皮等的电热特性分布情况，分析飞机油箱雷击的电热点火源产生机理。

第 5 章介绍雷电磁流体与复合材料多物理场耦合方法：研究雷电磁流体与复合材料的多场耦合方法，介绍雷击多场耦合技术、界面插值选择方法和动网格技术，并通过雷电磁流体与复合材料加筋壁板的耦合计算验证了方法的正确性，最后分析了考虑飞机运动时雷击扫掠耦合下的损伤特性。

第 6 章介绍复合材料雷击动态损伤模型：研究复合材料加筋壁板在雷击下的动态损伤响应，开发复合材料率型损伤本构模型和三相转化物态方程，讨论复合材料加筋壁板在雷击下的热击波效应和三相转化机理。

第 7 章介绍不同失效准则下复合材料雷击后剩余强度分析：采用渐进损伤方法研究了复合材料层合板雷击后的轴向压缩剩余强度，对比分析不同失效准则下复合材料层合板的剩余强度预测值，最后通过轴向压缩试验验证渐进损伤分析方法和各失效准则的有效性和计算精度。

第 8 章介绍复合材料加筋壁板不同金属网防护性能：研究复合材料加筋壁板金属网防护件的雷击损伤特性，对比分析铜网和铝网的防雷击效果，讨论网格间距对金属网防护性能和增重的影响，最后研究复合材料加筋壁板的防雷击优化设计方法。

第 9 章介绍复合材料加筋壁板汽化反冲效应和剩余强度分析：研究复合材料加筋壁板铜网防护件和无防护基准件在雷击作用下的损伤机理，并从汽化反冲效应的角度对比分析二者的汽化反冲损伤特性，最后研究复合材料加筋壁板汽化反冲后的轴向压缩剩余强度。

第 10 章介绍复合材料连接结构汽化反冲和铝网防护分析：研究含螺栓复合材料典型连接结构的雷击损伤特征，分析铝网的雷电防护性能，并进一步研究多次雷击作用下含螺栓复合材料典型连接结构的汽化反冲损伤特性，分析含螺栓复合材料典型连接结构汽化反冲后的轴向拉伸剩余强度。

第 11 章介绍雷电电弧作用下复合材料喷铝防护性能分析：结合雷电电弧模型和复合材料电热耦合损伤模型建立其雷电电弧下的损伤模型，分析复合材料层合板在雷电作用下的损伤特征，对比无防护基准件、局部喷铝件和全喷铝件在雷击放电作用下的损伤特性。

第 12 章介绍雷电电弧作用下新型复合薄膜的防护性能分析：研究镀镍碳纤维/羰基铁粉复合薄膜的防雷击机理和防护性能，根据均匀化理论建立该新型复合薄膜的 RVE 模型，获得其等效电、热、力等参数，建立复合材料层合板与防护膜的雷击多场耦合计算模型，分析该新型复合薄膜的雷电防护性能。

第 13 章介绍分段式导流条雷击防护分析：研究分段式导流条的雷电防护性能，建立二分段式导流条的击穿模型，讨论电压上升速率、分段间隙宽度、分段几何形状对分段式导流条击穿电压的影响规律，最后分析分段式导流条的电流击穿特性。

参 考 文 献

[1] Lorenz R D. Atmospheric electricity hazards. Space Science Reviews, 2008, 137(1-4): 287-294.

[2] Rakov V A, Uman M A. Lightning: Physics and Effects. Cambridge: Cambridge University Press, 2003.

[3] Laroche P, Blanchet P, Delannoy A, et al. Experimental studies of lightning strikes to aircraft. Aerospace Lab, 2012, (5): 1-13.

[4] Blohm H. Lufthansa perspectives on safe composite maintenance practices. Amsterdam: FAA Damage Tolerance and Maintenance Workshop, Amsterdam, 2007.

[5] 范瑞敏, 胡宇群, 乔新. 大型客机防雷击技术研究. 江苏航空, 2010, (1): 10-11.

[6] Larsson A. The interaction between a lightning flash and an aircraft in flight. Comptes Rendus Physique, 2002, 3(10): 1423-1444.

[7] Wang F S, Ding N, Liu Z Q, et al. Ablation damage characteristic and residual strength prediction of carbon fiber/epoxy composite suffered from lightning strike. Composite Structures, 2014, (117): 222-233.

[8] 合肥航太电物理技术有限公司. 航空器雷电防护技术. 北京: 航空工业出版社, 2013.

[9] 王富生, 岳珠峰, 刘志强, 等. 飞机复合材料结构雷击损伤评估和防护设计. 北京: 科学出版社, 2016.

[10] Todoroki A. Electric current analysis for thick laminated CFRP composites. Transactions of the Japan Society for Aeronautical & Space Sciences, 2012, 3(55): 183-190.

[11] Chemartin L, Lalande P, Peyrou B, et al. Direct effects of lightning on aircraft structure: Analysis of the thermal, electrical and mechanical constraints. Journal of Aerospace Laboratory, 2012, (5): 1-14.

[12] Parmantier J P, Issac F, Gobin V. Indirect effects of lightning on aircraft and rotorcraft. Journal of Aerospace Laboratory, 2012, (5): 1-25.

[13] 关象石, 王风山, 李世英, 等. 国内外雷电灾害事故案例精选. 北京: 气象出版社, 1997.

[14] 陈渭民. 雷电学原理. 北京: 中国气象出版社, 2006.

[15] 魏光辉. 雷电放电数值模拟与主动防护. 北京: 科学出版社, 2014.

[16] Berger K. Novel observations on lightning discharges: Results of research on Mount San Salvatore. Journal of the Franklin Institute, 1967, 283(6): 478-525.

[17] Rakov V A. The physics of lightning. Physics Reports, 2013, 534(4): 147-241.

[18] Gorin N, Heidema F T. Peroxidase activity in golden delicious apples as a possible parameter of ripening and senescence. Journal of Agricultural and Food Chemistry, 1976, 24(1): 200-201.

[19] Gallimberti I, Bacchiega G, Bondiou C A, et al. Fundamental processes in long air gap discharges. Comptes Rendus Physique, 2002, 3(10): 1335-1359.

[20] Warner T A. Upward leader development from tall towers in response to downward stepped leaders. 30th International Conference on Lightning Protection, 2010.

[21] 过增元. 电弧和热等离子体. 北京: 科学出版社, 1986.

[22] 王杰, 袁萍, 郭凤霞, 等. 云闪放电通道的光谱及温度特性. 中国科学, 2009, (2): 229-234.

[23] 王杰, 袁萍, 郭凤霞, 等. 云闪放电通道内的粒子密度及分布特征. 地球物理学报, 2010, 53(6): 1295-1301.

[24] 董彩霞. 闪电回击通道的热量传输特性研究. 兰州: 西北师范大学硕士学位论文, 2016.

[25] Dong C X, Yuan P, Cen J, et al. The heat transfer characteristics of lightning return stroke

channel. Atmospheric Research, 2016, (178): 1-5.

[26] Liu Y C, Rapson A J, Nixon K J. Laboratory investigation into reconstructing a three dimensional model of a discharge channel using digital images. South African Universities' Power Engineering Conference (SAUPEC)-Stellenbosch, South Africa, 2009.

[27] 章涵, 王道洪, 吕伟涛, 等. 基于雷声到达时间差的单站闪电通道三维定位系统. 高原气象, 2012, 31(1): 209-217.

[28] 高彦. 闪电连接过程中先导三维发展特征的分析. 北京: 中国气象科学研究院硕士学位论文, 2014.

[29] Gurevich A V, Zybin K P. Runaway breakdown and electric discharges in thunderstorms. Physics-Uspekhi, 2001, 44(11): 1119-1140.

[30] Les Renardieres Group. Negative discharges in long air gaps at Les Renardieres 1978 results. Electra, 1981, (74): 67-218.

[31] Hidaka K, Murooka Y. Electric filed measurements in long gap discharge using pockels device. IEE Proceedings A: Science, Measurement and Technology, 1985, 132(3): 139-146.

[32] 王羽. 长间隙放电特征试验研究及在防雷中的应用. 武汉: 武汉大学博士学位论文, 2012.

[33] Rakov V A, Uman M A. Review and evaluation of lightning return stroke models including some aspects of their application. IEEE Transactions on Electromagnetic Compatibility, 1998, 40(4): 403-426.

[34] Niemeyer L, Pietronero L, Wiesmann H J. Fractal dimension of dielectric breakdown. Physical Review Letters, 1984, 52(12): 1033-1036.

[35] Wiesmann H J, Zeller H R. A fractal model of dielectric breakdown and prebreakdown in solid dielectrics. Journal of Applied Physics, 1986, 60(5): 1770-1773.

[36] Mansell E R. Macgorman D R, Ziegler C L, et al. Simulated three-dimensional branched lightning in a numerical thunderstorm model. Journal of Geophysical Research: Atmospheres, 2002, 107(9): 4075-4087.

[37] Gulyás A, Szedenik N. 3D simulation of the lightning path using a mixed physical- probabilistic model-The open source lightning model. Journal of Electrostatics, 2009, 67(2-3): 518-523.

[38] Lalande P, Bondiou C A, Laroche P. Analysis of available in-flight measurements of lightning strikes to aircraft. International Conference on Lightning and Static Electricity, Toulouse, 1999.

[39] Lago F, Gonzalez J J, Freton P, et al. A numerical modelling of an electric arc and its interaction with the anode: Part I. The two-dimensional model. Journal of Physics D: Applied Physics, 2004, 37(6): 883-897.

[40] Gonzalez J J, Lago F, Freton P, et al. Numerical modelling of an electric arc and its interaction with the anode: Part II. The three-dimensional model-Influence of external forces on the arc column. Journal of Physics D: Applied Physics, 2005, 38(2): 306-318.

[41] Tanaka S, Sunabe K, Goda Y. Three dimensional behaviour analysis of D.C. free arc column by image processing technique. XIII International Conference on Gas Discharges and their applications, Glasgow, 2000.

[42] Chemartin L, Lalande P, Delalondre C, et al. 3D simulation of electric arc column for lightning aeroplane certification. High Temperature Material Processes, 2008, 12(1): 65-78.

[43] Tholin L, Chemartin P, Lalande F. Numerical investigation of the surface effects on the dwell time during the sweeping of lightning arc. British Journal of Nutrition, 2013, 9(1): 110-119.

[44] Mitchard D, Clark D, Carr D, et al. Technique for the comparison of light spectra from natural and laboratory generated lightning current arcs. Applied Physics Letters, 2016, 109(9): 1-4.

[45] Li D, Merkle C, Scott W M, et al. Hyperbolic algorithm for coupled plasma/ electromagnetic fields including real and displacement currents. AIAA Journal, 2011, 49(5): 909-920.

[46] Lebouvier A, Iwarere S A, Ramjugernath D, et al. MHD modeling of the tip-to-plane plasma arc behaviour at very high pressure in CF4. Plasma Chemistry and Plasma Processing, 2015, 35(1): 91-106.

[47] Campbell S W, Galloway A M, Mcpherson N A. Arc pressure and fluid flow during alternating shielding gases. Part II-Arc force determination. Science and Technology of Welding and Joining, 2013, 18(7): 597-602.

[48] Asano T, Suzuki T, HayakAwa M, et al. Three-dimensional EM computer simulation on sprite initiation above a horizontal lightning discharge. Journal of Atmospheric and Solar-Terrestrial Physics, 2009, 71(8-9): 983-990.

[49] Rakov V A, Rachidi F. Overview of recent progress in lightning research and lightning protection. IEEE Transactions on Electromagnetic Compatibility, 2009, 51(3): 428-442.

[50] Lopez R, Laisne A, Lago F. Numerical modelisation of a lightning test device: Application to direct effects on aircraft structure. International Conference on Lightning Protection, Shanghai, 2014.

[51] Chemartin L, Lalande P, Montreuil E, et al. Three dimensional simulation of a DC free burning arc. Application to lightning physics. Atmospheric Research, 2009, 91(2-4): 370-380.

[52] Gunn R. Electric field in tensity inside of natural clouds. Journal of Applied Physics, 1948, 19(5): 481-484.

[53] Cobb W E, Holitza F J. A note on lightning strikes to aircraft. Monthly Weather Review, 1968, 96(11): 807-808.

[54] Mazur V. A physical model of lightning initiation on aircraft in thunderstorms. Journal of Geophysical Research: Atmospheres, 1989, 94(3): 3326-3340.

[55] Pitts F L, Fisher B D, Mazur V, et al. Aircraft jolts from lightning bolts. IEEE Spectrum, 1988, 25(7): 34-38.

[56] Rustan P L. Description of an aircraft lightning and simulated nuclear electromagnetic pulse (NEMP) threat based on experimental data. IEEE Transactions on Electromagnetic Compatibility, 1987, 29(1): 49-63.

[57] Pitts F L. Electromagnetic measurement of lightning strikes to aircraft. Journal of Aircraft, 1982, 19(3): 246-250.

[58] Mazur V, Moreau J P. Aircraft-triggered lightning-processes following strike initiation that affect aircraft. Journal of Aircraft, 1992, 29(4): 575-580.

[59] Mazur V, Fisher B D, Brown P W. Multistroke cloud-to-ground strike to the NASA F-106B airplane. Journal of Geophysical Research: Atmospheres, 1990, 95(5): 5471-5484.

[60] Mazur V. Triggered lightning strikes to aircraft and natural intracloud discharges. Journal of Geophysical Research: Atmospheres, 1989, 94(3): 3311-3325.

[61] Mazur V, Ruhnke L H. Common physical processes in natural and artificially triggered lightning. Journal of Geophysical Research: Atmospheres, 1993, 98(7): 12913-12930.

[62] Moreau J P, Alliot J C, Mazur V. Aircraft lightning initiation and interception from insitu electric measurements and fast video observations. Journal of Geophysical Research: Atmospheres, 1992, 97(14): 15903-15912.

[63] Hoole P, Balasuriya B. Lightning radiated electromagnetic-fields and high-voltage test specifications. IEEE Transactions on Magnetics, 1993, 29(2): 1845-1848.

[64] Castellani A, Bondiou C A, Lalande P, et al. Laboratory study of the bi-leader process from an electrically floating conductor. Part I: General results. IEE Proceedings-Science, Measurement and Technology, 1998, 145(5): 185-192.

[65] 李伟, 马宝峰. 一种改进型松耦合方法在机翼摇滚计算中的应用. 航空学报, 2014, 36(6): 1805-1813.

[66] Wang Y, ZhupanskA O I. Modeling of thermal response and ablation in laminated glass fiber reinforced polymer matrix composites due to lightning strike. Applied Mathematical Modelling, 2017, (53): 118-131.

[67] Slone A K, Pericleous K, Bailey C, et al. Dynamic fluid-structure interaction using finite volume unstructured mesh procedures. Computers & Structures, 2002, 80(5-6): 371-390.

[68] Wang C, Cheng L, Zhao Z. FEM analysis of the temperature and stress distribution in spark plasma sintering: Modelling and experimental validation. Computational Materials Science, 2010, 49(2): 350-362.

[69] Tabiei A, SockAlingam S. Multi-physics coupled fluid/thermal/structural simulation for hypersonic reentry vehicles. Journal of Aerospace Engineering, 2011, 25(2): 273-281.

[70] 张瑞, 姜峰, 杨晋, 等. 基于动网格的液压缸双向流固耦合分析. 中国机械工程, 2017, 2(28): 156-162.

[71] Ahn H T, Branets L, Carey G F. Moving boundary simulations with dynamic mesh smoothing. International Journal for Numerical Methods in Fluids, 2010, 64(8): 887-907.

[72] 陈炎, 曹树良, 祝宝山, 等. 基于温度体动网格方法的微弯薄翼振动问题. 机械工程学报, 2010, 46(10): 170-175.

[73] Dettmer W G, Peril D. On the coupling between fluid flow and mesh motion in the modelling of fluid–structure interaction. Computational Mechanics, 2008, 43(1): 81-90.

[74] Antaki J F, Blelloch G E, Ghattas O, et al. A parallel dynamic-mesh lagrangian method for simulation of flows with dynamic interfaces. ACM/IEEE 2000 Conference on Supercomputing, Dallas, 2000.

[75] Zhang S J, Liu J, Chen Y S. A dynamic mesh method for unstructured flow solvers. AIAA Computational Fluid Dynamics Conference, Orlando, 2003.

[76] Samareh J A. Status and future of geometry modelling and grid generation for design and optimization. Journal of Aircraft, 1999, 36(1): 97-104.

[77] Abdelal G, Murphy A. Nonlinear numerical modeling of lightning strike effect on composite panels with temperature dependent material properties. Composite Structures, 2014, 109(1): 268-278.

[78] Kawakami H, Feraboli P. Lightning strike damage resistance and tolerance of scarf-repaired mesh-protected carbon fiber composites. Composites Part A: Applied Science and Manufacturing, 2011, 42(9): 1247-1262.

[79] Dhanya T M, Yerramalli C S. Lightning strike effect on carbon fiber reinforced composites-effect of copper mesh protection. Materials Today Communications, 2018, (16): 124-134.

[80] Katunin A, Krukiewicz K, Catalanotti. Modeling and synthesis of all-polymeric conducting composite material for aircraft lightning strike protection applications. Materials Today: Proceedings, 2017, (4): 8010-8015.

[81] Martin G, Daniel T. Lightning strike protection of composites. Progress in Aerospace Sciences, 2014, (64): 1-16.

[82] Marialuigia R, Liberata G, Vito S, et al. Multifunctional Graphene/POSS epoxy resin tailored for aircraft lightning strike protection. Composites Part B: Engineering, 2018, (140): 44-56.

[83] Sharma S, Kumar V, Pathak A K, et al. Design of MWCNT bucky paper reinforced PANI-DBSA-DVB composites with superior electrical and mechanical properties. Journal of Materials Chemistry C, 2018, 6(45): 12396-12406.

[84] Mall S, Ouper B L, Fielding J C. Compression strength degradation of nanocomposites after lightning strike. Journal of Composite Materials, 2009, 43(24): 2987-3001.

[85] Chen I P, Liang R, Zhao H, et al. Highly conductive carbon nanotube buckypapers with improved doping stability via conjugational cross-linking. Nanotechnology, 2011, 22(48): 485708-485714.

[86] Jack D A. CNT thin film network failure due to concentrated current loadings. American Society of Mechanical Engineers Digital Collection, 2011, (8): 145-151.

[87] 吴志恩. 飞机复合材料构件的防雷击保护. 航空制造技术, 2011, 15: 96-99.

[88] 段泽民. 飞机雷电防护概述. 高电压技术, 2017, 5(43): 1393-1399.

[89] 段泽民, 曹凯风, 程振革, 等. 飞机雷电防护试验与波形. 高电压技术, 2000, 4(26): 61-63.

[90] 王志平, 于鸽, 胡玉良, 等. 飞机复合材料表面导电层的雷击仿真研究. 中国民航大学学报, 2011, 29(6): 22-26.

[91] 胡好, 姚红, 司晓亮, 等. 飞机复合材料板雷电损伤的试验研究. 合肥工业大学学报(自然科学版), 2011, 4(37): 402-406.

[92] 刘辉平, 段泽民, 司晓亮, 等. 碳纤维复合材料雷电注入试验研究. 方案设计, 2016, 14(35): 74-77.

[93] 纪朝辉, 马倩倩, 王志平, 等. 飞机复合材料雷击防护层设计与应用. 宇航材料工艺, 2011, 41(5): 50-54.

[94] 郭云力. 碳纤维增强树脂基复合材料的雷击防护. 济南: 山东大学博士学位论文, 2019.

[95] Guo Y L, Xu Y Z, Zhang L A, et al. Implementation of fiberglass in carbon fiber composites as an isolation layer that enhances lightning strike protection. Composite Science and Technology, 2019, (174): 117-124.

[96] Guo Y L, Xu Y Z, Wang Q L, et al. Eliminating lightning strike damage to CFRP structures in Zone 2 of aircraft by Ni-coated carbon fiber nonwoven veils. Composite Science and Technology, 2019, (169): 95-102.

[97] Guo Y L, Xu Y Z, Wang Q L, et al. Enhanced lightning strike protection of carbon fiber composites using expanded foils with anisotropic electrical conductivity. Composites Part A: Applied Science and Manufacturing, 2019, (117): 211-218.

[98] Guo Y L, Dong Q, Chen J K, et al. Comparison between temperature and pyrolysis dependent models to evaluate the lightning damage of carbon fiber composite laminates. Composites Part A: Applied Science and Manufacturing, 2017, (97): 10-18.

[99] Gou J, Tang Y, Liang F, et al. Carbon nanofiber paper for lightning strike protection of composite materials. Composites Part B: Engineering, 2010, 41(2): 192-198.

[100] Zhang D, Ye L, Deng S, et al. CF/EP composite laminates with carbon black and copper chloride for improved electrical conductivity and interlaminar fracture toughness. Composites Science and Technology, 2012, 72(3): 412-420.

[101] 付尚琛, 周颖慧, 石立华, 等. 碳纤维增强复合材料雷击损伤实验及电-热耦合仿真. 复合材料学报, 2015, 32(1): 250-259.

[102] Wang F S, Zhang Y, Ma X T, et al. Lightning ablation suppression of aircraft carbon/epoxy composite laminates by metal mesh. Journal of Materials Science and Technology, 2019, 11(35): 2693-2704.

[103] Wang F S, Ma X T, Zhang Y, et al. Lightning damage testing of aircraft composite-reinforced panels and its metal protection structures. Applied Sciences-Basel, 2018, 8(10): 1791.

[104] Heise W. Protection of flying objects against the effects of lightning. AEG-Telefunken Progress (Allgemeine Elektricitaets-Gesellschaft), 1973, (1): 4-8.

[105] Mebar Y, Harel R. Electrical explosion of segmented wires. Journal of Applied Physics, 1996, 79(4): 1864-1868.

[106] Drumm F. Flashover voltage characteristics of segmented diverter strips. SAE International, 1999.

[107] Bäuml G. Investigation into the protection effectiveness of segmented diverter strips (button strips) and solid diverter strips. SAE Technical Paper, 1999.

[108] Ulmann A, Brechet P, Bondiou-Clergerie A, et al. New investigations of the mechanisms of lightning strike to radomes, part I: Experimental study in high voltage laboratory. SAE Transactions, 2001: 325-331.

[109] Delannoy A, Bondiou-Clergerie A, Lalande P, et al. New investigations of the mechanisms of lightning strokes to radomes, part II: Modeling of the protection efficiency. SAE Technical Paper, 2001.

[110] Karch C, Heidler F, Zischank W, et al. Practical approach for high current radome testing. The 34th International Conference on Lightning Protection, Rzeszow, 2018.

[111] Piche A, Piau G P, Bernus C, et al. Prediction by simulation of electromagnetic impact of radome on typical aircraft antenna. The 8th European Conference on Antennas and Propagation, Hague, 2014: 3205-3208.

[112] 胡自力, 杨忠清. 雷达罩的综合优化设计. 宇航材料工艺, 2005, (1): 24-29.

[113] 蔡良元, 温磊, 冯便便, 等. 某型雷达天线罩雷电防护技术的研究. 大型飞机关键技术高层论坛暨中国航空学会学术年会, 深圳, 2007.

[114] 刘涛, 段雁超. 基于片段式导流条的机载天线防雷研究. 无线互联科技, 2016, (9): 14-16.

[115] Duan Y C, Xiong X, Pingdao H U. Research on aircraft radome lightning protection based on segmented diverter strips. International Symposium on Electromagnetic Compatibility, Angers, 2017: 1-6.

[116] Duan Z M, Zhao Y, Si X, et al. Lightning strike withstand capacity test research on a lightweight lightning protection cable. Power Modulator & High Voltage Conference, Santa Fe, 2014: 291-294.

[117] 陈汉. 飞机典型防护结构的雷击磁流体放电特性. 西安: 西北工业大学博士学位论文, 2020.

[118] Chen H, Wang F S, Xiong X, et al. Plasma discharge characteristics of segmented diverter strips subjected to lightning strike. Plasma Science and Technology, 2018, 21(2): 025301.

[119] Hirano Y, Katsumata S, Iwahori Y, et al. Fracture behavior of CFRP specimen after lightning strike. 17th International Conference on Composite Materials, Edinburgh, 2009.

[120] Feraboli P, Miller M. Damage resistance and tolerance of carbon/epoxy composite subjected to simulated lightning strike. Composites, Part A: Applied Science and Manufacturing, 2009, 40(6): 954-967.

[121] Feraboli P, Kawakami H. Damage of carbon/epoxy composite plates subjected to mechanical impact and simulated lightning. Journal of Aircraft, 2010, 3(47): 999-1012.

[122] Kawakami H. Lightning Strike Induced Damage Mechanisms of Carbon Fiber Composites. Washington: University of Washington, 2011.

[123] Kumar V, Yokozeki T, Okada T, et al. Polyaniline-based all-polymeric adhesive layer: An effective lightning strike protection technology for high residual mechanical strength of CFRPs. Composites Science and Technology, 2019, (172): 49-57.

[124] 董琪. 碳纤维增强聚合物基复合材料雷击损伤的电-热-化学-力耦合分析. 济南: 山东大学博士学位论文, 2019.

[125] 刘远飞, 张驭, 尹俊杰, 等. 雷击作用下复合材料层合板的烧蚀损伤表征及剩余强度影响因素分析. 四川大学学报(自然科学版), 2020, 6(57): 1165-1176.

[126] Xia Q S, Zhang Z C, Chu H T, et al. Research on high electromagnetic interference shielding effectiveness of a foldable buckypaper/polyacrylonitrile composite film via interface reinforcing. Composites Part A: Applied Science and Manufacturing, 2018, (113): 132-140.

[127] Xia Q S, Mei H, Zhang Z C, et al. Fabrication of the silver modified carbon nanotube film/carbon fiber reinforced polymer composite for the lightning strike protection application. Composites, Part B: Engineering, 2020, (180): 107563.

[128] Xia Q S, Zhang Z C, Mei H, et al. A double-layered composite for lightning strike protection via conductive and thermal protection. Composites Communications, 2020, (21): 100403.

[129] 夏乾善. 基于碳纳米管纸复合材料雷电防护结构的设计及性能表征. 哈尔滨: 哈尔滨工业大学博士学位论文, 2020.

[130] Wang F S, Yu X S, Jia S Q, et al. Experimental and numerical study on the residual strength of carbon/epoxy composite after lightning strike. Aerospace Science and Technology, 2018, (75): 304-314.

[131] 俞小桑. 飞机复合材料雷击损伤后机械性能预测方法及验证. 西安: 西北工业大学硕士学位论文, 2016.

[132] 丁宁. 复合材料雷击烧蚀损伤分析及剩余强度评估. 西安: 西北工业大学硕士学位论文, 2013.

[133] 刘志强. 雷电环境下复合材料层合板电-磁-热-结构耦合效应研究. 西安: 西北工业大学博士学位论文, 2014.

[134] Sheng Z W, Xing R C, Li W, et al. Study on ignition characteristics and control strategy of ignition source in oil storage area. Fire Science and Technology, 2018, 37(8): 1024-1026.

[135] Skjold T, Wingerden K V. Investigation of an explosion in a gasoline purification plant. Process Safety Progress, 2013, 32(3): 268-276.

[136] FAA AC25.981-1C. Fuel tank ignition source prevention guidelines. Federal Aviation Administration, 2008.

[137] SAE ARP 5416. Aircraft lightning test methods. Society of Automotive Engineers, 2005.

[138] Song B, Wang X, Zhang H. The aircraft composite integral fuel tank fire safety performance analysis and shrinkage ratio simulation calculation. Procedia Engineering, 2013, 52(2): 320-324.

[139] Dornheim M A. Details emerge of earlier fuel tank penetrations. Aviation Week and Space Technology, 2000, 153(9): 33-34.

[140] Klim Z H, Skorek A W. Probability assessment of the fuel tank structural feature failures. SAE International Journal of Aerospace, 2011, 4(2): 699-709.

[141] Lin M S, Tan C H, Huang S H, et al. Simulated lightning tests on external fuel tank of aircraft. IEEE International Symposium on Electromagnetic Compatibility, Chicago, 1994.

[142] Monferran P, Guiffaut C, Reineix A, et al. Fastener lightning current assessment in aircraft fuel tank. International Symposium on Electromagnetic Compatibility, Barcelona, 2019.

[143] Zhang F F, Jiang H L, Zhang C. Study of charging nitrogen to external floating roof tank to prevent rim-seal fires from lightning. Procedia Engineering, 2014, 71(1): 124-129.

[144] Wang T T, Qin X M, Qi Y M. Quantitative risk assessment of direct lightning strike on external floating roof tank. Journal of Loss Prevention in the Process Industries, 2018, 56(1): 191-203.

[145] Liu Y, Fu Z, Jiang A, et al. FDTD analysis of the effects of indirect lightning on large floating roof oil tanks. Electric Power Systems Research, 2016, 139(10): 81-86.

[146] 李连桂. 飞机燃油箱闪电间接效应安全性仿真研究. 电子科技, 2017, 30(8): 142-146.

[147] 房延志, 李德彪. ARJ21-700 飞机机翼整体油箱口盖雷电防护试验研究. 飞机工程, 2008, (3): 20-23.

[148] 张铁纯, 郭江, 段泽民, 等. 飞机燃油箱检修口盖雷电引燃源防护研究. 合肥工业大学学报(自然科学版), 2020, 43(1): 70-74.

[149] 赵毅. 大型客机油箱结构雷电点火源防护验证. 高电压技术, 2017, 43(294): 46-51.

[150] Ranjith R, Myong R S, Lee S. Computational investigation of lightning strike effects on aircraft components. International Journal of Aeronautical and Space Sciences, 2014, 15(1): 44-53.

[151] Monferran P, Guiffaut C, Reineix A, et al. Lightning currents on fastening assemblies of an aircraft fuel tank-Part I: uncertainties assessment with statistical approach. IEEE Transactions on Electromagnetic Compatibility, 2019, 100(99): 1-11.

[152] Robb J D, Chen T, Walker W. Integral fuel tank skin material heating from swept simulated lightning discharges. IEEE International Symposium on Electromagnetic Compatibility, Seattle, 1997.

第 2 章　磁流体动力学理论与雷击放电机理

2.1　雷电磁流体动力学理论

自然雷电放电属于长间隙气体放电现象，放电距离长达几十千米，影响雷电放电和通道形成因素非常复杂。通过现有的雷电观测技术可以直接获取自然雷击放电的相关数据支持，但由于自然雷电的观测和人工引雷试验的实施难度较大，限制了自然雷电的直接研究。自然雷击行为可通过开展实验室条件下的长间隙放电加以模拟，根据自然雷击观测数据提出合适的数值分析模型，将观测数据、长间隙放电试验与数值分析相结合，研究雷击通道的发展和形成机理。磁流体动力学主要考察导电流体在电磁场作用下的运动规律，包括研究磁流体速度场和电磁场之间的相互作用，讨论热能与电能之间的相互转化等问题。雷击放电过程的实质是大气放电，形成的热等离子体放电通道可视为导电流体，属于磁流体动力学研究范畴，结合磁流体动力学(MHD)理论有助于深入研究雷击放电机理。

本章主要介绍流体力学、电磁学和磁流体动力学的相关理论，分析雷电磁流体与普通流体之间的差异，从微观带电粒子在电磁场中的运动形式解释雷电等离子体通道的几何形状和演变特征等。基于不可压层流和局部热动平衡 LTE 等假设，联立反映流体特性的 Navier-Stokes(N-S)方程和描述电磁规律的 Maxwell 方程建立雷电磁流体动力学模型，以放电等离子体通道为研究对象，采用磁流体动力学理论，利用 FLUENT 二次开发技术和 Visual Studio 软件模拟二维电弧和三维放电通道等离子体的形成过程，重点研究放电通道的演变发展过程和物理量变化规律。

2.1.1　流体动力学方程

自然界中流体流动形式普遍为无规则涡旋运动的湍流，层流流动相比而言较为平稳。根据流体稳定性理论，层流随外界扰动增大会在最大扰动速度处发生流动"崩裂"，出现涡旋从而形成湍流，流动中各物理变量都随时间和空间发生随机变化[1]。流体流动经过渡状态发生层流向湍流的转变，流体稳定性可用临界雷诺数 Re_{cr} 作为判据。当雷诺数 Re 小于临界雷诺数时流动是线性稳定，反之则为线性不稳定。对于等离子体射流问题，较多选用层流模型进行数值计算，通常情况下层流等离子射流长度比湍流等离子体长[2]。

　　流体间流动存在黏性阻力，一方面黏性力造成能量耗散可对外界扰动进行振荡衰减使流动趋于稳定；另一方面会使互相垂直的扰动分量形成相对运动，使流动趋于紊乱。为方便研究，通常忽略黏性力的影响，流体近似为无黏的理想流体。实际情况中黏性力是影响流体运动特性的关键因素，比如受黏性力作用，贴近物面会出现边界层效应，近壁面速度为零，即无滑移条件[3]。离边界层较远处，流体流动基本符合理想流体特征，流速逐渐增大。边界层内部受黏性阻力作用较大，沿其厚度方向的速度变化比较剧烈，在进行数值计算时网格划分需要估算 y^+ 值以确定边界层第一层网格厚度。在某些情况下，边界层在黏性力和逆压梯度复杂作用下会发生分离现象。在高马赫数情况下，黏性摩擦阻力会造成气动热问题。部分流体内摩擦力与速度变化率呈线性关系的黏性流体称为牛顿流体，反之则为非牛顿流体，摩擦定律见式(2-1)。

$$\tau = \mu \lim_{\Delta n \to 0} \frac{\Delta u}{\Delta n} = \mu \frac{\partial u}{\partial n} \tag{2-1}$$

式中：μ 为动力黏度，$\partial u/\partial n$ 为速度变化率。

　　流体流动由质量守恒、动量守恒和能量守恒三大基本守恒定律控制，若存在湍流流动则需要考虑湍流运输方程，对于多相流系统还需要遵守组分守恒方程。为了描述流体流动参数在不同空间坐标随时间的连续变化规律，欧拉法侧重于观察控制体内流体运动规律，如图 2-1 所示，以此为基础建立流体控制方程。

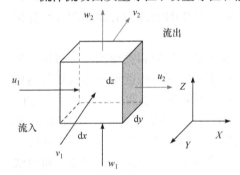

图 2-1　微元控制体

　　1) 连续方程

　　连续方程即质量守恒定律，任何流体流动都必须满足这一规律，单位时间内流入与流出微元控制体内的质量之差等于控制体内的质量增加，采用张量形式表示如下：

$$\frac{\mathrm{d}\rho}{\mathrm{d}t} = -\rho \frac{\partial v_i}{\partial x_i} \tag{2-2}$$

式中：ρ、v、t 分别为密度、速度矢量和时间。式(2-2)是连续性方程的一般形式，对于不可压流，密度不随时间变化，即 $\mathrm{d}\rho/\mathrm{d}t = 0$。

　　2) 动量方程

　　动量方程是对牛顿第二定律的描述，微元控制体动量对时间的变化率等于作

用于微元控制体上的外力总和，可表示为

$$\rho \frac{\mathrm{d}v_i}{\mathrm{d}t} = \frac{\partial \sigma_{ij}}{\partial x_i} + \rho f_j \tag{2-3}$$

方程左边表示控制体动量变化率，方程右边分别表示控制体受到的表面力和质量力。对于不可压流体，考虑到连续性方程 $\nabla \cdot (\rho v) = 0$，不可压黏性流体动量守恒方程可表示为

$$\rho \frac{\mathrm{d}v_i}{\mathrm{d}t} = -\frac{\partial p}{\partial x_j} + \mu \frac{\partial^2 u_j}{\partial x_i^2} + \rho f_j \tag{2-4}$$

3) 能量方程

能量方程实质是对热力学第一定律的描述，微元控制体能量的增加等于所有体积力与面力对微元体做的功，并加上传入微元体的净热流量，可表示为

$$\rho \frac{\mathrm{d}e}{\mathrm{d}t} = \sigma_{ij} \frac{\partial u_j}{\partial x_i} - \frac{\partial q_i}{\partial x_i} \tag{2-5}$$

式中：e 为单位质量流体内能，右侧两项分别表示由表面力引起的机械能对内能的转化功率和传热功率，传热项 q 通常包括导热、辐射和化学产热等。

以上各式中 σ 表示应力张量，与各向同性压力 p 和黏性应力张量 τ 之间的关系可表示为

$$\sigma_{ij} = -p\delta_{ij} + \tau_{ij} \tag{2-6}$$

τ 为作用于微元控制体上的黏性应力张量，直角坐标系下采用张量形式表示为

$$\tau_{ij} = \mu \left(2\frac{\partial v_i}{\partial x_i} - \frac{2}{3}\nabla \cdot v \right) \qquad i = j \tag{2-7}$$

$$\tau_{ij} = \mu \left(\frac{\partial v_i}{\partial x_j} + \frac{\partial v_j}{\partial x_i} \right) \qquad i \neq j \tag{2-8}$$

2.1.2　磁流体动力学方程

磁流体泛指所有的导电流体，而等离子体一般定义为有一定电离度(电离度大于 10^{-4})的电离气体，常见的有闪电、极光、星云、电弧和电火花等，如图 2-2 所示。等离子体由电子、离子、中性粒子组成，且整体表现为电中性的多粒子体系，由气体在高温或强电磁场作用下发生高度电离而形成，与气态、液态、固态完全不同，是物质存在的第四种形态[4]。选择德拜长度作为等离子体电中性的判断标准，若特征长度 L 远大于德拜长度 λ_D，宏观上表现为电中性，可视为等离子体。与普通气体不同，等离子体中带电粒子运动造成正、负电荷局部集中而产生电场，此外电荷定向运动产生时变电流并形成感应磁场，在电磁场耦合作用下还会有强烈的热辐射和热传递等现象发生。

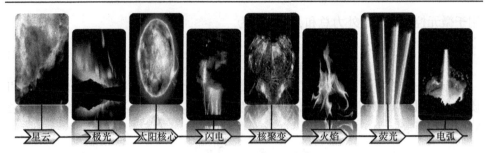

图 2-2　常见等离子体

　　考虑到等离子体为能量高、化学活性大、受电磁场控制的导电流体，其广泛应用于电弧焊接、材料加工、磁流体发电和等离子体推进等领域[5,6]。高温等离子体温度高达 $10^8 \sim 10^9$K，原子中所有电子受热激发逸出为自由电子而发生完全电离。考虑到等离子体的可控性，将等离子体用于控制流体流动技术逐渐兴起。通过研究等离子体与飞行器气动特性之间的关系，利用等离子体控制技术降低阻力和激波以及实现隐身等功能。另外，利用电晕放电等离子体降低流体流动阻力，减小边界层效应，改变平板表面流体流动状态。等离子体因其具有较多特点，应用范围较广，是一种多功能流体材料。

　　等离子体输运参数如电导率 σ、黏性系数 μ、密度 ρ、热导率 κ 和比热 C_p 等受温度和压力影响明显，试验测量以上参数比较困难，且差异性较大，通常采用求解动力学方程得到等离子体输运参数。Murphy 等[7]首次采用数值方法计算了局部热力平衡下氮气、氧气和氩气等常用气体的等离子体物性参数，结合分子相互作用势的数据提高计算精度。Capitelli 等[8,9]基于 Chapman-Engskog[10]方法和最新的粒子间碰撞截面试验结果，计算得到了 $50 \sim 30000$K 温度范围内满足 LTE 条件的氩气和空气等离子体输运参数。在放电等离子形成过程中，空气材料参数受高温效应而发生非线性变化，例如氩气和空气等离子体热力学参数和输运参数随温度的变化规律如图 2-3 所示。在温度低于 6000K 时气体电导率非常低，可视为不

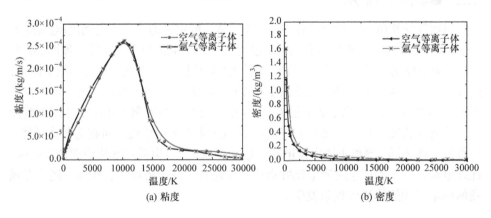

(a) 粘度　　　　　　　　　　　　　　(b) 密度

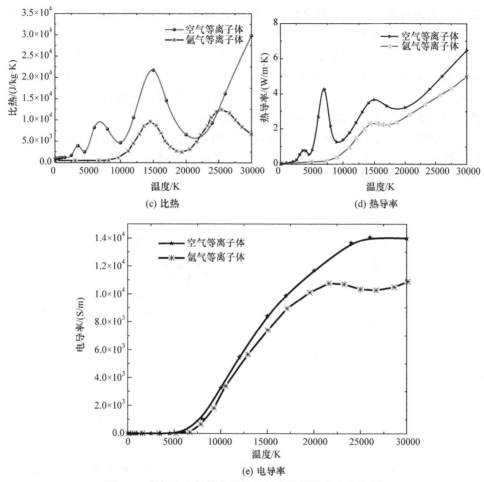

图 2-3　氩气和空气等离子体材料参数随温度的变化[8,9]

导电；但当温度高于 10000K 时电导率达到 $2×10^3S/m$，此时等离子体可视为良好的导体。

磁流体动力学主要研究导电流体在磁场作用下的运动规律，自然雷电因空气电击穿和焦耳热电离共同形成热等离子体放电通道，兼具流体特性和电磁特征。从宏观上看，气体受高温、强电流等共同作用而转化为等离子体，等离子体放电通道运动受电磁场分布、介质电导率、外界作用力等多方面因素影响，一般表现出弯曲、扭转、膨胀、箍缩等不规则运动形式。从微观粒子角度分析，高温条件下放电通道的带电粒子在电磁场中运动而产生电磁力，在电场和磁场耦合作用下带电粒子运动形式比较复杂，若将放电通道假设为通电导体，电场和感应磁场大致垂直，此时带电粒子在垂直电场方向做变速运动，在垂直磁场平面做圆周运动[11]。放电通道内带电粒子受洛伦兹力作用发生回旋运动，运动迹线通常为螺旋状，电磁耦合作用下粒子之间相互作用形成偏转诱导力和偏转力矩，促使磁流体通道偏离轴线并发生扭转。

与普通流体相比，磁流体中带电介质在磁场中运动会产生感应电流，变化电场又会反向影响磁场分布，形成电场与磁场的交互耦合作用。等离子体放电通道的电磁作用如图 2-4 所示，电场促使通道逐渐向下发展，电磁力作用造成等离子体沿径向流动。磁流体动力学方程是由流体三大控制方程和 Maxwell 方程组耦合联立得到的，常用于模拟带电流体在磁场作用下的运动，如金属磁流体、等离子体、燃烧电弧等，本章将 MHD 理论应用于雷电放电通道形成与发展过程的数值模拟。

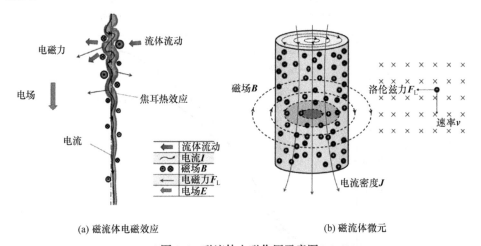

(a) 磁流体电磁效应　　　　　　　　　　(b) 磁流体微元

图 2-4　磁流体电磁作用示意图

采用磁流体动力学理论建立 MHD 模型计算模拟雷击放电通道，需要提出一些合理的基本假设，比如不考虑大气压力对放电通道的影响、除电磁力外不受其他外力等，其中最为主要的是局部热动平衡(Local Thermodynamic Equilibrium, LTE)假设[12]。等离子体中的电子因质量小，受外界电磁场作用时电子运动速度比重粒子速度要大，通常在高温区域粒子间碰撞剧烈，粒子间能量互相转化。当电子平均温度 T_e 和重粒子平均温度 T_h 基本相同时，等离子体处于局部热动平衡状态，各组分粒子热运动速度满足 Maxwell 速度分布函数[13]。然而，在壁面附近的边界层、等离子体与环境气体交界处以及等离子体温度较低区域等，都有可能出现不满足 LTE 的情况。有学者提出放电电弧等离子体计算应建立在非局部热动平衡(NLTE)假设[14-16]之上，但由于在 NLTE 条件下等离子体的热力学参数和输运系数难以计算，目前计算放电等离子通道主要还是以 LTE 假设为前提。

基于以上分析，针对放电等离子体通道数值计算提出以下假设：①放电等离子体通道满足 LTE 假设；②雷电流假设为只有一种介质的单相磁流体运动，电磁介质为各向同性；③考虑黏性作用，并假设雷电磁流体为连续、不可压的牛顿流体；④流体流动为层流，且忽略重力影响。

磁流体动力学方程的建立以一般流体控制方程为基础，同时考虑新体积力的出现、焦耳热的产生和电子传热三方面因素，基于以上假设并结合 Maxwell 电磁方程推导 MHD 方程组。

1) 连续性方程

与普通流体一样，磁流体仍然需要满足连续性方程，保证质量守恒。

$$\frac{\partial \rho}{\partial t} + \nabla \cdot (\rho \boldsymbol{v}) = 0 \tag{2-9}$$

2) 动量守恒方程

因忽略重力影响，作用于磁流体的表面力主要为压力。考虑到电磁环境中带电粒子受到电磁力作用，作用于磁流体的体积力主要包括洛伦兹力和黏性力。因此，洛伦兹力作为外体积力添加到流体动量守恒方程，从而得到磁流体动量守恒方程。

$$\frac{\partial \rho \boldsymbol{v}}{\partial t} + \nabla \cdot (\rho \boldsymbol{v} \otimes \boldsymbol{v}) = \nabla(\mu \nabla \boldsymbol{v}) - \nabla \boldsymbol{P} + \boldsymbol{S}_M + \boldsymbol{F}_L \tag{2-10}$$

式中：$\boldsymbol{S}_M$ 代表磁流体受到的其他作用力。$\boldsymbol{F}_L$ 为洛伦兹力，其表达式为

$$\boldsymbol{F}_L = \boldsymbol{J} \times \boldsymbol{B} \tag{2-11}$$

3) 能量守恒方程

导电流体的热量传递主要有对流传热、等离子体运动传热和辐射传热等方式，磁流体内部能量之间的转化形式包括电磁能因焦耳热效应向热能的转变、电子迁移造成的热量变化和热辐射带来的能量损失，磁流体能量方程采用焓 h 可表示为

$$\frac{\partial \rho h}{\partial t} + \nabla \cdot \rho h \boldsymbol{v} = \nabla \cdot \frac{\kappa}{C_p} \nabla h + Q_J + Q_e - S_R \tag{2-12}$$

式中：κ 和 C_p 分别为导热系数和比热容。Q_e 为电子迁移造成的热量变化，其表达式为

$$Q_e = \frac{5}{2} \frac{K_B}{e \cdot C_p} \boldsymbol{J} \cdot \nabla T \tag{2-13}$$

焦耳热 Q_J 为

$$Q_J = \frac{j_x^2 + j_y^2 + j_z^2}{\sigma} \tag{2-14}$$

热辐射能量损失项 S_R 为

$$S_R = 4\pi \cdot \varepsilon_N \tag{2-15}$$

式中：K_B 为玻尔兹曼常数，e 为电子电荷量，j_x、j_y 和 j_z 为电流密度分量，σ 为电导率，ε_N 为热等离子体的净辐射系数。据 Naghizadeh-Kashani[17]等的分析，ε_N 与温度有关，且可表示为温度相关的函数。根据文献[18]得到空气和氩气等离子体净辐射系数随温度变化的曲线，如图 2-5 所示。

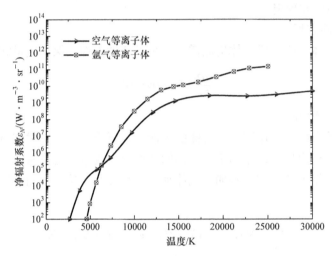

图 2-5　等离子净辐射系数 ε_N

4) Maxwell 电磁方程组

Maxwell 偏微分方程组描述了电场、磁场、电流密度和电荷之间的关系，揭示了随时间变化的电流和电荷可以产生时变电磁场的规律，包括反映电荷产生电场的高斯定律、描述磁场为无源场的高斯磁定律、时变磁场产生电场的 Maxwell-Ampere 定律和时变电场产生磁场的 Faraday 电磁感应定律[19]。在磁流体动量守恒方程和能量方程中，洛伦兹力 F_L 和焦耳热 Q_J 的表达式主要与电流密度 J(A/m^2)、电场强度 E(V/m)和磁场 B(T)有关，需借助欧姆定律、电流守恒定律和 Maxwell-Ampere 方程等描述变量之间关系。对于电流密度 J，可通过求解电势方程或磁感应方程两种方法得到。

电场 E 的产生由电势梯度和磁感应强度随时间变化率两部分组成，如式(2-16)所示。相比而言，磁感应产生的电场较小，对于稳定电流可以忽略[20]，可简化为式(2-16)。欧姆定律描述了电流密度 J、电场 E 以及电导率 σ(S/m)之间的关系，如式(2-17)所示。考虑到电流守恒定律可表示为式(2-18)，从而得到了电势、电导率和电流密度之间的关系，如式(2-19)所示。

$$E = -\nabla\varphi - \frac{\partial A}{\partial t} \tag{2-16}$$

$$E = -\nabla\varphi \tag{2-17}$$

$$J = \sigma E \tag{2-18}$$

$$\nabla \cdot J = -\nabla \cdot (\sigma \nabla \varphi) = 0 \tag{2-19}$$

式中：$\varphi(\mathrm{V})$为电势，A 为磁矢势。

Maxwell-Ampere 方程描述了电流密度 J 与磁场 B 之间的关系，对于稳定电流，磁场强度的旋度主要取决于引起该磁场的电流密度，如式(2-20)所示。为方便描述，电磁学中通常采用磁矢势 A 的旋度来表示磁场 B，如式(2-21)所示。结合式(2-22)的 Kulum 条件，可得到描述磁矢势、磁导率、电流密度之间关系的泊松方程，如式(2-23)所示。

$$\nabla \times B = \mu_0 J \tag{2-20}$$

$$B = \nabla \times A \tag{2-21}$$

$$\nabla \cdot A = 0 \tag{2-22}$$

$$-\nabla \times (\nabla A_i) = \mu_0 J_i \tag{2-23}$$

式中：μ_0 为空中磁导率，数值为 $4\pi \times 10^{-7}(\mathrm{N/A^2})$。式(2-9)、式(2-10)、式(2-11)、式(2-19)和式(2-23)为磁流体动力学的基本控制方程，为了便于对以上控制方程进行分析，考虑到程序编写和求解的便利，仿照计算流体动力学中各控制方程的通用格式[21]，对以上 MHD 磁流体方程组采用以下标准公式表示成通用形式：

$$\frac{\partial \rho \Phi}{\partial t} + \nabla \cdot (\rho v \Phi) = \nabla(\Gamma_\Phi \nabla \Phi) + S_\Phi \tag{2-24}$$

式中：t、ρ、v、Φ、S_Φ 和 Γ_Φ 分别为时间、流体密度、速度矢量、待求解的通用变量、广义源项和广义扩散系数。式(2-24)中各项依次为瞬态项、对流项、扩散项和源项，表 2-1 给出了磁流体各控制方程与 Φ、S_Φ、Γ_Φ 之间的对应关系，以上公式中出现的等离子体物理参数如电导率、热导率、黏性系数、比热和密度等都随温度变化而变化。通过电磁方程得到电流密度、电场强度和磁场，可描述由电磁耦合作用产生的电磁力和焦耳热效应，并将其添加到相应的动量源项和能量源项，从而完成磁流体动力学(MHD)计算模型的建立。

表 2-1   MHD 方程通用格式中各符号的具体形式

方程标准格式			$\dfrac{\partial \rho \Phi}{\partial t} + \nabla \cdot (\rho v \Phi) = \nabla(\Gamma_\Phi \nabla \Phi) + S_\Phi$
守恒方程	Φ	Γ_Φ	S_Φ
质量方程	1	0	0
x 方向动量方程	μ	μ	$j_y B_z - j_z B_y$
y 方向动量方程	v	μ	$j_z B_x - j_x B_z$
z 方向动量方程	w	μ	$j_x B_y - j_y B_x$

续表

方程标准格式			$\dfrac{\partial \rho \Phi}{\partial t} + \nabla \cdot (\rho v \Phi) = \nabla(\Gamma_{\phi} \nabla \Phi) + S_{\phi}$
能量方程	h	$\dfrac{k}{C_p}$	$\dfrac{j_x^2 + j_y^2 + j_z^2}{\sigma} + \dfrac{5}{2}\dfrac{k_B}{e}\left(\dfrac{j_x}{C_p}\dfrac{\partial T}{\partial x} + \dfrac{j_y}{C_p}\dfrac{\partial T}{\partial y} + \dfrac{j_z}{C_p}\dfrac{\partial T}{\partial z}\right) - S_R$
电势方程	V	σ	0
x 方向磁矢势方程	A_x	1	$\mu_0 j_x$
y 方向磁矢势方程	A_y	1	$\mu_0 j_y$
z 方向磁矢势方程	A_z	1	$\mu_0 j_z$

2.2　放电等离子体数值计算方法

磁流体动力学方程组的数值求解方法有边界单元法(Boundary Element Method, BEM)[22]、有限元单元法[23]、无网格法[24]和有限体积法(Finite Volume Method, FVM)[25]等,采用 FVM 并结合 CFD 软件模拟计算磁流体的方法应用较多,常用于模拟放电电弧,计算精度较高。焊接电弧中以自由燃烧电弧最为典型,其外部边界为自由边界,相关的数值模拟和试验研究较为成熟,对电弧等离子体温度分布、传热特性和流动问题分析较多[26-28]。本节将介绍磁流体仿真过程,重点描述利用 FLUENT 二次开发技术实现等离子体的仿真计算,然后以二维电弧计算实例来验证磁流体仿真计算过程的合理性,为三维雷电放电通道模拟提供可行性依据。

2.2.1　CFD 计算方法及流程

1) 有限体积法(FVM)

计算流体动力学 CFD 可用于流体流动、传热、分子运输和磁流体流动等方面的分析和模拟。相对于试验研究,计算流体动力学运用数值计算方法具有精度高、周期短、成本低等特点。CFD 数值计算采用一系列有限离散点上的物理变量代替计算域内连续的物理变量,通过求解离散点上各物理量之间的代数方程组,得到计算域内场变量的近似值[29]。由于变量在各节点之间的分布假设和离散化方程推导方式的不同,形成了有限差分法、有限元法和有限体积法等离散方法。FVM 离散方法借鉴有限差分法求解思路,结合有限元法的优势,广泛用于 PHOENICS、CFX、FLUENT 等 CFD 商用计算软件。鉴于磁流体 MHD 方程组为非线性偏微分方程,求解较为困难,本章采用有限体积法进行求解。有限体积法将整个计算域划分为有限个互不重复的控制体积单元,将控制方程对每一个控制体积单元积分,非线性偏微分方程被离散成各个控制体积单元上的代数方程组,从而得到一系列

离散的代数方程组。有限体积法对一般形式的控制微分方程在控制体内积分可表示为

$$\int_{\Omega} \frac{\partial(\rho\phi)}{\partial t} d\Omega + \int_{\Omega} \nabla \cdot (\rho V \phi) d\Omega = \int_{\Omega} \nabla \cdot (\Gamma \nabla \phi) d\Omega + \int_{\Omega} S d\Omega \qquad (2\text{-}25)$$

上式表示变量 ϕ 在任意控制体单元 Ω 内的积分形式依然要保证各物理变量的守恒，确保整个求解域内的守恒性。在完成控制方程的离散后对于可压流采用耦合式求解法，对不可压流采用分离式求解法，目前 SIMPLE 系列算法得到广泛应用，对不可压和可压流动求解都适用。

2) CFD 计算流程

借助 CFD 软件对所研究问题的数值模拟计算过程主要包括前处理、求解和后处理三大部分。基于三维绘图软件 CATIA 或 FLUENT 自带前处理 GAMBIT 完成几何模型的绘制，并通过 GAMBIT 或 ICEM 等完成网格划分。将模型导入 FLUENT 或 CFX 等求解器中，根据所研究问题选择求解方案，设置材料参数、边界条件和初始值等完成计算。FLUENT 自带后处理器，但为了得到结果的曲线图、云图和动画等效果，通常将计算结果导入 TECPLOT、CFD-POST 和 ORIGIN 等专业后处理软件，CFD 整个求解过程如图 2-6 表示。

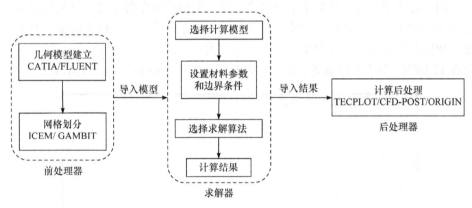

图 2-6　CFD 求解过程

2.2.2　FLUENT 二次开发

FLUENT 软件具备的基本模块可以解决大多数流体问题，但对于等离子体激发和运动演变过程的仿真计算，需要借助于 FLUENT 中的用户自定义函数(User Defined Function, UDF)和用户自定义标量(User Defined Scalar, UDS)来实现。利用 C 语言编写 UDF，计算前需将 FLUENT 软件与 Visual Studio 相关联，运行代码选择 Complied 型编译方式，相比 Interpreted 型具有适应性强、运行速度快等优点。通过编写 UDF 实现 FLUENT 计算等离子体功能，主要包括以下几个方面的修改：

1) UDS 变量添加

借助 UDS 添加描述电场和磁场变化的物理变量，如图 2-7 所示。根据表 2-1 定义 uds-0、uds-1、uds-2 和 uds-3，分别对应电势 V、磁矢势 A_x、磁矢势 A_y 和磁矢势 A_z，从而完成电磁变量添加。

2) 等离子体物性参数设置

考虑到气体等离子体的热力学参数和输运系数如黏度、比热容、热导率、电导率是关于温度的函数，通过编写 UDF 或编辑 Piecewise-Linear Profile 完成材料参数的设置。气体等离子电导率作为电势方程的扩散系数，需要编写 UDF 扩散系数的宏函数。

3) 控制方程源项添加

质量方程不需要修改源项，磁流体动量方程源项需要添加电磁力，能量源项需要添加焦耳热、热辐射和电子迁移产生的热量。此外，电势方程源项为 0，泊松方程需要添加源项 $\mu_0 J_i$。以 X 方向动量源项的 UDF 编写为例说明宏函数 DEFINE_SOURCE 的编写格式，在 FLUENT 中设置控制方程源项的添加过程如图 2-8 所示。

4) 边界条件定义

由于等离子体计算添加了电磁物理变量，电势边界条件主要通过编写边界宏函数 DEFINE_PROFILE 来设置，在阴极尖端以函数形式施加电流密度。对于温度、速度和压力边界条件都是第一类或第二类边界条件，不需要编写 UDF 程序，可在 FLUENT 软件直接设置，图 2-9 为电势和磁矢势边界条件设置窗口。

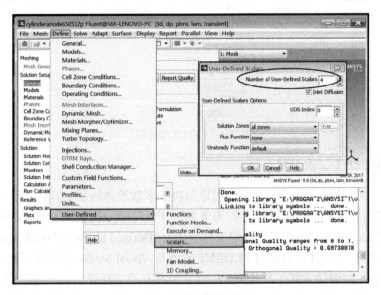

图 2-7　UDS 变量添加

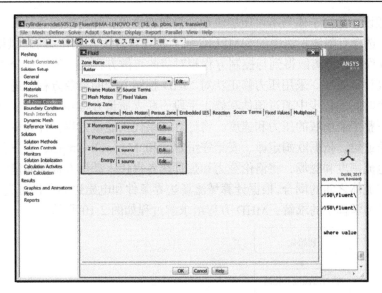

图 2-8　方程源项添加

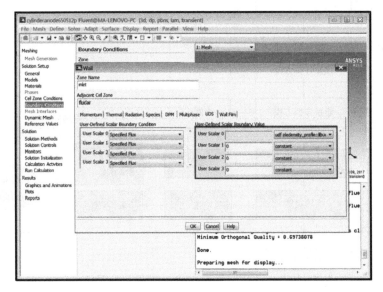

图 2-9　边界条件设置

2.2.3　MHD 模型求解

CFD 计算的前处理工作主要包括根据所研究的实际问题确定计算域、建立几何模型,对计算域进行合理网格划分、将生成的 mesh 文件导入到 FLUENT 软件、关联 Visual Studio 并载入已编写好的 UDF 程序。针对等离子体计算,制定求解方案,主要包括流体模型的选取、算法和离散格式的选择等。基于 MHD 模型建立的基本假设，等离子体为不可压层流运动且忽略重力，计算模型选择 Laminar 层流。算法选择有限体积法中的 SIMPLIC 压力基计算方法，采用二阶迎风格式，将 MHD 方程组进行离散得到与控制方程相对应的离散方程，一般选择分离式求解器来提高计算效率。采用压力修正法对 MHD 控制方程的离散方程组进行求解，在每一个时间迭代步中通过预估和修正手段，联立质量方程和动量方程可得到初始条件下整个流场域的压力和速度。将计算结果代入能量方程，计算得到流场域的温度值或熵。依据欧姆定律、安培守恒定律和 Maxwell-Ampere 等方程可得到电场、电流密度和磁场，将洛伦兹力和焦耳热各自代入动量方程和能量方程实现电磁场与流体之间的耦合，根据计算域流场边界条件和电磁边界条件可完成 MHD 磁流体动力学模型的求解，MHD 方程组求解过程如图 2-10 所示。

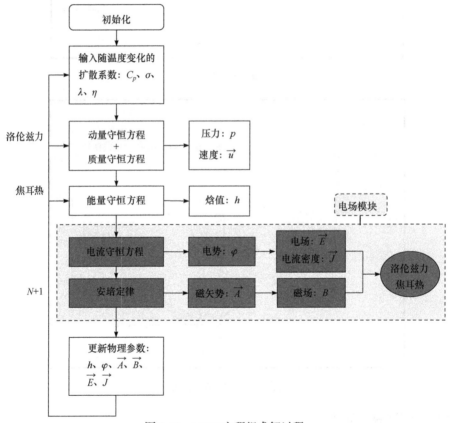

图 2-10　MHD 方程组求解过程

2.3　二维电弧热等离子体实例验证

电弧放电过程涉及多物理场的共同作用，电能转化为热能、机械能和光能，电极间的气体被激发电离成热等离子体。考虑到 TIG 焊接电弧与雷电放电具有相同的等离子特性，本节开展二维电弧等离子放电仿真计算，验证磁流体动力学模型的可行性和准确性。通过模拟二维氩气等离子体电弧的形成过程，验证程序编写和 FLUENT 计算设置的可行性。结合计算得到电弧的电流密度、温度、速度和压力等数据，对照试验结果验证模型的准确性。

2.3.1　二维电弧几何模型

二维电弧的几何模型和计算域网格划分如图 2-11 所示，该模型包括阴极放电尖端、阳极板和流体计算域。阴极形状是斜角为 60°的锥体，但考虑到边界条件的施加，这里尖端取为平整形式。计算域大小为 15mm×13mm，阴极尖端到阳极板表面的放电间隙为 10mm，整个模型关于 DE 轴中心对称。计算域网格划分利用 ANSYS/ICEM 完成，对阴极、阳极板和流体域近壁面接触区域的网格划分采用网格加密技术，总体包含 6803 个网格单元和 6980 个节点。

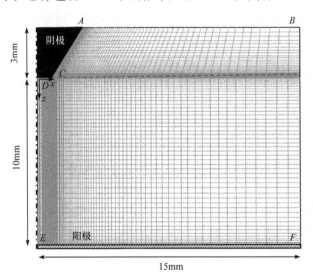

图 2-11　二维电弧几何模型和网格划分

2.3.2　边界条件

二维电弧模拟边界条件主要包括速度、压力、温度边、电场和磁矢势边界条件。由于不考虑外部空气流动对电弧的影响，求解域和空气接触面 BF 设置为压力出口边界，压力值设为标准大气压。轴线 DE 设置为对称边界条件，对称面为绝热边界。Hsu 等[30]通过由自由燃烧电弧试验确定电极表面 AC 和 CD 的温度边界为 3500K，求解域和空气接触面的温度为 1000K，模拟计算时对整个计算域赋温度初值为 1000K。此外，阳极板表面的电势为零，其他边界条件详见表 2-2。

表 2-2　二维电弧边界条件

	AB	AC	CD	DE	EF	BF
径向速度 u	$\dfrac{\partial u}{\partial x}=0$	$u=0$	$u=0$	$\dfrac{\partial u}{\partial x}=0$	$u=0$	$u=0$
轴向速度 w	$w=0$	$w=0$	$w=0$	$w=0$	$w=0$	$\dfrac{\partial w}{\partial z}=0$
温度 T	1000K	3500K	3500K	$\dfrac{\partial T}{\partial n}=0$	1000K	1000K
压力 P	1atm	1atm	1atm	1atm	1atm	1atm
电势 φ	$\dfrac{\partial \varphi}{\partial n}=0$	$\dfrac{\partial \varphi}{\partial n}=0$	$-\sigma\dfrac{\partial \varphi}{\partial n}=J_z(x)$	$\dfrac{\partial \varphi}{\partial n}=0$	0	$\dfrac{\partial \varphi}{\partial n}=0$
径向磁矢势 A_x	$\dfrac{\partial A_x}{\partial x}=0$	$\dfrac{\partial A_x}{\partial x}=0$	$\dfrac{\partial A_x}{\partial x}=0$	$\dfrac{\partial A_x}{\partial x}=0$	$\dfrac{\partial A_x}{\partial x}=0$	$\dfrac{\partial A_x}{\partial x}=0$
轴向磁矢势 A_z	$\dfrac{\partial A_z}{\partial z}=0$	$\dfrac{\partial A_z}{\partial z}=0$	$\dfrac{\partial A_z}{\partial z}=0$	$\dfrac{\partial A_z}{\partial z}=0$	$\dfrac{\partial A_z}{\partial z}=0$	$\dfrac{\partial A_z}{\partial z}=0$

以上边界条件中电场边界条件是模拟电弧的关键，通常在电极尖端 CD 施加相应的电流密度边界条件。考虑到阴极热电子发射与温度有关，通过 Richardson-Dushman 公式[31]计算阴极电流密度分布比较困难，有研究者对其进行了简化处理，假设阴极尖端在小区域内的电流密度呈均匀分布[32-34]，其表达式为

$$\begin{cases} j_c = \dfrac{I}{\pi R_c^2}, & r \leqslant R_c \\ j_c = 0, & r > R_c \end{cases} \tag{2-26}$$

但事实上阴极电流密度分布服从以下指数分布规律：

$$j(r) = J_{\max}\exp(br) \tag{2-27}$$

Hsu 等[30]通过 200A 氩气自由燃烧电弧试验测得最高温度区域的半径 R_h 约为 0.51mm，由式(2-28)可计算得到当电流为 200A 时 $J_{\max}=1.2\times10^8$A/m²。

$$J_{\max} = \dfrac{I}{2\pi R_h^2} \tag{2-28}$$

常数 b 可以通过以下公式计算：

$$I = 2\pi \int_0^{R_c} j(r)r\mathrm{d}r \tag{2-29}$$

式中：R_c 为阴极尖端截面半径，通常取 3mm。

2.3.3　计算结果分析和验证

稳态电弧等离子体的激发和形成过程比较复杂，通电后阴极尖端电压较高，周围气体被电离，因焦耳热效应形成热等离子体。同时由于温度升高，等离子体材料参数发生变化，电导率增大促进气体电离，并加速等离子体的运动。在电磁

场作用下，粒子受到轴向电场力加速作用形成射流。基于二维 MHD 磁流体动力学模型，对氩气等离子体电弧和空气等离子体电弧进行计算，得到了电流为 200A 下稳态电弧的温度分布，如图 2-12 所示。由于电弧对阳极板的冲击效应以及等离子体在阳极板表面发生积滞，阳极附近电弧出现膨胀，弧柱半径较大，在接近阳极板表面半径逐渐收缩，温度分布整体呈典型的钟罩形状。电弧中心区域温度高，往电弧外层温度逐渐降低，温度较高区域出现在阴极尖端弧根周围，对于氩弧等离子体和空气等离子体最高温度分别为 220406K 和 22228K[35]。

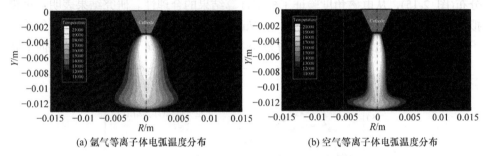

(a) 氩气等离子体电弧温度分布　　　(b) 空气等离子体电弧温度分布

图 2-12　电流 I = 200A 下稳态电弧温度分布

　　氩弧等离子体温度分布与 Hsu 等的试验数据进行对比分析，两者最高温度在同一量级，约为 20000K，等温线分布基本一致，如图 2-13 所示。弧柱半径大小的比较以 11000K 等温线作为标准，模拟结果和试验数据大致相同，分别为 0.5mm 和 0.6mm 左右。图 2-13 中只显示了电弧在 11000K 以上的温度梯度分布，由于靠近电弧边缘因温度逐渐降低会稍微偏离局部热动平衡假设，导致计算结果与试验

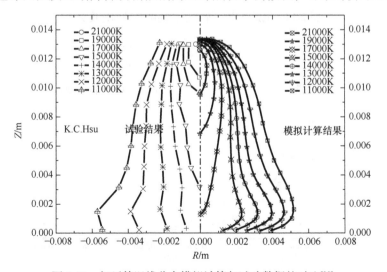

图 2-13　氩弧等温线分布模拟计算与试验数据的对比[30]

数据有一定的误差。整体对比发现电弧温度分布的模拟结果与文献试验结果基本一致，在对称轴线上的温度分布存在一定偏差。

电弧轴向速度分布对比如图 2-14 所示，在阴极尖端($z = 0$mm)和阳极板面($z = 10$mm)处电弧轴向速度为零。相比氩气等离子体电弧，空气等离子体电弧的轴向速度较高，最大速度可达 418m/s，而氩弧轴向最大速度在 350m/s 左右浮动。总体而言，氩弧模拟计算结果与文献结果接近，空气等离子体电弧与氩弧对比时轴向速度存在一定偏差，但总体变化趋势相似。另外，通过对比电弧轴向电流密度分布(图 2-15)，从电磁角度验证了模拟计算结果的合理性。研究结果表明：由模拟计算得到的氩弧轴向电流密度 j_y 与 Wu 等[36]的仿真结果非常接近，而空气等离子体电弧的轴向电流密度最大值约为 $8×10^7$A/m²，明显高于氩弧，电极几何形状

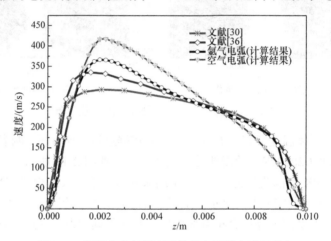

图 2-14　氩弧和空气等离子体的电弧轴向速度分布

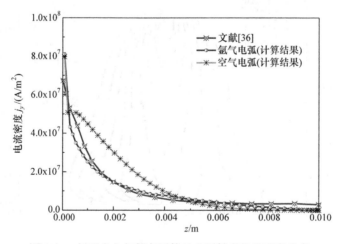

图 2-15　氩弧和空气等离子体的电弧轴向电流密度分布

会造成以上差异[37]。基于以上对比分析，氩弧等离子体计算结果与文献数据比较接近，空气等离子体电弧温度、速度和电流密度的整体变化趋势与文献结果相似。因此，基于 MHD 模型并通过 FLUENT 二次开发技术计算等离子体过程是合理的，程序代码及计算流程设置的正确性得到验证，计算方法用于模拟空气等离子体是可行的，可以为雷击放电通道的仿真计算提供支持。

2.4　三维雷电电弧等离子计算

以上一节的研究内容为基础，本节重点结合三维磁流体动力学方程组，并利用 FLUENT 二次开发技术开展三维雷电电弧等离子体放电通道的模拟，分析放电通道从初始激发、空间传导、电弧附着到回击等过程的空间变化特性，着重分析放电通道的温度、速度、压力、电势和电流密度随时间变化的分布情况。

2.4.1　几何模型及网格划分

三维放电等离子体通道的计算域大小和电极形状的确定，参考雷击试验设备和相关标准。雷击试验装置如图 2-16 所示，雷击试验主要包括高电压发生器(High Voltage Generator)、电极、试验件和试验件夹具架等。该试验装置一般用于研究飞机结构的雷击直接效应，包括结构在不同电流脉冲波形下的力学破坏研究、飞机雷电扫略过程的模拟和结构在不同防护方式下的评估。试验件安置在绝缘台架上，并且与大地相连，从而将电流顺利传导到试验件指定位置，选用一根细铜丝起到引弧作用。高温下细铜丝熔化，气体被击穿并产生等离子体电弧，电极和试验件之间形成通路并维持稳定。高电压发生装置可以产生不同峰值的脉冲电流，也可产生符合雷击试验标准的组合电流波形以模拟真实雷电。

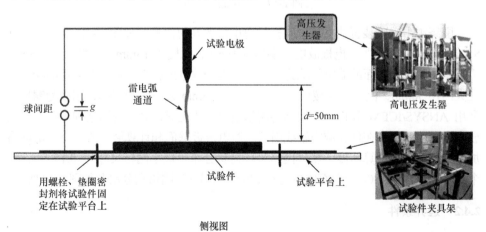

图 2-16　雷击试验装置[38]

SAE 标准规定了 4 种理想雷电流分量，即如图 2-17 所示的 A、B、C、D 波形，代表了自然雷电的主要特征，电流峰值、各阶段持续时间和作用积分等参数是影响雷击直接效应评估的重要参数，对于间接效应的评估采用 A、D 组合波形和多脉冲群等[39]。为了便于分析和测试，电流分量 A、B、D 可表示为双指数函数形式，电流分量 C 采用矩形脉冲波形表示。电流分量 A 波形描述了雷电在 500μs 作用时间内完成的第一次回击过程，峰值电流为 200kA(±10%)，电流分量 D 代表第二次回击过程。经中间过渡阶段的电流分量 B，持续电流分量 C 作用时间为 0.25～0.1s，电流稳定在 200～800A，该阶段放电通道表现出明显的稳态自持电弧特征，本节将主要研究 C 阶段持续放电下等离子体通道的变化特征。

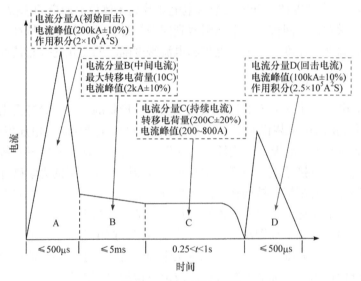

图 2-17　雷电流波形[39]

围绕雷击试验装置建立三维雷击放电电弧的几何模型，如图 2-18 所示。根据 SAE 雷击试验标准[40]，电极放电尖端角度为 60°，长度为 15mm，阳极板厚 5mm，尖端距离阳极板表面的放电间隙为 50mm。雷击放电试验表明：放电通道的膨胀半径大约在 50mm，因此计算域可定义成半径为 75mm 大小的圆柱体，阳极为铜板。利用 ANSYS/ICEM 软件，采用结构网格生成方法完成计算域的网格划分。考虑到放电通道主要集中在计算域中轴线附近，对电极近壁面和计算域中心进行局部网格加密处理以提高计算精度，整体网格呈辐射状分布。最小网格尺寸为 0.15mm，整个计算域包含 142800 个六面体单元和 149850 个节点，网格划分情况如图 2-19 所示。

2.4.2　边界条件

雷击放电发生在大气中，计算域与空气接触的壁面设置为自由边界条件，各

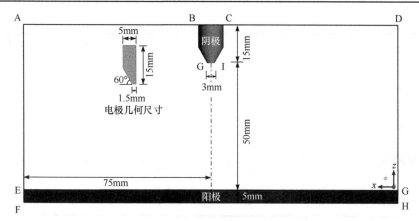

图 2-18 三维几何模型

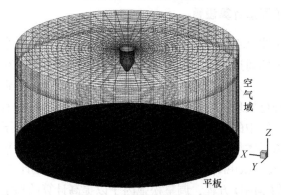

图 2-19 有限元网格划分

方向上的速度和压力选择第一类边界条件(Dirichlet Boundary Condition)。阴极尖端处的热边界主要参考电弧热边界,温度设置为 3500K,其他壁面热边界采用第二类边界条件(Neumann Boundary Condition)。磁矢势 A 的边界设置为 Dirichlet 或 Neumann 边界条件[41],计算域中电势边界条件对等离子体通道的计算结果影响较大,电势边界以电流密度形式施加于阴极尖端。当电流分量 C 波幅值稳定在 200A 时,电极尖端电流密度服从高斯分布,最大值为 $1.2 \times 10^8 \text{A/m}^2$。表 2-3 给出了三维放电等离子体通道计算模型的所有边界条件。

表 2-3 三维放电等离子体通道模型边界条件

	AB, CD	CI, BG	GI	AE, DG	GH, EF, FH
x 方向速度 u	u=0m/s	u=0m/s	u=0m/s	u=0m/s	u=0m/s
y 方向速度 v	v=0m/s	v=0m/s	v=0m/s	v=0m/s	v=0m/s
z 方向速度 w	w=0m/s	w=0m/s	w=0m/s	w=0m/s	w=0m/s
温度 T	$\dfrac{\partial T}{\partial n}=0$	$\dfrac{\partial T}{\partial n}=0$	3500K	$\dfrac{\partial T}{\partial n}=0$	$\dfrac{\partial T}{\partial n}=0$

续表

	AB, CD	CI, BG	GI	AE, DG	GH, EF, FH
压力 P	1 atm	1 atm	1 atm	1 atm	1 atm
电势 φ	$\dfrac{\partial \varphi}{\partial n}=0$	$\dfrac{\partial \varphi}{\partial n}=0$	$-\sigma\dfrac{\partial \varphi}{\partial n}=J_z(x,y)$	$\dfrac{\partial \varphi}{\partial n}=0$	$\dfrac{\partial \varphi}{\partial n}=0$
x 方向磁矢势 A_x	$A_x=0$	$\dfrac{\partial A_x}{\partial n}=0$	$\dfrac{\partial A_x}{\partial n}=0$	$A_x=0$	$A_x=0$
y 方向磁矢势 A_y	$A_y=0$	$\dfrac{\partial A_y}{\partial n}=0$	$\dfrac{\partial A_y}{\partial n}=0$	$A_y=0$	$A_y=0$
z 方向磁矢势 A_z	$\dfrac{\partial A_z}{\partial n}=0$	$\dfrac{\partial A_z}{\partial n}=0$	$\dfrac{\partial A_z}{\partial n}=0$	$A_z=0$	$\dfrac{\partial A_z}{\partial n}=0$

2.4.3 放电等离子通道计算设置

从二维等离子体电弧扩展到三维放电等离子体通道，受三个方向上的电磁力共同作用，等离子体通道的空间运动会出现扭转、膨胀、收缩和偏离中心轴线等形式，将电磁力在三个方向上的分力通过编写 UDF 程序添加到动量源项。为了便于对计算结果进行处理，可采用 UDM(user-define memory)保存变量数据。雷击放电属于发生于空气中的气体放电现象，空气击穿后形成等离子体通道，数值模拟时定义空气等离子体材料参数随温度变化，并满足局部热动平衡假设。将生成的 mesh 文件导入 FLUENT 软件，其他设置与二维电弧计算相似，同样采用 SIMPLIC 算法求解 MHD 方程，调整松弛因子以提高计算的稳定性和收敛性，设置二阶迎风格式求解自定义标量电势 φ 和磁矢势 A。对整个计算域定义初始值并完成初始化，设置计算时间步长为 1×10^{-6} s 进行迭代求解。

2.5　三维等离子通道特征

2.5.1 放电通道演变过程

等离子通道随时间演变过程如图 2-20 所示，等离子体通道的初始激发如图 2-20(a)所示，空中生长阶段如图 2-20(b)、(c)所示，电弧附着阶段如图 2-20(d)所示，附着后通道演变阶段如图 2-20(e)、(f)、(g)、(h)所示。通道演变主要受温度和电磁相互作用的影响，电极尖端将周围空气击穿并伴随焦耳热效应。温度传导加速热电离，导致高温区域由电离形成的离子和电子浓度较高。受带电粒子浓度梯度驱使，等离子体能量由高温向低温区域传导，通道周围气体的电导率也随温度发生变化，电流沿电阻率较低的方向传导，等离子体通道受电磁力推动向下加速运动。当放电通道前端与阳极板接触，在阴极和阳极之间形成电流传导通路。

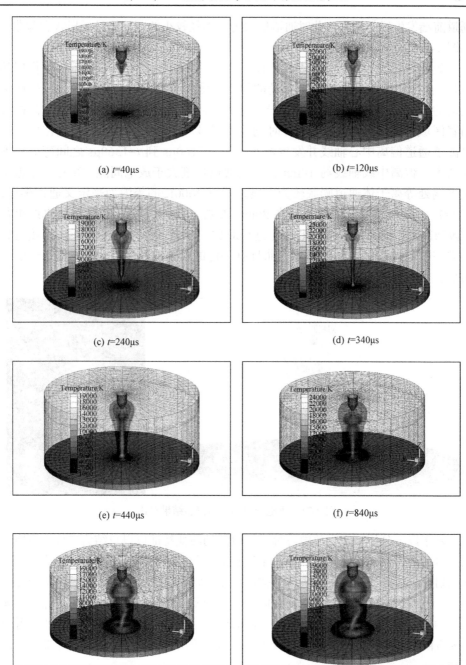

(a) $t=40\mu s$ 　　　　　　　　　　　(b) $t=120\mu s$

(c) $t=240\mu s$ 　　　　　　　　　　　(d) $t=340\mu s$

(e) $t=440\mu s$ 　　　　　　　　　　　(f) $t=840\mu s$

(g) $t=1160\mu s$ 　　　　　　　　　　　(h) $t=1360\mu s$

图 2-20　等离子体通道随时间的变化过程

阳极板受到等离子体高速冲击，等离子体在其表面停滞。电弧附着区域等离子体通道前端发生局部膨胀，此时通道形状为一半径较小的圆柱体且无扭转和弯曲，如图 2-20(d)所示。

　　放电通道发生附着后，等离子体通道运动特性主要受两端电弧相互作用的影响，由阴极弧根处形成向下运动的等离子体射流与阳极板附着区域产生向上运动的等离子体射流共同作用，导致等离子体通道在中端处出现膨胀，阳极板附着区域也在扩大，在 $t=840\mu s$ 时刻较为明显。随后两端电弧的共同作用促使等离子通道偏离中心轴线并发生弯曲，从 $t=1160\mu s$ 到 $t=1360\mu s$ 之间弯曲程度在增大，偏离中线轴线约 10mm，放电通道长度大于放电间隙 50mm。靠近阴极尖端处等离子体通道膨胀较为明显，若以 4000K 的等温面来定义通道半径，在 $t=1360\mu s$ 时刻最大膨胀半径在 20mm 左右。此外，如图 2-21 将仿真结果与文献[42]试验得到的雷击放电通道进行对比，二者的三维形态特征较为接近，同样在放电通道中端部位发生弯曲且有一定的箍缩，在靠近电极周围通道膨胀明显。

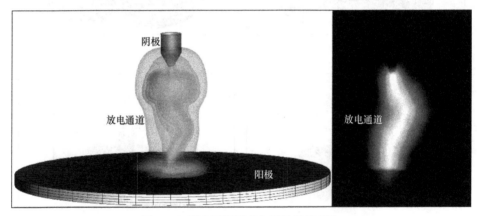

图 2-21　雷电通道形态与试验结果对比

　　基于以上分析，雷击放电等离子体电弧的演变特征可以总结为电极周围空气因热电离而出现初始击穿，热等离子体在电场和磁场共同作用下形成垂直向下运动的射流，放电通道由阴极尖端的初始电晕逐渐生长成一细小直圆柱体等离子体通道。电弧与阳极发生附着后出现向上运动的阳极射流，阳极射流沿原路径朝阴极运动形成回击，在两端等离子体射流共同作用下放电通道出现局部膨胀，并且在靠近阴极和阳极周围膨胀半径较大，通道中段出现偏离中心轴线的弯曲和箍缩等现象。

2.5.2　等离子体通道传热分析

　　随温度变化的热导率和比热、粒子的运动以及磁流体流动等直接影响等离子体通道的传热。等离子体通道纵向截面温度分布如图 2-22 所示，与二维电弧温度分布不同，三维等离子体温度分布是非对称的，尤其在电弧发生附着后更加明显。随着放电时间的变化，等离子体通道的最高温度不断变化，但总体在 20000K 上下浮动。受电极影响，在阴极尖端周围和靠近阳极板表面的电弧附着区域，等离子体通道温度较高。

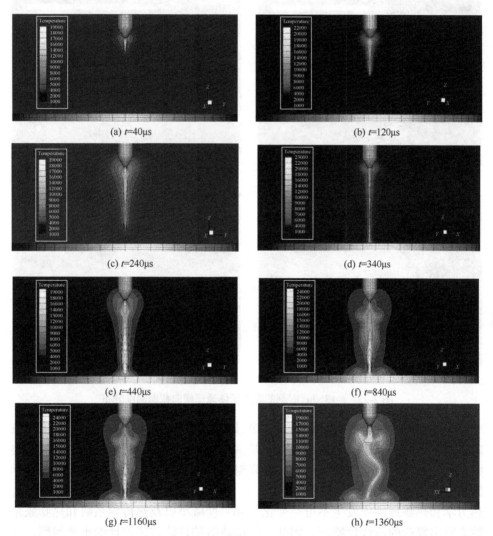

(a) t=40μs

(b) t=120μs

(c) t=240μs

(d) t=340μs

(e) t=440μs

(f) t=840μs

(g) t=1160μs

(h) t=1360μs

图 2-22　等离子体通道纵向截面温度分布

在 t=1360μs 时刻，分别在等离子体通道靠近阴极周围和阳极周围各选一个代表截面，中端位置选取两个代表截面分析通道内部的温度分布情况，如图 2-23 所示。等温线并不是由一系列同心圆组成，等离子体通道温度分布表现出中间温度高，往外侧逐渐降低的特征，中心区域最高温度在 19000K 左右，在 Z=48mm 阴极尖端周围温度较高，等离子体通道大小为 32mm。分析等离子体通道膨胀半径大小可知：在通道中端部位，如 Z=20mm 处的箍缩和偏离中轴线现象较为明显；受电极影响时电弧附着处通道膨胀半径较大，约为在 40mm。

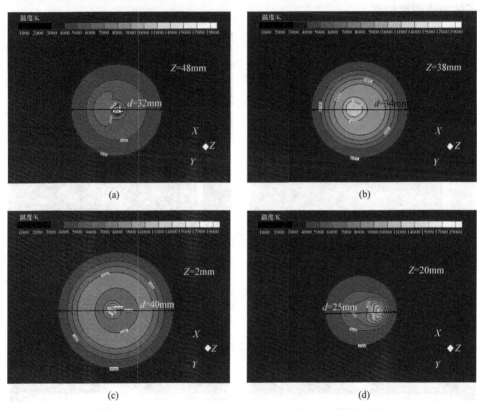

图 2-23　t=1360μs 时刻的等离子体通道横向截面温度分布

电弧附着区域的最高温度在 10000K 以上，该温度可将材料熔化或汽化，放电通道的高温热效应和电弧附着时间是雷击直接效应造成结构损伤破坏的重要因素。对于复合材料等绝缘材料，在高温、高熔环境中会因物理、化学和力学因素共同作用造成材料烧蚀、热氧化、热分解等，结构内部出现较大的热应力，热力学和热物理性质发生不可逆变化，如密度减小以及热传导系数和热膨胀系数表现出复杂的非线性特征。因此，结构热防护是防雷击设计的重要问题，飞行器结构通常采用烧蚀热防护方式。通过热物理或热化学等作用，损失自身并吸收热量以达到热防护的目的。等离子通道的传热与磁流体流动特性存在一定联系，由图 2-24 的速度分布可知：在 t=340μs 即放电通道前端与阳极板表面刚接触的时刻，等离子体流动形式并非表现为层流，靠近阴极周围流动较为紊乱且速度较小，邻近阳极板的等离子体速度分布在通道中心区域较大，速度最高可达 682.59m/s，且往通道外侧逐渐减小。结合该时刻的截面温度分布特征分析，等离子体通道速度较大区域也是温度较高区域，在温度相对较低区域的等离子体流动缓慢。

在极短时间内放电通道以超声速向下传导，等离子体高速撞击极板，动能转化为在结构中传递的应力波，并造成机械损伤。靠近极板的等离子体通道，局部温度梯度和速度分布如图 2-25 所示，其外形与等离子射流试验结果较为接近。等离子体通道在靠近极板附近发生膨胀且温度较高，速度分布呈现出中间高、两边低的特征，Z 方向最大速度为 650m/s，且出现在温度最高区域，在通道最外侧和极板表面速度最小。

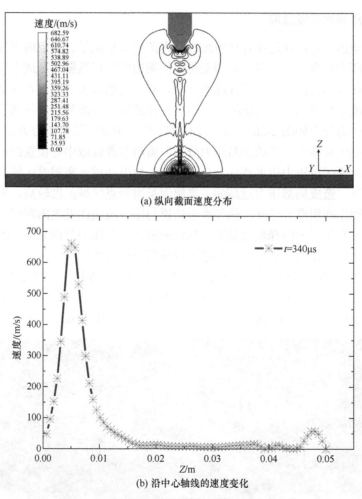

(a) 纵向截面速度分布

(b) 沿中心轴线的速度变化

图 2-24　t=340μs 时刻的等离子体通道速度分布

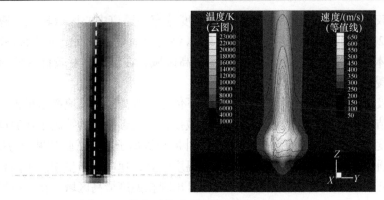

图 2-25　等离子体通道局部温度和速度分布

2.5.3　过压和冲击波效应

放电通道以超声速运动并在极短时间内传递大量能量，通道内空气迅速膨胀造成局部压力过高，中心气压剧烈变化促使周边空气猛烈振荡形成空气冲击波，能量以机械波形式向周围扩散并逐渐衰减。对于自然雷击放电，弯曲通道周围产生的冲击波发生叠加，空气压缩出现声波并伴随响亮的爆裂声。等离子体通道纵向截面的压力分布如图 2-26 所示，FLUENT 软件中设置操作压力为标准大气压，各压力梯度为标准大气压的相对压力分布。雷电附着区域中心位置的压力高于大气压力，计算区域压力边界条件为自由边界，放电通道远离附着区域的压力接近标准大气压。造成局部压力过高的主要原因是附着点区域温度较高，等离子体在阳极板表面出现积滞。另外，热等离子通道与阳极板表面发生附着时，正负电荷剧烈中和，在短时间内释放大量能量导致通道热膨胀压力急剧升高，附着区域等离子体压力集中作用于结构表面是造成机械损伤的重要因素。

选取 4 个典型时刻分析阳极板表面压力分布变化规律，如图 2-27 所示。在 $t=340\mu s$ 初始附着时刻，表面压力分布高于大气压，且为正向压力，附着点中心位置最高压强为 $1.62\times10^4 Pa$。在 $t=440\mu s$ 时刻，表面压力低于大气压力，且为负

(a) 纵向截面压力分布

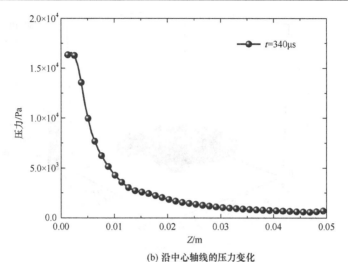

(b) 沿中心轴线的压力变化

图 2-26　t=340μs 时刻的等离子体通道压力分布

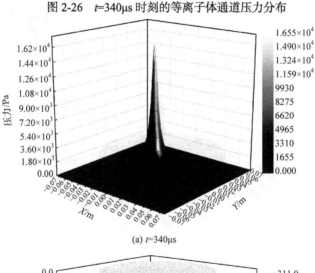

(a) t=340μs

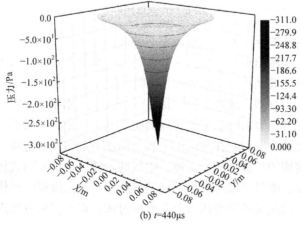

(b) t=440μs

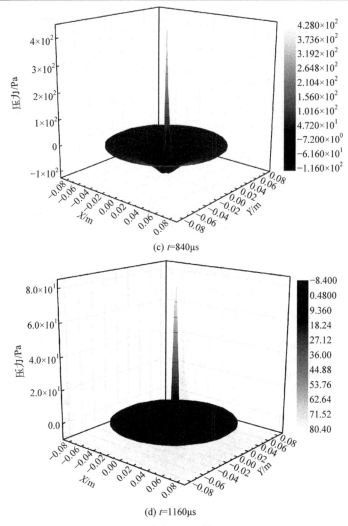

(c) t=840μs

(d) t=1160μs

图 2-27　等离子体通道在阳极板表面的压力分布

向压力。在 t=840μs 和 t=1160μs 时刻，中心区域表面压力逐渐降低，仍为正向压力，但在放电通道周围出现负向压力。分析可知：附着点处表面压力随时间变化剧烈，表现出明显的波动特性。放电通道传导过程中温度变化较大，尤其在回击过程中温度变化更为剧烈，通道传递大量能量导致通道膨胀压力快速升高。膨胀结束后压力接近大气压力，随后通道缓慢膨胀并维持在稳态电弧的平衡状态。附着点中心压力变化较为剧烈，在正向压力和负向压力之间交替变换，空气急剧膨胀并以较高速度向周围扩散形成冲击波，空气冲击波以机械波形式传播。由于空气阻力和扩散作用，能量逐渐耗散，传播速度减小。在阳极板阻碍作用下冲击波能量转化为压力，致使极板表面压力上升形成过压。以上根据电弧附着区域压力随时间的变化分布规律，解释了在电弧附着点处出现的过压和冲击波现象。在附着点中心高温区域，压力最大且高于大气压，从而出现过压，附着以后随着时间的变化，通道压力在正向压力和负向压力之间变化产生冲击波，并以机械波形式向周围传导。

2.5.4　电磁分布特征

放电通道焦耳热的产生和磁流体运动形态特征都与等离子体放电通道的电磁分布特性直接相关，这里重点分析了等离子体通道在发生附着前后的电势分布变化和电流密度沿放电路径发生衰减的情况，电弧附着前放电通道在空气中传导的电势分布如图 2-28 所示。因放电通道演变主要受热电离驱动，电势的分布特征与温度梯度分布相关。在高温区域电势较高，整体分布表现为从通道内部往外逐渐降低的特征，阴极尖端周围电势高于其他区域，电势峰值随时间不断变化。在放电通道内部和远离通道区域的等势线分布相对稀疏，在通道前端和周围的等势线分布最为密集，表明此处电场强度较高，相邻等势线之间的电势差为 10V，发生附着前的等势线整体为对称分布。等离子体通道在高温区域的电导率较大，相邻区域因电势差作用加速了等离子体运动。不同时刻下放电通道中心轴线上的电势分布如图 2-29 所示。放电通道从阴极向阳极传导过程中，受电阻率影响电势逐渐降低，通道前端的电阻率较高，从而导致电势跳跃明显。此外，阴极处电势峰值在不同时刻下不断变化，在发生附着前电势峰值较低，并在–175V 上下变化；发生附着后的阴极和阳极之间形成回路，通道内部温度较高，电阻率非常低，电势峰值增大为–250V。

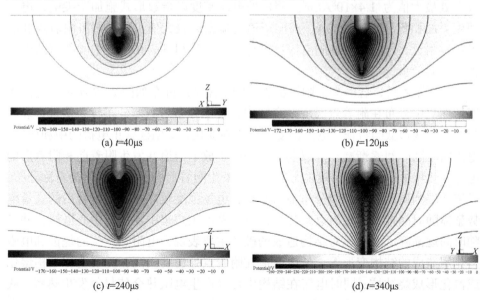

Potential/V　−170 −160 −150 −140 −130 −120 −110 −100 −90 −80 −70 −60 −50 −40 −30 −20 −10　0

(a) t=40μs

Potential/V −172 −160 −150 −140 −130 −120 −110 −100 −90 −80 −70 −60 −50 −40 −30 −20 −10　0

(b) t=120μs

Potential/V　−170 −160 −150 −140 −130 −120 −110 −100 −90 −80 −70 −60 −50 −40 −30 −20 −10　0

(c) t=240μs

Potential/V −260 −250 −240 −230 −220 −210 −200 −190 −180 −170 −160 −150 −140 −130 −120 −110 −100 −90 −80 −70 −60 −50 −40 −30 −20 −10　0

(d) t=340μs

图 2-28　放电通道在传导过程中的电势分布

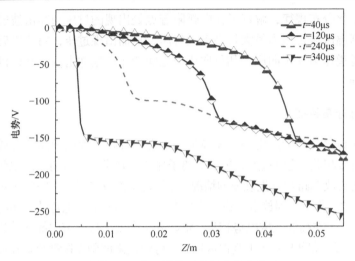

图 2-29 中心轴线上电势变化曲线

发生附着后放电通道形成了稳态自持放电电弧，通道逐渐膨胀，高温区域扩大，内部温度保持稳定且等离子体导电性较为连续。分析图 2-30 可知，通道内部等势线比较稀疏，靠近阴极周围更加明显。由于回击促使通道内正负电荷中和，电势整体随时间推移表现出衰减特征；发生附着后与附着前相比，通道周围等势线分布也较为稀疏。放电通道在 t=340μs 时刻，初始附着电流密度分布如图 2-31 所示。阳极板表面电流密度集中分布在通道中心高温区域，附着点处最大值为 $1.4×10^8A/m^2$。阴极处电流密度以指数形式施加于尖端，电流密度对面积积分等于 200A，放电通道电流密度较大值出现在阳极附着点和阴极尖端附近，分析通道轴向电流密度分布的规律可知，在通道中段部分的电流密度相对较低。

电弧附着后，各时刻下阳极板表面的电流密度分布如图 2-32 所示。电流密度依然集中分布在附着点温度较高区域，整体分布与高斯分布较为接近，表现为中间高两边低的特征。电流密度大小不断变化，受阳极板正电荷的中和作用，电流密度随时间逐渐减小。以上对比分析了放电通道在发生附着前和附着后的电势变化特征以及电流密度的分布规律。发生附着前的等势线整体为对称分布，通道前端和周围的等势线分布最为密集，电场强度较高；发生附着后的通道电势整体随时间推移表现出衰减特征，电流密度主要集中在通道中心区域，并且随时间逐渐降低。电流对结构造成的破坏主要表现为电阻热产生的烧蚀和电磁力作用造成的结构变形等，放电通道在附着点处温度极高，无疑会将结构熔化或汽化形成烧蚀坑；同时电流在结构中传导产生电阻热会使材料发生热解，从而降低材料力学性能，甚至失效，对于复合材料层合板还会出现分层和脱胶等现象。另外，电流传导方向相同的两根平行通电直导线因电磁力作用互相吸引，对于纤维增强复合材料板电流传导发生在平行的纤维上，电磁力可造成结构变形、翘曲甚至破坏。通常对于导电性差的结构，防雷设计的普遍思路是提供导电路径将雷电流分散，比如在结构表面或内部安装分流条、火焰喷涂金属、嵌入金属网等措施，起到分散附着点电弧的作用，从而降低雷电直接损伤和间接电磁效应等。

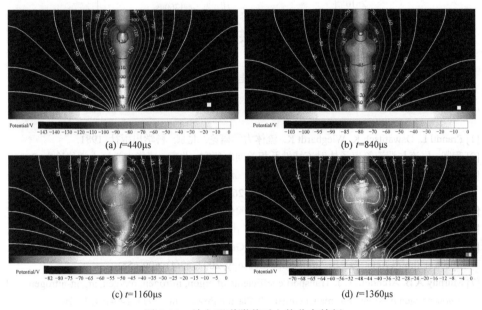

(a) t=440μs

(b) t=840μs

(c) t=1160μs

(d) t=1360μs

图 2-30 放电通道附着后电势分布特征

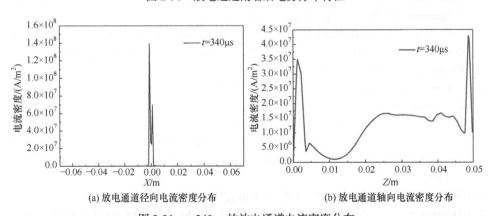

(a) 放电通道径向电流密度分布

(b) 放电通道轴向电流密度分布

图 2-31 t=340μs 的放电通道电流密度分布

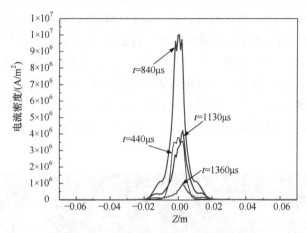

图 2-32　附着后放电通道电流密度分布

参 考 文 献

[1] Prandtl L, Oswatitsch K, Wieghardt K. 流体力学概论. 北京: 科学出版社, 1981.

[2] 程凯. 层流与湍流等离子体射流特性及相关问题研究. 北京: 清华大学博士学位论文, 2005.

[3] Knaepen B, Moin P. Large-eddy simulation of conductive flows at low magnetic Reynolds number. Physics of Fluids, 2004, 16(5): 1255-1261.

[4] 龚荆荆. 非平衡等离子体射流磁流体特性试验研究. 南京: 东南大学硕士学位论文, 2010.

[5] 菅井秀郎. 等离子体电子工程学. 北京: 科学出版社, 2002.

[6] Bogaerts A, Neyts E, Gijbels R, et al. Gas discharge plasmas and their applications. Spectrochimica Acta, Part B: Atomic Spectroscopy, 2002, 57(4): 609-658.

[7] Murphy A B, Arundelli C J. Transport coefficients of argon, nitrogen, oxygen, argon-nitrogen, and argon-oxygen plasmas. Plasma Chemistry & Plasma Processing, 1994, 14(4): 451-490.

[8] Capitelli M, Gorse C, Longo S, et al. Collision integrals of high-temperature air species. Journal of Thermophysics & Heat Transfer, 2001, 14(2): 259-268.

[9] Capitelli M, Colonna G, Gorse C, et al. Transport properties of high temperature air in local thermodynamic equilibrium. The European Physical Journal D-Atomic, Molecular, Optical and Plasma Physics, 2000, 11(2): 279-289.

[10] Chapman S, Cowling T G. The mathematical theory of non-uniform gases. 2nd ed. Cambridge: Cambridge University Press, 1953.

[11] 李炘琪. 带电粒子在电磁场中的运动. 保山学院学报, 2001, 20(2): 22-26.

[12] Lopez R, Laisné A, Lago F. Numerical modelisation of a lightning test device: Application to direct effects on aircraft structure. Lightning Protection, 2014 International Conference. IEEE, 2014: 85-90.

[13] 陈熙. 热等离子体传热与流动. 北京: 科学出版社, 2009.

[14] Haidar J. Non-equilibrium modelling of transferred arcs. Journal of Physics D: Applied Physics, 1999, 32(3): 263-272.

[15] Trelles J P, Pfender E, Heberlein J V R. Non-equilibrium modeling of arc plasma torches. Journal

of Physics D: Applied Physics, 2013, 40(19): 5937-5952.

[16] Trelles J P, Chazelas C, Vardelle A, et al. Arc plasma torch modeling. Journal of Thermal Spray Technology, 2009, 18(5-6): 728-752.

[17] Naghizadeh-Kashani Y, Cressault Y, Gleizes A. Net emission coefficient of air thermal plasmas. Journal of Physics D: Applied Physics, 2002, 35(22): 2925-2934.

[18] Menart J, Malik S. Net emission coefficients for argon-iron thermal plasmas. Journal of Physics D: Applied Physics, 2002, 35(9): 867-874.

[19] 孔金瓯. 麦克斯韦方程. 北京: 高等教育出版社, 2004.

[20] Chemartin L, Lalande P, Peyrou B, et al. Direct effects of lightning on aircraft structure: Analysis of the thermal, electric and mechanical constraints. Aerospace Lab, 2012, (5): 1-15.

[21] 王福军. 计算流体动力学分析. 北京: 清华大学出版社, 2004.

[22] Tezer-Sezgin M. Boundary element method solution of MHD flow in a rectangular duct. International Journal for Numerical Methods in Fluids, 1994, 18(10): 937-952.

[23] 梅立泉, 张红星. MHD 流动的有限元数值模拟. 工程数学学报, 2013, (3): 384-390.

[24] Zhang L, Ouyang J, Zhang X. The two-level element free galerkin method for MHD flow at high hartmann numbers. Physics Letters A, 2008, 372(35): 5625-5638.

[25] Shakeri F, Dehghan M. A finite volume spectral element method for solving magnetohydrodynamic (MHD) equations. Applied Numerical Mathematics, 2011, 61(1): 1-23.

[26] Zaepffel C, Martins R S, Chemartin L, et al. Study of the interaction of a free burning arc and an aluminium panel. 21st International Conference on Gas Discharges and Their Applications. 2016.

[27] Schlitz L Z, Garimella S V, Chan S H. Gas dynamics and electromagnetic processes in high-current arc plasmas. Part II-Effects of external magnetic fields and gassing materials. Journal of Applied Physics, 1999, 85(5): 2547-2555.

[28] Rau S H, Zhang Z, Lee W J. 3-D Magnetohydrodynamic modeling of DC arc in power system. IEEE Transactions on Industry Applications, 2016, 52(6): 4549-4555.

[29] Eymard R, Gallouët T, Herbin R. Finite volume methods. Handbook of Numerical Analysis, 2000, 7: 713-1018.

[30] Hsu K C, Etemadi K, Pfender E. Study of the free-burning high-intensity argon arc. Journal of Applied Physics, 1983, 54(3): 1293-1301.

[31] Smith A L, Breitwieser R. Richardson-dushman equation monograph. Journal of Applied Physics, 1970, 41(1): 436-437.

[32] Ramírez M A, Trapaga G, McKelliget J A. Comparison between two different numerical formulations of welding arc simulation. Modelling and Simulation in Materials Science and Engineering, 2003, 11(4): 675-695.

[33] Wang H X, Xi C. Numerical modeling of the high-intensity transferred arc with a water-cooled constrictor tube. Plasma Science and Technology, 2005, 7(5): 3051-3056.

[34] Wang F, Jin Z, Zhu Z. Fluid flow modeling of arc plasma and bath circulation in DC electric arc furnace. Journal of Iron and Steel Research, International, 2006, 13(5): 7-13.

[35] Wang F S, Ma X T, Chen H, et al. Evolution simulation of lightning discharge based on MHD method. Plasma Science and Technology, 2018, (7): 90-101.

[36] Wu C S, Ushio M, Tanaka M. Analysis of the TIG welding arc behavior. Computational Materials Science, 1997, 7(7): 308-314.

[37] Goodarzi M, Choo R, Toguri J M. The effect of the cathode tip angle on the GTAW arc and weld pool: I. Mathematical model of the arc. Journal of Physics D: Applied Physics, 1997, 30(19): 2744-2756.

[38] Chemartin L, Lalande P, Delalondre C, et al. 3D simulation of electric arc column for lightning aeroplane certification. High Temperature Material Processes, 2008, 12(1): 65-78.

[39] SAE-ARP-5412A. Aircraft lightning environment and related test waveforms. Society of Automotive Engineers, 2005.

[40] SAE-ARP-5416. Aircraft lightning test methods. Society of Automotive Engineers, 2005.

[41] Tholin L, Chemartin P, Lalande F. Numerical investigation of the surface effects on the dwell time during the sweeping of lightning arc. British Journal of Nutrition, 2013, 9(1): 110-119.

[42] Feraboli P, Miller M. Damage resistance and tolerance of carbon/epoxy composite coupons subjected to simulated lightning strike. Composites Part A: Applied Science and Manufacturing, 2009, 40(6): 954-967.

第 3 章　复合材料油箱口盖结构雷击烧蚀分析

3.1　油箱口盖结构雷击分析

3.1.1　油箱口盖结构雷击模型

现代飞机油箱结构通常安装在机翼部位，部分民航客机的全部燃油都储存在机翼油箱内，充分利用机翼结构内部空间提高储油量，增加飞机的航程和续航时间。但由于使用和维修需要，飞机油箱结构上设置了不同形状和尺寸的口盖结构，通过口盖对整体油箱密封装配。油箱口盖密封的基本形式有沟槽密封和胶垫密封两种，沟槽密封是在口盖或口框上设置沟槽，沟槽内安放密封材料实现密封，胶垫密封是在口盖和口框之间加入弹性密封胶垫[1,2]。根据飞机适航标准 CCAR25.963 规定[3]，飞机油箱口盖必须具备密封、耐火及抗冲击损伤等功能，同时还必须满足雷电防护要求。飞机机翼部位属于雷电附着概率较高的部位，当油箱口盖遭遇雷击时，在接触面处可能会产生电火花，一旦电弧进入油箱内部，会引燃燃油蒸汽而引发爆炸，所以开展油箱口盖雷击烧蚀损伤研究非常重要[4-6]。本章以飞机典型油箱口盖结构为研究对象，形成典型复合材料结构件雷击烧蚀数值计算方法，分析不含螺栓和含螺栓油箱口盖结构在雷击作用下的烧蚀损伤行为，并对比分析了油箱口盖材料属性、雷击位置、口盖厚度和口盖与蒙皮之间的间隙等因素对其雷击烧蚀特性的影响。

飞机油箱口盖结构的蒙皮为碳纤维/环氧树脂基复合材料 IM600/133，蒙皮厚度为 8mm。复合材料蒙皮的铺层顺序为[45°/90°/−45°/0°]$_{8S}$，共 64 层，单层厚度为 0.125mm，蒙皮尺寸为 340mm×240mm，蒙皮内孔的直径为 140mm，如图 3-1(a)所示。油箱口盖材料为钛合金，厚度为 4mm，如图 3-1(b)所示。选取 ANSYS 有限元软件中的电-热耦合实体单元 SOLID69 建立飞机油箱口盖结构的三维有限元模型，如图 3-1(c)所示，整个有限元模型共计 519744 个单元和 543454 个节点。

结合实际的复合材料雷击试验确定边界条件，飞机油箱口盖雷击模型的计算边界条件如图 3-1(c)所示。钛合金口盖和复合材料蒙皮底面电势 U=0，复合材料蒙皮四周也设置为零电势。由于雷击过程过于短暂，钛合金口盖和复合材料蒙皮底部的温度来不及发生变化，可认为钛合金口盖和复合材料蒙皮底面绝热，采用热传导第二类边界条件，并定义热流密度为 0W/m^2。钛合金口盖和复合材料蒙皮上表面为热辐射边界，采用热传导第三类边界条件，热辐射率为 0.9，环境温度为

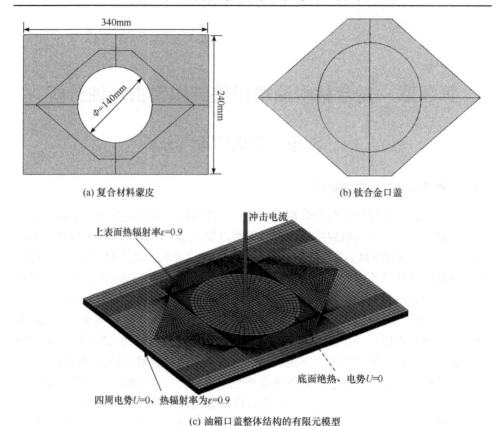

(a) 复合材料蒙皮　　　　　　　　　　　　　　(b) 钛合金口盖

(c) 油箱口盖整体结构的有限元模型

图 3-1　飞机油箱口盖结构模型

25℃。雷电流载荷为 A+B+C+D 组合电流波形，初始雷电流载荷施加在钛合金口盖的中心位置。随温度变化的碳纤维/环氧树脂复合材料力学、热学和电学参数详见于文献[7]，钛合金的力、热和电参数如表 3-1 所示，钛合金的熔化温度为 1660℃，沸点温度为 3287℃，临界温度为 8000℃。基于给定的热、电边界条件，利用电热耦合方法和单元删除法模拟飞机油箱口盖结构的雷击烧蚀损伤行为。

表 3-1　钛合金材料参数

弹性模量 E	比热 C_p	密度 ρ	泊松比 μ	电阻率 RSVX	热导率 k	热膨胀系数 ALPX
108 GPa	612 J/kg℃	4500 kg/m³	0.33	$5.56\times10^{-7}\ \Omega\cdot m$	23.7 W/m℃	9.41×10^{-6} 1/K

3.1.2　计算结果与分析

当 A+B+C+D 组合雷电流波形作用在钛合金口盖中心节点时，由于钛合金的电导率较好，雷电流在钛合金口盖表面快速传导。在雷电流注入结束后，钛合金口盖温升速率低，温度主要集中在雷击附着点附近，最高温度仅为 469.15℃，此温度远低于钛合金的熔化温度，如图 3-2 所示。在电势差的作用下，传导至钛合金口盖边缘的雷电流将会继续向复合材料蒙皮传导至四周接地端。雷电流经过钛合金油箱口盖分散后，虽然钛合金口盖与复合材料蒙皮之间完全接触，但由钛合金口盖传导至复合材料蒙皮的热量和电流都相对较小，到达复合材料蒙皮上的热量和电流密度都相对较小。雷电流在复合材料蒙皮上传导过程中产生的温度分布如图 3-2(b)所示。复合材料蒙皮高温区域主要出现在油箱口盖尖端部位，最大温度只有 60.82℃，不会造成材料烧蚀。研究结果表明：当雷击发生在钛合金油箱口盖时，只在雷电附着区域存在局部温度较高，但温度还不能造成材料烧蚀损伤。

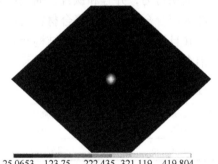

25.0653　123.75　222.435　321.119　419.804
74.1077　173.092　271.777　370.462　469.146

(a) 钛合金口盖

24.9812　32.9457　40.9101　48.8746　56.839
28.9634　36.9279　44.8923　52.8568　60.8212

(b) 复合材料蒙皮

图 3-2　钛合金油箱口盖各部件的温度云图(单位：℃)

电势分布情况反映了电流传导过程中电荷在各部位的聚集程度。在 A+B+C+D 组合电流波形作用下，飞机油箱口盖各部件的电势分布如图 3-3 所示。由于钛合金属于导电性良好的各向同性材料,钛合金口盖的电势呈完全对称分布，

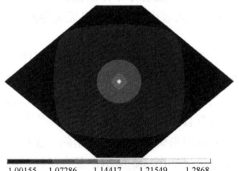

1.00155　1.07286　1.14417　1.21549　1.2868
1.0372　1.10852　1.17983　1.25115　1.32246

(a) 钛合金口盖

−0.297029　−0.597E−03　0.29835　0.592266　0.888698
−0.148813　0.147619　0.444051　0.740482　1.03691

(b) 复合材料蒙皮

图 3-3　钛合金油箱口盖各部件的电势云图(单位：V)

变化梯度较小，且接近等电势分布。油箱口盖雷击附着点区域的最大电势为1.32V，复合材料蒙皮的最大电势为1.04V。电势沿着复合材料蒙皮+45°方向相对较大，而沿着–45°方向较小。

3.2　油箱口盖雷击损伤影响因素分析

3.2.1　口盖材质对雷击烧蚀影响

考虑到不同材料会影响油箱口盖的雷击损伤特性，本节主要对比油箱口盖材料分别为铝合金和复合材料时口盖结构的雷击损伤行为，并且和钛合金油箱口盖的计算结果进行比较。当油箱口盖的材料属性为铝合金时，此时复合材料蒙皮的铺层角度和铺层顺序与第 3.1 节中保持一致，并且铝合金油箱口盖的结构及有限元模型、边界条件、载荷施加位置也相同。铝合金的材料参数如表 3-2 所示。

表 3-2　铝合金材料参数

弹性模量 E	比热 C_p	密度 ρ	泊松比 μ	电阻率 RSVX	热导率 k	热膨胀系数 ALPX
72 GPa	940 J/kg℃	2700 kg/m³	0.33	$2.71\times10^{-8}\ \Omega\cdot m$	270 W/m℃	2.41×10^{-5} 1/K

当雷电流直接作用在铝合金口盖中心节点位置时，铝合金油箱口盖及其各部件的温度分布如图 3-4 所示。铝合金口盖的温度也呈对称分布，但由于铝合金的导电能力高于钛合金，铝合金口盖雷电附着区的最高温度只有 40.59℃，小于相同雷电流作用下钛合金口盖的最大温度 469.15℃。油箱口盖材料从钛合金替换成铝合金，本质上只是改变了电流的传导速率，油箱口盖和复合材料蒙皮上的电流传导路径和形式并未发生变化，所以复合材料蒙皮上的温度分布特征也较为相似。复合材料蒙皮上的温度同样呈对称分布，并且高温区域出现在油箱口盖尖端附近，最大温度为 60.56℃，如图 3-4(b)所示。

当油箱口盖为碳纤维增强复合材料时，复合材料油箱口盖的铺层顺序为[–45°/0°/45°/90°]₄ₛ，共 32 层，单层厚度 0.125mm，总厚度为 4mm。由于碳纤维复合材料的导电性较差，根据电热耦合计算结果，雷击作用下复合材料油箱口盖及蒙皮的温度超过了复合材料的熔点。为模拟复合材料雷击烧蚀特征，采用单元删除法处理复合材料烧蚀，当单元温度超过复合材料烧蚀温度时被删除。在相同工况下，复合材料油箱口盖和蒙皮的雷击烧蚀情况如图 3-5 所示。复合材料油箱口盖的雷击附着区域损伤比较严重，该区域存在大量单元被删除，且复合材料油箱口盖中心部分出现了雷击烧穿的损伤形貌。此外，与油箱口盖接触区域的复合材料蒙皮也出现比较严重的烧蚀，如图 3-5 所示。由于表面铺层角度的不同，复

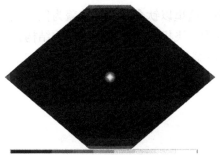 

25.0111 28.4736 31.9361 35.3986 38.8611
　　26.7423 30.2048 33.6673 37.1299 40.5924
(a) 铝合金口盖

24.9975 32.9008 40.8041 48.7073 56.6106
　　28.9491 36.8524 44.7557 52.659 60.5623
(b) 复合材料蒙皮

图 3-4　铝合金油箱口盖各部件的温度分布(单位：℃)

合材料油箱口盖和复合材料蒙皮的损伤轮廓方向有较大区别，复合材料油箱口盖的损伤轮廓沿–45°方向，而复合材料蒙皮的损伤轮廓沿 45°方向。

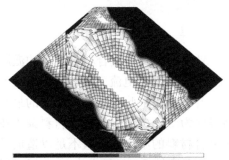 

15.507 748.896 1482.29 2215.67 2949.06
　　382.202 115.59 1848.98 2582.37 3315.76
(a) 复合材料口盖

24.9917 756.118 1487.24 2218.37 2949.5
　　390.555 1121.68 1852.81 2583.93 3315.06
(b) 复合材料蒙皮

图 3-5　复合材料油箱口盖各部件的温度分布(单位：℃)

　　通过对比钛合金、铝合金和复合材料油箱口盖的雷击损伤特征可知：从温度上升的角度来看，雷击作用下铝合金口盖比钛合金口盖的温度升高程度更小，都不会造成严重的材料烧蚀损伤；根据不同材质油箱口盖的雷击烧蚀特征，碳纤维复合材料油箱口盖及其结构的雷击烧蚀程度明显大于钛合金和铝合金口盖的烧蚀程度。由此可见，铝合金口盖和钛合金口盖均具有较好的抗雷击性能。在飞机油箱的雷击防护设计中，建议选择金属油箱口盖，应当避免使用碳纤维复合材料油箱口盖。

3.2.2　雷击位置影响

　　在实际雷击环境下，雷电流作用在飞机结构上是随机的，其雷击点位置也是随机分布的。当雷电流作用在不同位置时对油箱口盖结构的损伤程度不同，为分析不同雷击位置对油箱口盖损伤响应的影响，这里以钛合金油箱口盖为例，进一步研究不同雷击位置的油箱口盖雷击损伤行为。飞机油箱口盖属于对称结构，选取 1/4 结构模型进行计算，其雷击位置及相应编号如图 3-6 所示。雷击位置 1、2、3 位于钛合金口盖上，而位置 4、5、6 位于复合材料蒙皮上。

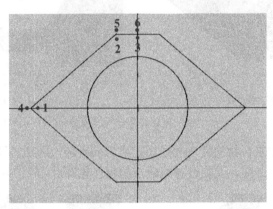

图 3-6　不同雷击位置

　　雷击作用于飞机油箱口盖不同位置时，钛合金口盖和复合材料蒙皮的温度分布如图 3-7 所示。雷电流作用在口盖位置 1 时，大部分电流率先在油箱口盖上传导，钛合金口盖和复合材料蒙皮的温度上升均较小，此时钛合金口盖的最高温度为 487.38℃，而复合材料蒙皮的最高温度为 342.31℃，且复合材料蒙皮和钛合金口盖均无单元删除现象；虽然此时复合材料的温度上升量不足以造成其纤维断裂损伤，但由于环氧树脂的玻璃化转化温度较低(250℃左右)，所以可以造成环氧树脂的热解和熔化损伤，进而造成钛合金口盖和复合材料蒙皮搭接区域的脱黏和分层。

　　当雷电流作用在口盖位置 2 时，钛合金口盖和复合材料蒙皮的雷电流注入点附近温度上升明显，高温区域较集中。分析图 3-7(b)可知：钛合金口盖的最高温度为 6137.34℃，而复合材料蒙皮的最高温度为 3492.92℃；复合材料蒙皮出现少量单元失效现象，而钛合金口盖却未出现单元失效现象；复合材料蒙皮和钛合金口盖搭接区域会出现明显的环氧树脂熔化现象，从而造成搭接区域出现间隙而引起结构松动。

　　当雷电流作用在口盖位置 3 时，雷电流仍然是从油箱口盖传导至复合材料。此时，油箱口盖和复合材料蒙皮上的温度分布与雷击位置 2 的温度分布特征相似。钛合金口盖的最高温度为 5737.55℃，复合材料蒙皮的最高温度为 2876.35℃。复合材料蒙皮和钛合金口盖仍未出现单元失效现象，但在雷击附着区域出现环氧树脂的熔化和分解。

　　当雷电流作用在复合材料蒙皮位置 4 时,雷电流率先在复合材料蒙皮上传导,部分电流直接传导至接地端,另一部分电流经过钛合金口盖后继续在复合材料蒙皮上传导。复合材料蒙皮和钛合金口盖均出现单元删除现象,且复合材料蒙皮的雷击损伤程度明显大于钛合金口盖的损伤程度;复合材料蒙皮的损伤轮廓沿着+45°方向分布,且紧贴于钛合金口盖的搭接区域,而钛合金口盖的损伤轮廓几乎呈对称分布;研究结果表明:当雷电流作用在复合材料蒙皮时,雷电流无法立即导走,导致在附着点的温度急剧上升,在热传导的作用下也导致钛合金口盖的温度急剧上升,钛合金口盖出现了材料烧蚀现象。

　　雷电流作用在复合材料蒙皮位置 5 时,钛合金口盖和复合材料蒙皮都损伤严重,但其损伤程度相对小于雷电流作用在位置 4 时的损伤程度;复合材料蒙皮损伤轮廓也沿着+45°方向分布,而钛合金口盖的损伤轮廓沿着其边缘分布。

　　雷电流作用在复合材料蒙皮位置 6 时,由于雷电附着点距离接地边界距离最近,此时飞机油箱口盖和复合材料蒙皮的雷击烧蚀损伤相对最小。分析图 3-7(f)可知:雷击烧蚀仅出现在电流附着区附近,但复合材料蒙皮和钛合金口盖的材料烧蚀范围较小。

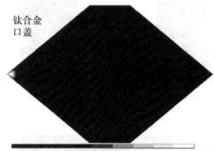

(a) 雷击位置1

(b) 雷击位置2

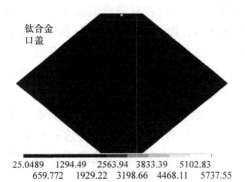

钛合金
口盖

复合材料
蒙皮

| 25.0489 | 1294.49 | 2563.94 | 3833.39 | 5102.83 |
| 659.772 | 1929.22 | 3198.66 | 4468.11 | 5737.55 |

| 7.3747 | 644.934 | 1282.49 | 1920.05 | 2557.61 |
| 326.154 | 963.714 | 1601.27 | 2238.83 | 2876.39 |

(c) 雷击位置3

钛合金
口盖

复合材料
蒙皮

| 25 | 1797.22 | 3569.44 | 5341.67 | 7113.89 |
| 911.111 | 2683.33 | 4455.56 | 6227.78 | 8000 |

| 25 | 1797.22 | 3569.44 | 5341.67 | 7113.89 |
| 911.111 | 2683.33 | 4455.56 | 6227.78 | 8000 |

(d) 雷击位置4

钛合金
口盖

复合材料
蒙皮

| 25 | 1797.22 | 3569.44 | 5341.67 | 7113.89 |
| 911.111 | 2683.33 | 4455.56 | 6227.78 | 8000 |

| 25 | 756.33 | 1487.67 | 2219 | 2950.33 |
| 390.667 | 1122 | 1853.33 | 2584.67 | 3316 |

(e) 雷击位置5

(f) 雷击位置6

图 3-7　不同雷击位置下油箱各部件的温度分布(单位：℃)

通过不同位置雷击损伤特性的对比，可以发现：雷击位置对飞机油箱口盖的损伤特征具有较大影响，总体来说，雷电流作用在钛合金口盖上时造成的雷击损伤相对较小，而当雷电流作用在复合材料蒙皮表面时损伤相对较大。

3.2.3　口盖厚度的影响

针对钛合金油箱口盖和复合材料油箱口盖两种情况，油箱蒙皮材料和前文一致，主要分析油箱口盖的厚度对其雷击损伤特性的影响。当油箱口盖的厚度为 4mm 时，其雷击损伤特性已在第 3.2.1 节和 3.2.2 节中进行了分析，在这里主要分析油箱口盖厚度分别为 2mm、3mm 和 5mm 时的雷击损伤特性，如图 3-8 所示。

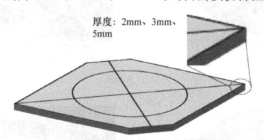

图 3-8　不同厚度油箱口盖的结构模型

对于雷电流作用于油箱口盖表面中心位置的情况，不同厚度钛合金油箱口盖雷击后各部件的温度如图 3-9 所示。对于厚度为 2mm 的钛合金油箱口盖，钛合金口盖附着区的最高温度为 778.347℃，明显高于第 3.1 节中厚度为 4mm 钛合金口盖的温度。复合材料蒙皮的最高温度为 157.334℃，且温度较高区域出现在上下两端区域，如图 3-9(a)所示。当钛合金油箱口盖的厚度为 3mm 时，在雷电流组合波作用下，钛合金口盖雷电附着区的最高温度为 534.87℃，复合材料蒙皮最高温度为 84.78℃，高温区域同样出现在上下两端区域，如图 3-9(b)所示。对于 5mm 厚的钛合金油箱口盖，钛合金口盖附着区的最高温度为 417.09℃，复合材料蒙皮的最高温度为 46.20℃，如图 3-9(c)所示。分析不同厚度钛合金油箱口盖雷击后的温度分布可知：口盖厚度的改变不会影响整体温度分布特征，但口盖厚度的增加可以降低油箱口盖和复合材料蒙皮雷电附着区的温度。

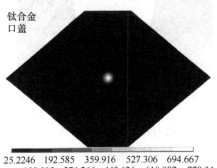

25.2246 192.585 359.916 527.306 694.667
　108.905 276.266 443.626 610.987 778.34

25 54.4075 83.8149 113.222 142.63
39.707 69.1112 98.5186 127.926 157.334

(a) 厚度为2mm

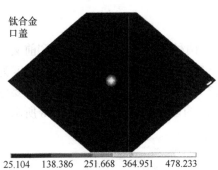

25.104 138.386 251.668 364.951 478.233
　81.7451 195.027 308.31 421.592 534.874

25 38.2855 51.571 64.8565 78.142
31.6428 44.9283 58.571 71.4993 84.7848

(b) 厚度为3mm

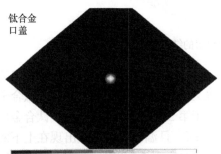

25.0388 112.162 199.286 286.409 373.533
　68.6006 155.724 242.847 329.971 417.094

25 29.7123 34.4247 39.137 43.8493
27.3562 32.0685 36.7808 41.4931 46.2054

(c) 厚度为5mm

图 3-9　不同厚度钛合金油箱口盖雷击后各部件的温度分布(单位：℃)

　　不同厚度复合材料油箱口盖雷击后各部件的温度如图 3-10 所示。2mm 厚复合材料油箱口盖的铺层顺序为[−45°/0°/45°/90°]2s，共 16 层，单层厚度为 0.125mm。在相同雷电流载荷作用下，复合材料油箱口盖损伤严重，已经完全被击穿，损伤轮廓沿着其表面纤维铺层方向(−45°)。靠近口盖边缘的复合材料蒙皮损伤也比较

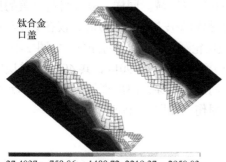

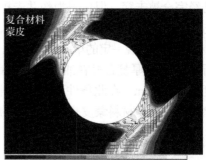

钛合金口盖

复合材料蒙皮

27.4037　　758.06　　1488.72　2219.37　　2950.03
　　392.732　1123.39　1854.04　2584.7　　3315.36

25　　756.295　1487.59　2218.88　2950.18
　390.647　1121.94　1853.24　2584.53　3315.83

(a) 厚度为2mm

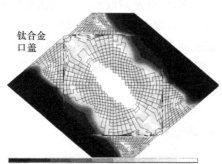

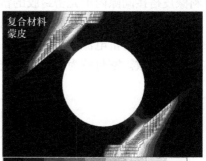

钛合金口盖

复合材料蒙皮

25.1148　　756.284　1487.45　2218.62　2949.79
　　390.699　1121.87　1853.04　2584.21　3315.38

25　　756.245　1487.49　2218.73　2949.98
　390.622　1121.87　1853.11　2584.36　3315.6

(b) 厚度为3mm

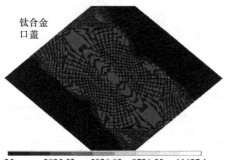

钛合金口盖

复合材料蒙皮

25　　2925.52　　5826.03　8726.55　11627.1
　1475.26　4375.77　7276.29　10176.8　13077.3

25　　1711.96　3398.93　5085.89　6772.86
　868.482　2555.45　4242.41　5929.37　7616.34

(c) 厚度为5mm

图 3-10　不同厚度复合材料油箱口盖雷击后各部件的温度分布(单位：℃)

严重，受口盖电流传导方向的影响，在蒙皮与口盖搭接区域其损伤轮廓沿着–45°方向分布，而远离油箱口盖区域，其损伤轮廓沿着蒙皮表层纤维铺层方向(45°)分布，如图 3-10(a)所示。3mm 厚复合材料油箱口盖的铺层顺序为[–45/0/45/90]₃ₛ，共 24 层，单层厚度也为 0.125mm。此时，复合材料油箱口盖损伤也较为严重，已经完全被击穿，但口盖损伤并未扩展到其边缘区域。同样，复合材料口盖的损伤轮廓沿着其表面纤维铺层方向分布，复合材料蒙皮损伤相对较轻，仅在蒙皮与口盖搭接区域出现一定的单元删除现象，其损伤轮廓沿着 45°方向分布，如图 3-10(b)所示。5mm 厚复合材料油箱口盖的铺层顺序为[–45/0/45/90]₅ₛ，共 40 层，单层厚度为 0.125mm。在此条件下复合材料口盖尚未被击穿，但出现了大面积的单元删除现象，复合材料蒙皮也出现明显的雷击损伤，如图 3-10(c)所示。

3.2.4　搭接区域间隙内填充密封胶

为阻断雷电流在油箱口盖和复合材料蒙皮之间传导，可以在油箱口盖与复合材料蒙皮搭接间隙内填充绝缘密封胶。以钛合金口盖为例，研究油箱口盖与复合材料蒙皮搭接间隙内填充密封胶的雷击损伤影响，假设密封胶厚度分别为 0.1mm、0.2mm 和 0.3mm。油箱口盖、密封胶和复合材料蒙皮的有限元模型如图 3-11 所示。A+B+C+D 组合雷电流波形施加在油箱口盖表面中心位置，计算边界条件与 3.1 节中保持一致。密封胶为环氧树脂胶，其电阻率较高，材料参数列于表 3-3。

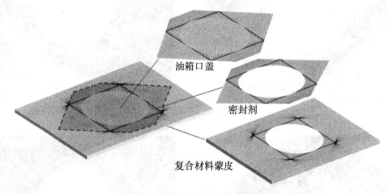

油箱口盖

密封剂

复合材料蒙皮

图 3-11　各部件有限元模型

表 3-3　密封胶的材料参数

弹性模量 E	比热 C_p	密度 ρ	泊松比 μ	电阻率 RSVX	热导率 k	热膨胀系数 ALPX
72GPa	880J/kg℃	2700kg/m³	0.33	$2.83\times10^{8}\Omega\cdot m$	0.237W/m℃	$2\times10^{-5}1/K$

对于填充不同厚度密封胶的情况，计算得到雷击作用下的钛合金口盖、复合材料蒙皮和密封胶温度分布如图 3-12 所示。当密封胶厚度为 0.1mm 时，钛合金口盖

的温度上升较为明显，附着区的最高温度为 458.56℃。虽然复合材料蒙皮与钛合金口盖紧密接触，但是密封胶对电流起到了阻断作用，通过接触部位进入复合材料蒙皮的电流和热量得以降低，导致复合材料蒙皮温度上升量较小。此时，复合材料蒙皮的最高温度为 58.4779℃，口盖与复合材料蒙皮口框间隙的密封胶最高温度为 39.89℃。对于密封胶厚度为 0.2mm 的情况，钛合金口盖附着区的最高温度为 446.17℃，复合材料蒙皮的最高温度为 57.38℃，密封胶的最高温度为 40.02℃。当密封胶厚度增加至 0.3mm 时，钛合金口盖的最高温度为 454.09℃，复合材料蒙皮的最高温度为 56.13℃，密封胶的最高温度为 40.03℃。基于以上研究，增加密封胶厚度可降低油箱口盖的温度上升量，对内部的复合材料蒙皮具有较好的防护效果。

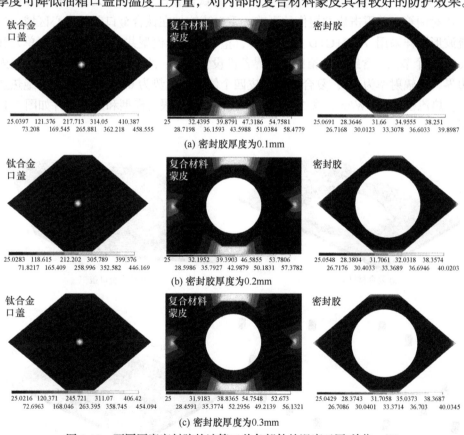

图 3-12　不同厚度密封胶的油箱口盖各部件的温度云图(单位：℃)

3.3　含螺栓油箱口盖结构

3.3.1　含螺栓油箱口盖有限元模型

为保证油箱口盖和复合材料蒙皮之间紧密连接，通常会用螺栓进行固定。螺

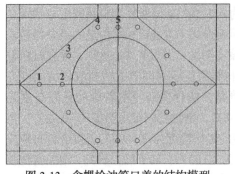

图 3-13　含螺栓油箱口盖的结构模型

栓的存在相当于在油箱口盖和复合材料蒙皮之间增加了导电路径，油箱口盖上的雷电流将沿着螺栓传导至复合材料蒙皮，从而改变雷电流的传导方式。含螺栓油箱口盖结构模型和螺栓编号如图 3-13 所示。圆柱螺栓材质为 1Cr18Ni9Ti 不锈钢，螺栓直径为 6.35mm，长度为 8mm，螺栓的材料参数列于表 3-4。本节以含螺栓的钛合金口盖为研究对象，评估螺栓的存在对油箱口盖雷击烧蚀损伤的影响。雷电流施加在钛合金口盖的中心区域，电流波形同样采用 A+B+C+D 组合波形，整个有限元模型共有 3303685 个单元和 668286 个节点。含螺栓油箱口盖边界条件设置如下：油箱口盖表面设置为热辐射边界，热辐射率为 0.9；复合材料蒙皮四个侧面的电势为 0V；底面设置为绝热边界，热流密度为 0W/m²。含螺栓油箱口盖各部件有限元模型和边界条件如图 3-14 所示。

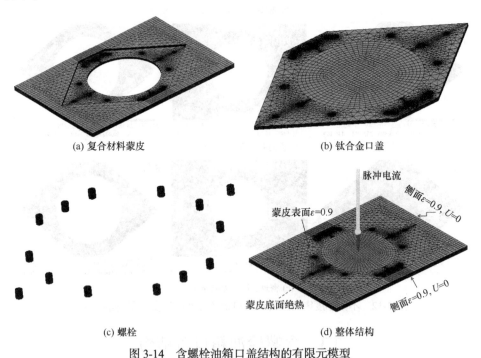

(a) 复合材料蒙皮

(b) 钛合金口盖

(c) 螺栓

(d) 整体结构

图 3-14　含螺栓油箱口盖结构的有限元模型

表 3-4　螺栓的材料参数

弹性模量 E	比热 C_p	密度 ρ	泊松比 μ	电阻率 RSVX	热导率 k	热膨胀系数 ALPX
206GPa	450J/kg℃	2164kg/m³	0.3	$5\times10^{-7}\Omega\,m$	50 W/m℃	24×10^{-6}

3.3.2　雷电作用在口盖时的计算结果分析

当雷电流直接作用在钛合金口盖表面时，含螺栓油箱口盖结构的温度分布如图 3-15 所示。钛合金口盖温度上升量相对较小，雷击附着区的最高温度为460.49℃，未达到钛合金的失效温度。与 3.1 节不含螺栓的油箱口盖的雷击计算结果相比，螺栓的存在使钛合金口盖温度略有下降。复合材料蒙皮的最高温度为27.71℃，且温度较高区域出现在螺栓孔处，此温度远低于环氧树脂的烧蚀温度。螺栓的温度上升也较小，其最高温度和复合材料蒙皮温度相同。对于含螺栓油箱口盖结构，雷电流作用在钛合金口盖位置时对其造成的温度上升较小。但与螺栓相邻近的复合材料蒙皮螺栓孔，其温度贯穿了整个蒙皮的厚度方向，该结果表明：螺栓的存在为雷电流的传导提供了导电通路。

钛合金
口盖

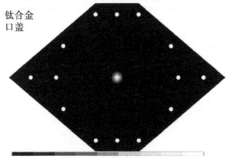

24.953　121.739　218.524　315.31　412.096
73.3458　170.131　266.917　363.703　460.488

复合材料
蒙皮

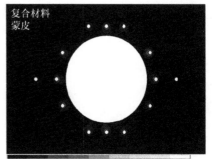

24.953　25.5662　26.1794　26.7926　27.4058
25.2596　25.8728　26.486　27.0992　27.7124

螺栓

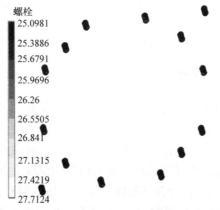

25.0981
25.3886
25.6791
25.9696
26.26
26.5505
26.841
27.1315
27.4219
27.7124

图 3-15　含螺栓油箱口盖各部件的温度云图(单位：℃)

钛合金油箱口盖、复合材料蒙皮和螺栓的电势分布如图 3-16 所示。螺栓将复合材料蒙皮和油箱口盖连接成整体，在一定程度上降低了电荷的聚集，所以油箱盖、复合材料蒙皮和螺栓的电势较小。油箱口盖最大电势出现在雷击附着区，最大电势为 0.294V。在钛合金口盖与复合材料蒙皮搭接区域电势较大，表明该处的电荷聚集效应明显，复合材料蒙皮的最大电势仅为 0.019V。在此雷电流波形作用下，各个螺栓的电势分布与所在位置有关，靠近雷击附着点的螺栓电势相对较大，其中最大电势为 0.012V。

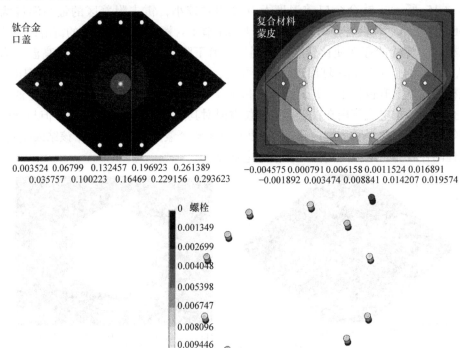

图 3-16　含螺栓油箱口盖各部件的电势云图(单位：V)

3.3.3　雷电作用在螺栓时的计算结果分析

当雷电直接作用于螺栓时，雷电流通过螺栓接触面同时注入复合材料蒙皮和油箱口盖。为研究雷电流作用在螺栓表面时对其损伤特性的影响，分别计算了雷击点在不同螺栓位置时，钛合金油箱口盖和复合材料蒙皮的温度分布，如图 3-17 所示。当雷电流作用在 1 号螺栓时，油箱口盖的温度上升比较明显，高温区域集中在螺栓雷击位置附近，钛合金口盖最高温度为 3683.88℃，尚未达到钛合金的失效温度。复合材料蒙皮的最高温度为 1340.67℃，可造成由于环氧树脂熔化、分解而导致的复合材料分层损伤。当雷电流作用在 2 号螺栓时，复合材料蒙皮的最高温度为 1588.27℃，钛合金口盖的最高温度为 4308.14℃。当雷电流作用在 3 号螺栓时，复合材料蒙皮的最高温度为 833.141℃，钛合金口盖的最高温度为 3134.93℃。当雷电流作用在 4 号螺栓时，复合材料蒙皮的最高温度为 933.299℃，钛合金口盖的最高温度为 2874.08℃。当雷电流作用在 5 号螺栓时，复合材料蒙皮的最高温度为 1467.15℃，钛合金口盖的最高温度为 4120.47℃。

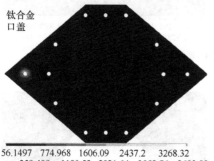 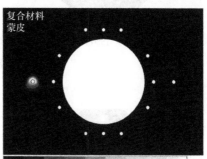

(a) 雷击作用于1号螺栓

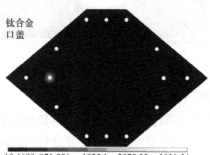 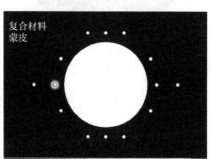

(b) 雷击作用于2号螺栓

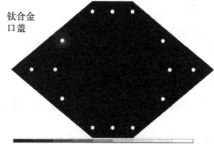 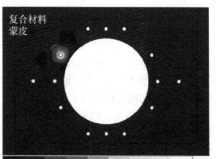

(c) 雷击作用于3号螺栓

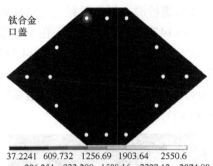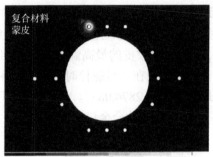

37.2241　609.732　1256.69　1903.64　　2550.6
　286.254　933.209　1580.16　2227.12　2874.08

37.2241　191.781　420.786　649.791　878.796
　77.2785　306.284　535.289　764.294　993.299

(d) 雷击作用于4号螺栓

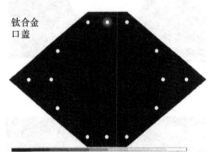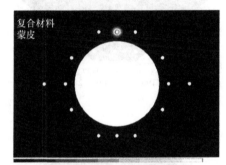

23.7362　897.198　1818.13　2739.06　　3660
　436.731　1357.66　2278.6　3199.53　4120.47

25.32704　321.889　649.106　976.322　1303.54
　158.281　485.498　812.714　1139.93　1467.15

(e) 雷击作用于5号螺栓

图 3-17　雷击作用于 1～5 号螺栓时油箱口盖各部件的温度云图(单位：℃)

通过以上分析可以看到：当雷电流作用在不同位置螺栓节点时，其损伤响应具有一定的差异，但相同的是最高温度出现在雷击附着区附近；复合材料蒙皮和钛合金口盖的温度相对较小，但仍可以造成螺栓孔附近复合材料的分层损伤，同时最高温度出现在螺栓孔附近。

参 考 文 献

[1] 王志瑾, 姚卫星. 飞机结构设计. 北京: 国防工业出版社, 2004.

[2] 王哲, 贾晓, 李博. 飞机口盖设计要求标准研究. 航空标准化与质量, 2014, 2: 14-20.

[3]《飞机设计手册》总编委会. 飞机设计手册第 10 册: 结构设计. 北京: 航空工业出版社, 2001.

[4] 牛春匀(美). 实用飞机结构工程设计. 程小全译. 北京: 航空工业出版社, 2008.

[5] 牛春匀(美). 实用飞机结构应力分析及尺寸设计. 冯振宇, 程小全译. 北京: 航空工业出版社, 2009.

[6] 葛建标. 民机复合材料油箱维护口盖研究. 民用飞机设计与研究, 2017, 2: 114-116.

[7] 王富生, 岳珠峰, 刘志强, 等. 飞机复合材料结构雷击损伤评估和防护设计. 北京: 科学出版社, 2016.

第4章 整体油箱雷击点火源分析

4.1 油箱结构的雷击危害

由雷电直接效应导致的飞机油箱爆炸是飞机在雷电环境下面临的最大威胁之一，油箱爆炸往往会给飞机和乘客带来灾难性的后果。1996 年 7 月 17 日，在纽约肯尼迪国际机场，一架 B747-100 型飞机在起飞后的爬升阶段，中央油箱发生爆炸，致使机上 230 名人员全部遇难，这就是著名的 TWA800 航班事故。国家运输安全委员会(NTSB)对该起事故原因进行了调查，发现事故是由不明点火源点燃中央油箱内的燃油蒸汽而引起的。自 1959 年以来，全球共发生了 18 起飞机油箱的爆炸事故，共造成了 542 人遇难和巨大的经济损失[1]，多起油箱爆炸灾难性事件引起了国内外航空界和相关研究人员的密切关注。

油箱内部燃油燃烧与爆炸的关键因素是在油气混合物中存在点火源。飞机油箱中存在着气态和液态的喷气燃料，气态喷气燃料与空气混合形成油气混合物，存在于液态喷气燃料上方。存在的点火源会点燃油气混合物，进而引发油箱爆炸[2,3]。国内外相关人员将飞机油箱防爆研究的重心集中在抑制或消除点火源方面，燃油箱点火源防护规范《FAA25.981-1C》[4]中将雷击引起的油箱爆炸点火源分为电弧、电火花和热斑三类。直接附着在油箱表面的雷电电弧和油箱内部短间隙放电形成的高温电弧通过导电路径进入油箱内部，将会引燃油气混合物。雷电附着过程中会产生瞬态电磁场，置于油箱内部的金属结构件存在感应电荷积累，局部尖端发生短间隙放电产生电火花，也会点燃油气混合物。油箱结构在传导雷电流的过程中产生焦耳热，局部温度过高则会出现热斑，导致油箱内部与油气混合物相接触的内壁或者各结构件的表面温度达到油气混合物的自燃点，造成油箱的引燃。同时《FAA25.981-1C》对飞机的适航性提出了新的要求，飞机制造商进行油箱部件和油箱组装设计时，必须保证油箱在雷击测试环境下避免点火源的发生。航空器雷击测试方法 SAE ARP5416[5]介绍了油箱点火源测试的相关方法，其中包括整体油箱及其部件的雷电流传导、雷电流直接附着试验和油箱内点火源的检测方法等。为了保证机组人员和机上乘客的人身安全，避免雷电带来的巨大经济损失，商用飞机在投入使用之前，必须取得航空局颁布的飞机适航性认证，为油箱在雷电环境下的点火源分析与防护提出了现实性需求。

4.2　整体油箱雷击计算模型

4.2.1　金属整体油箱结构

　　飞机机翼上的整体油箱主要包括上下壁板、前后梁、肋板、桁条和管路系统等。图4-1为整体油箱结构的几何模型，尺寸为1200mm×900mm×190mm。肋板在油箱内部等间距平行分布，上、下壁板处的桁条垂直于肋板。燃油管路穿过1号和2号肋板，采用卡箍将燃油管和油箱结构进行固定。

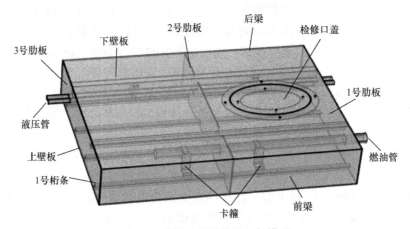

图 4-1　整体油箱结构的几何模型

　　椭圆形油箱检修口盖的长轴为380mm，短轴为250mm，厚度为4mm，如图4-2所示。检修口盖与加强板之间通过对称分布的四颗沉头螺栓连接，螺栓之间在X、Y轴方向上的间距分别为334.5mm和195mm。加强板与下壁板之间通过

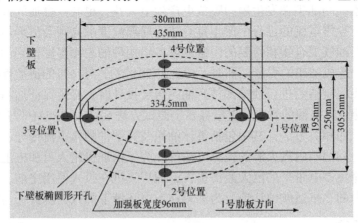

(a) 检修口盖俯视图

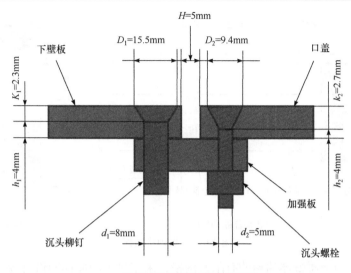

(b) 3号位置检修口盖局部剖面图

图 4-2　油箱检修口盖

与沉头螺栓相同方向布置的四颗沉头铆钉相连,铆钉之间在 X、Y 轴方向上的距离分别为 435.5mm 和 305.5mm。

图 4-3 为金属整体油箱内部的桁条分布情况,桁条是蒙皮的纵向支持构件,承受由机翼弯矩引起的轴向力和局部剪力,桁条布置间距通常在 80~250mm 范围内。图 4-4 为油箱内部管路系统,主要包括燃油管和液压管。采用 P 型卡箍对燃油管与液压管进行支撑和固定,并且每个卡箍通过两个沉头螺栓将管路与桁条相连。燃油管直径为 48mm,液压管直径为 24mm。

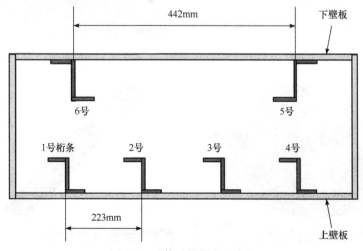

图 4-3　整体油箱桁条示意图

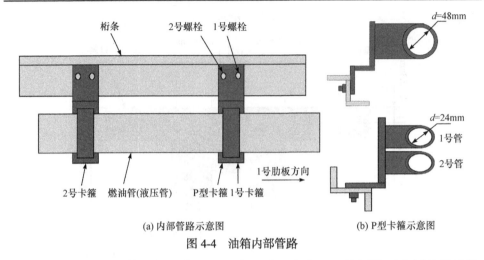

(a) 内部管路示意图　　　　　　　　　　(b) P型卡箍示意图

图 4-4　油箱内部管路

　　图 4-5 为金属整体油箱的有限元网格，采用自由四面体网格对金属整体油箱结构进行划分，对检修口盖、内部管路、肋板、卡箍和紧固件进行网格细化处理，其余部位的网格进行粗化。整体油箱的大部分网格质量接近 1，表示网格质量相对较高。金属整体油箱的网格单元总数为 1550802 个。

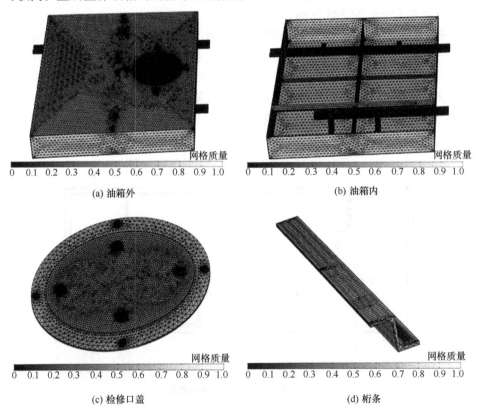

(a) 油箱外　　　　　　　　　　　　　　(b) 油箱内

(c) 检修口盖　　　　　　　　　　　　　(d) 桁条

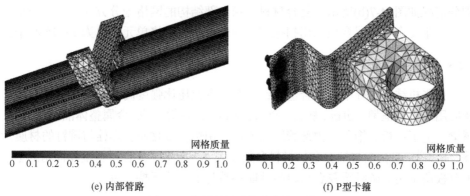

(e) 内部管路　　　　　　　　　　　　(f) P 型卡箍

图 4-5　金属整体油箱的有限元模型

4.2.2　复合材料整体油箱结构

随着航空复合材料的发展，现代飞机的蒙皮通常采用复合材料来代替金属材料。复合材料整体油箱的内部结构与金属油箱结构一致，不同之处在于油箱蒙皮为碳纤维增强复合材料，如图 4-6 所示。复合材料层合板共 8 层，单层厚度为 0.5mm，铺层方式为[45/90/–45/0]s，如图 4-7(a)所示。复合材料油箱的有限元网格

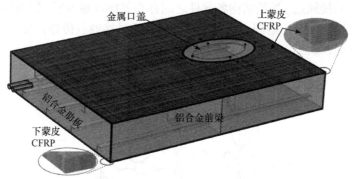

图 4-6　复合材料整体油箱结构

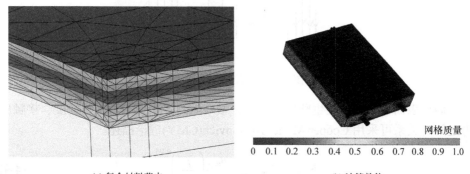

(a) 复合材料蒙皮　　　　　　　　　　(b) 油箱整体

图 4-7　复合材料油箱的网格划分

划分情况如图 4-7(b)所示。复合材料油箱内部结构的网格划分方式与金属油箱相同，对于复合材料层合板采用扫掠网格划分方式，网格单元总数为 1747589 个。

4.2.3　材料参数和边界条件

在飞机结构设计中，钛合金与铝合金具有拉压比强度高和重量轻等优点，广泛应用于机身框架、肋板、腹板、接头件和蒙皮等结构[6,7]。金属整体油箱的肋板、翼梁、上下壁板、桁条、内部管路与卡箍采用铝合金材质，螺栓与铆钉的材质为钛合金[8,9]，铝合金与钛合金的材料参数如表 4-1 所示。复合材料整体油箱的上、下壁板所采用的碳纤维复合材料各性能参数与上一章保持一致。

表 4-1　钛合金和铝合金的材料参数

材料	电导率/(S/m)	导热系数/(W/m·K)	恒压热容/(J/kg·K)	密度/(kg/m³)
铝合金	3.774×10^7	238	900	2700
钛合金	7.407×10^5	7.5	710	4940

固体表面在微观上表现出凹凸不平的特征，在外力作用下两组件的接触界面存在不连续的接触点。油箱结构各部件之间存在界面接触电阻，影响雷电流传导。图 4-8 为电接触界面示意图，电流在组件界面通过接触点传导，导致电流传导的有效导电截面积减小，电流流动在接触部位受阻[10,11]。

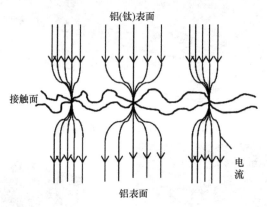

图 4-8　电接触界面示意图

假设表面粗糙区域发生塑性变形，接触电阻与界面处的表面粗糙度、接触压力之间的关系可采用 Cooper-Mikic-Yovanovich(CMY)理论描述。

$$h_c = 1.25\sigma_{\text{contact}}\frac{m_{\text{asp}}}{\sigma_{\text{asp}}}\left(\frac{p}{H_c}\right)^{0.95} \tag{4-9}$$

$$\sigma_{\text{contact}} = \frac{2\sigma_u \sigma_d}{\sigma_u + \sigma_d} \tag{4-10}$$

式中：h_c 为接触电导率，σ_{contact} 为接触面谐波平均电导率，m_{asp} 为粗糙平均斜率，σ_{asp} 为粗糙平均高度，p 为接触压力，H_c 为铝合金的微硬度，σ_u 为界面处上方材料电导率，σ_d 为界面处下方材料电导率，相关物理量参数如表 4-2 所示。

表 4-2　接触电阻相关物理量参数[12]

物理量	m_{asp}	σ_{asp}/m	p/Pa	H_c/Pa
参数	0.4	1×10^{-6}	2.5×10^4	1.65×10^8

选择雷电流分量 A 波形作为电流激励源，雷电流的流入和流出端如图 4-9 所示。金属整体油箱电势初始值设置为 0V，且在整个计算过程中油箱和检修口盖的边界与周围空气保持电绝缘。金属整体油箱的初始温度为 293.15K，油箱各结构的外表面以对流的方式与周围介质进行热交换，对流换热公式表示为

$$q_0 = h \cdot (T_{\text{ext}} - T) \tag{4-11}$$

式中：q_0 为热量，h 为传热系数，铝合金的传热系数为 5W/(m² · K)，T_{ext} 为室温，T 为油箱的温度。

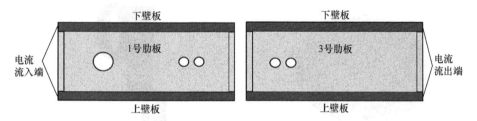

图 4-9　雷电流流入与流出位置

4.3　金属整体油箱点火源分析

4.3.1　电流密度分布情况

图 4-10 为 6.4μs 时刻金属整体油箱外、油箱内、检修口盖与卡箍上的电流密度分布。油箱上、下壁板，前后翼梁和肋板处的电流密度较低，壁板与翼梁的电流密度大于肋板的电流密度，说明雷电流主要沿着壁板与前后翼梁向着油箱的接地端传导，肋板不是雷电流的主要传导路径。检修口盖上的 1 号和 3 号铆钉处的电流密度较高，螺栓与铆钉之间区域的电流密度较低，并且低于下壁板的电流密

度，如图 4-10(a)所示。从图 4-10(b)可以看到：桁条及其界面上的电流密度与上下壁板的电流密度相近，这是因为两者之间的接触面积较大，保证了电流的连续性。燃油管路的一端虽然终止于油箱内部，但因其电流密度很低，所以不会对油箱的安全造成威胁。口盖与下壁板之间的空隙阻断了电流传导，导致该部位的电流密度较低。由于各部件材质和几何尺寸的差异，导致雷电流传导不连续，紧固件周围的电流密度增大，如图 4-10(c)所示。因此，检修口盖上的紧固件附近是雷击点火源产生的主要部位。卡箍虽然不是雷电流的主要传导组件，但卡箍与管路的界面以及其上的螺栓位置的电流密度局部较大，也是雷击点火源产生的重要部位，如图 4-10(d)所示。

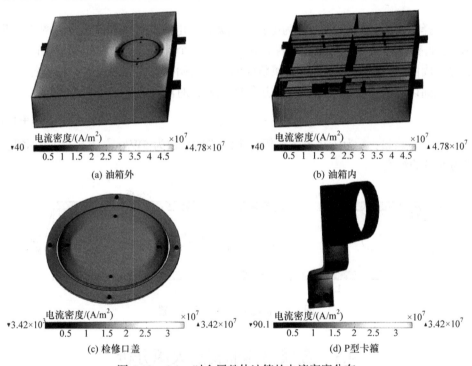

图 4-10　6.4μs 时金属整体油箱的电流密度分布

在 6.4μs 时刻，检修口盖周围的螺栓及其界面处电流密度分布如图 4-11 所示。螺栓上的电流密度小于检修口盖与加强板上的电流密度。截面 2 平行于电流传导方向，截面 1 垂直于电流传导方向，截面 2 的电流密度高于截面 1 上的电流密度。1 号和 3 号螺栓分布于椭圆形检修口盖的长轴方向，2 号和 4 号螺栓分布于检修口盖的短轴方向。螺栓界面处电流密度的大小不仅与螺栓距离电流流入位置的远近有关，还与螺栓在检修口盖上的位置有关。沿着电流传导方向，距离电流流入位置越近的螺栓界面处电流密度越大。

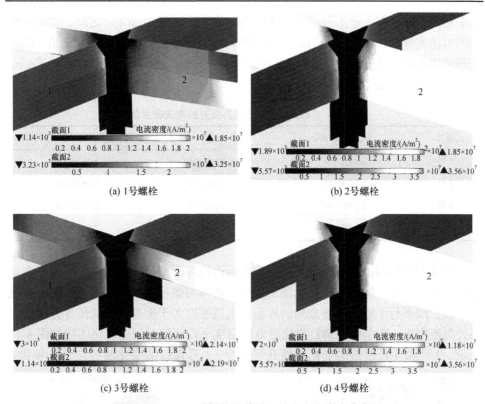

(a) 1号螺栓　　　　　　　　　　　　　(b) 2号螺栓

(c) 3号螺栓　　　　　　　　　　　　　(d) 4号螺栓

图 4-11　6.4μs 时螺栓及其界面处的电流密度分布

图 4-12 为螺栓界面处电流密度随时间增加的变化曲线，表 4-3 给出了 6.4μs 时刻螺栓界面处电流密度的最大值、最小值与平均值。1~4 号螺栓界面处电流密度的变化趋势相似，2 号和 4 号螺栓电流密度曲线的上升速率、峰值与下降速率

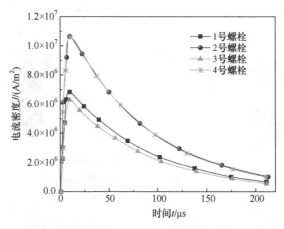

图 4-12　检修口盖螺栓界面处电流密度平均值随时间的变化曲线

几乎相同,并且都大于 1 号和 3 号螺栓的电流密度。在 0～6.4μs 之间,螺栓界面处的电流密度急剧增大,在 6.4μs 时刻达到峰值;随后电流密度缓慢下降,在 200μs 时刻的电流密度大小分别为 $7.7174\times10^5 A/m^2$、$1.2045\times10^6 A/m^2$、$7.1220\times10^5 A/m^2$ 和 $1.2042\times10^6 A/m^2$。

表 4-3　6.4μs 时螺栓及其界面处的电流密度值

螺栓	最大值/(A/m²)	最小值/(A/m²)	平均值/(A/m²)
1 号	1.2622×10^7	1.0956×10^6	6.8370×10^6
2 号	1.9629×10^7	1.4908×10^6	1.0671×10^7
3 号	1.1782×10^7	9.7400×10^5	6.3095×10^6
4 号	1.9489×10^7	1.7774×10^6	1.0668×10^7

图 4-13 为 6.4μs 时检修口盖上 1～4 号铆钉与下壁板以及加强板之间界面处的电流密度分布。铆钉界面处电流密度分布规律与螺栓界面处的电流密度分布规律一致,即平行于电流传导方向的界面处电流密度大于垂直于电流传导方向的界面处电流密度。四个位置铆钉界面处电流密度平均值随时间的变化曲线如图 4-14 所示,2 号和 4 号铆钉的变化曲线几乎重合,1 号铆钉的变化曲线位于 2 号和 4

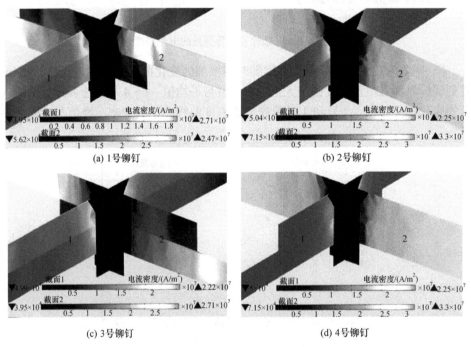

(a) 1号铆钉　　　　　　　　　　　　　　(b) 2号铆钉

(c) 3号铆钉　　　　　　　　　　　　　　(d) 4号铆钉

图 4-13　6.4μs 时检修口盖铆钉界面处的电流密度分布

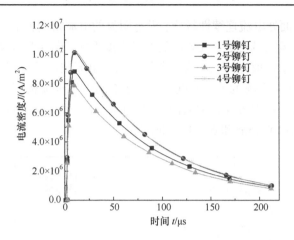

图 4-14　检修口盖铆钉界面处电流密度平均值随时间的变化曲线

号铆钉之间。同样在 6.4μs 时电流密度达到最大，各个铆钉界面处电流密度列于表 4-4。

表 4-4　6.4μs 时检修口盖铆钉界面处的电流密度值

铆钉位置	最大值/(A/m²)	最小值/(A/m²)	平均值/(A/m²)
1 号	1.4842×10^7	2.2498×10^6	8.7866×10^6
2 号	1.6842×10^7	3.2000×10^6	1.0220×10^7
3 号	1.3260×10^7	2.2102×10^6	7.8219×10^6
4 号	1.6685×10^7	3.4488×10^6	1.0222×10^7

图 4-15 为 6.4μs 时燃油管路上的卡箍边缘与燃油管路以及两者之间界面处的电流密度分布，燃油管路与卡箍上的电流密度均较低。由于两个卡箍材质皆为铝

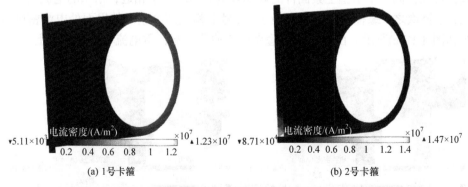

(a) 1号卡箍　　　　　　　　　　　　　　(b) 2号卡箍

图 4-15　6.4μs 时燃油管路与卡箍界面处电流密度分布的切面图

合金材料，在界面处电流连续性较好，没有明显的电流密度突变。1号卡箍相比2号卡箍距离电流流入端更近，其界面处电流密度更大。图4-16为燃油管路与卡箍界面处电流密度平均值随时间的变化曲线，与雷电流波形具有相似的脉冲特征。在雷击过程中，1号卡箍的电流密度始终高于2号卡箍电流密度，在6.4μs时刻电流密度达到峰值。根据表4-5中数据可知：1号和2号卡箍界面处的最大电流密度分别为7.0866×10⁶A/m²和6.3010×10⁶A/m²。

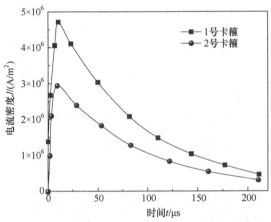

图4-16　燃油管路与卡箍界面处电流密度平均值随时间的变化曲线

表 4-5　6.4μs 时箍界面处的电流密度值

	最大值/(A/m²)	最小值/(A/m²)	平均值/(A/m²)
1 号卡箍界面	$7.0866×10^6$	$1.4894×10^6$	$4.6955×10^6$
2 号卡箍界面	$6.3010×10^6$	$7.9747×10^5$	$2.9421×10^6$

图 4-17 为 6.4μs 时燃油管卡箍上各处螺栓及其界面处的电流密度分布。分析数据可知：同一个卡箍上紧固件的界面处电流密度大小相近，桁条的电流密度最大，卡箍次之，螺栓的电流密度最小。2 号卡箍上两个紧固件界面处电流密度分布如图 4-17(e)所示。由于 2 号卡箍靠近燃油管终端，雷电流率先在桁条上传导，

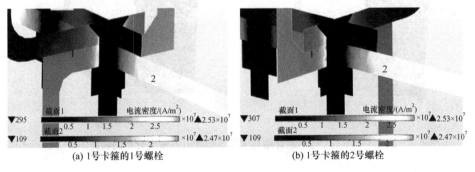

(a) 1号卡箍的1号螺栓　　　　　　　　(b) 1号卡箍的2号螺栓

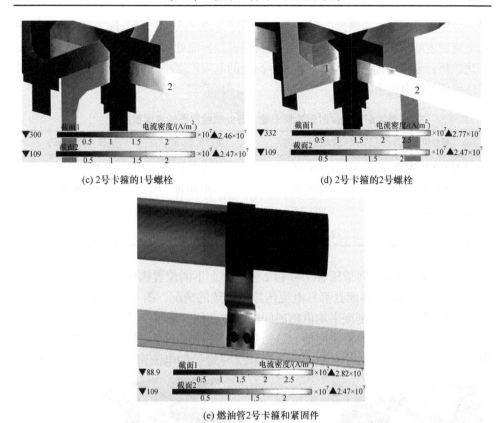

(c) 2号卡箍的1号螺栓　　　　　　　　　(d) 2号卡箍的2号螺栓

(e) 燃油管2号卡箍和紧固件

图 4-17　6.4μs 时燃油管卡箍上各处螺栓及其界面的电流密度分布

通过 2 号卡箍将部分电流传导至燃油管。卡箍处电流传导不连续，导致 2 号紧固件界面处的电流密度相对较大。

图 4-18 为燃油管卡箍上螺栓界面处电流密度平均值随时间的变化曲线，在 6.4μs

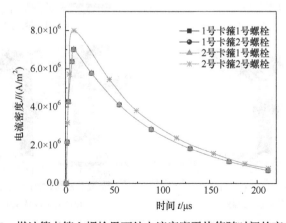

图 4-18　燃油管卡箍上螺栓界面处电流密度平均值随时间的变化曲线

时的紧固件界面处电流密度值列于表4-6。分析数据可知：2号卡箍2号螺栓截面处的电流密度峰值相对较大，其他三个位置的螺栓界面处具有相近的电流密度峰值和变化趋势；卡箍与桁条相连的紧固件界面处的电流密度小于卡箍与下壁板相连的紧固件界面处的电流密度。

表 4-6　6.4μs 时燃油管卡箍上各处螺栓界面的电流密度值

螺栓位置	最大值/(A/m^2)	最小值/(A/m^2)	平均值/(A/m^2)
1 号卡箍 1 号螺栓	1.3383×10^7	7.3569×10^5	6.9193×10^6
1 号卡箍 2 号螺栓	1.3548×10^7	6.4170×10^5	6.9703×10^6
2 号卡箍 1 号螺栓	1.3413×10^7	3.9328×10^5	6.9102×10^6
2 号卡箍 2 号螺栓	1.5819×10^7	8.0021×10^5	8.0115×10^6

图 4-19 为 6.4μs 时液压管 1 号和 2 号卡箍上不同位置螺栓及其界面处的电流密度分布，4 个螺栓界面处都有电流传导不连续的情况。图 4-20 为液压管卡箍上各处螺栓界面处电流密度平均值随时间的变化曲线，表 4-7 为 6.4μs 时液压管卡箍上各处螺栓界面处电流密度值。分析数据可知：同一个卡箍上 1 号螺栓界面处电流密度大小相近，2 号卡箍上的 1 号和 2 号螺栓的电流密度最小值相差较大，

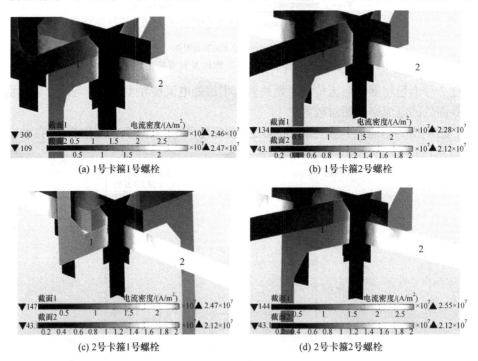

(a) 1号卡箍1号螺栓　　　　　　　　　(b) 1号卡箍2号螺栓

(c) 2号卡箍1号螺栓　　　　　　　　　(d) 2号卡箍2号螺栓

图 4-19　6.4μs 时液压管卡箍上不同位置螺栓及其界面处的电流密度分布

这是因为 2 号卡箍 2 号螺栓距金属整体油箱接地端较近。6.4μs 时 1 号卡箍上的 1 和 2 号螺栓的电流密度平均值分别为 6.7384×10^6 A/m² 和 6.6884×10^6A/m²，2 号卡箍上的 1 号和 2 号螺栓的电密度平均值分别为 6.9102×10^6A/m² 和 8.0115×10^6A/m²。相比而言，由于 1 号卡箍靠近电流流入端，1 号卡箍上的螺栓电流密度相对较高。

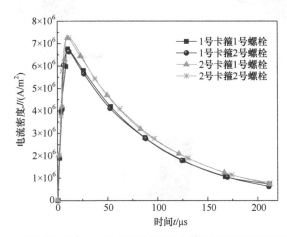

图 4-20　液压管卡箍上螺栓界面电流密度平均值随时间的变化曲线

表 4-7　6.4μs 时液压管卡箍上各处螺栓界面处的电流密度值

螺栓位置	最大值/(A/m²)	最小值/(A/m²)	平均值/(A/m²)
1 号卡箍 1 号螺栓	1.2686×10^7	6.0489×10^5	6.7384×10^6
1 号卡箍 2 号螺栓	1.2941×10^7	6.6615×10^5	6.6884×10^6
2 号卡箍 1 号螺栓	1.3963×10^7	9.5893×10^5	7.3251×10^6
2 号卡箍 2 号螺栓	1.3719×10^7	2.6112×10^5	7.3406×10^6

4.3.2　电接触程度对结构界面电流密度的影响

选择燃油管的 2 号卡箍为研究对象，分析界面处不同接触程度对界面电流密度的影响。当卡箍与燃油管的接触压力为 25kPa、250kPa 和 2.5MPa 时，分别计算卡箍界面处的电流密度分布，如图 4-21 所示。不同接触压力下界面处电流密度分布规律相同，但电流密度强度存在差异。在 6.4μs 时刻，不同压力下卡箍界面处接触电导率、电流密度大小列于表 4-8。分析结果表明：当连接部位的界面接触压力越大，接触电导率越大，相应的电流密度越小。其原因是当增大接触压力 P，界面接触点发生变形，这时接触面积增加导致接触电导率增大，导致界面电流更容易通过，电流密度随之减小。

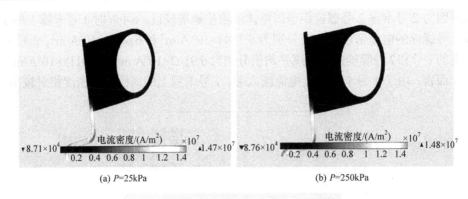

(a) P=25kPa　　　　　　　　　　　　(b) P=250kPa

(c) P=2.5MPa

图 4-21　6.4μs 时 2 号卡箍界面的电流密度分布

表 4-8　6.4μs 时不同接触压力下 2 号卡箍界面的接触电导率和电流密度

接触压力/Pa	收缩电导/(S/m²)	最大值/(A/m²)	最小值/(A/m²)	平均值/(A/m²)
2.5×10^4	4.4377×10^9	6.3010×10^6	7.9747×10^5	2.9421×10^6
2.5×10^5	3.9555×10^{10}	6.0044×10^6	4.5962×10^5	2.5989×10^6
2.5×10^6	3.5254×10^{11}	6.3096×10^6	4.3489×10^5	2.5412×10^6

　　针对检修口盖 2 号螺栓，同样分析在不同接触压力下螺栓界面处电流密度大小的变化规律。在 6.4μs 时刻，不同接触压力下螺栓界面处的电流密度分布如图 4-22 所示。接触压力的变化对界面处电流密度分布规律影响较小。不同接触

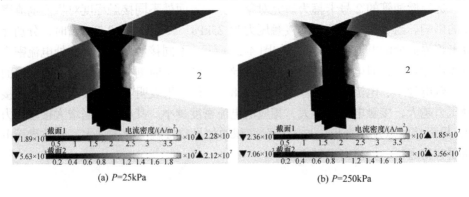

(a) P=25kPa　　　　　　　　　　　　(b) P=250kPa

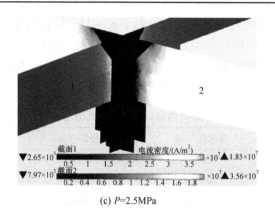

(c) P=2.5MPa

图 4-22　6.4μs 时不同接触压力下螺栓界面处的电流密度分布

压力下螺栓界面处接触电导率与 6.4μs 时刻的电流密度数值见表 4-9。

表 4-9　6.4μs 时不同接触压力下螺栓界面处的接触电导率和电流密度

接触压力/Pa	收缩电导/(S/m²)	最大值/(A/m²)	最小值/(A/m²)	平均值/(A/m²)
$2.5×10^4$	$1.7087×10^8$	$1.9629×10^7$	$1.4908×10^6$	$1.0671×10^7$
$2.5×10^5$	$1.5228×10^9$	$1.9538×10^7$	$1.7058×10^6$	$1.0738×10^7$
$2.5×10^6$	$1.3572×10^{10}$	$1.9490×10^7$	$1.7704×10^6$	$1.0755×10^7$

4.3.3　组件界面电场强度分析

金属油箱各部分组件界面处的电传导不连续性会造成局部电场强度增加，存在空气介质击穿的可能性，所以需要分析各部件界面处的电场。在 6.4μs 时刻，检修口盖螺栓界面处的电场强度数值列于表 4-10。2 号和 4 号螺栓界面处电场强度的最大值、最小值与平均值相近，并且大于 1 号和 3 号螺栓的电场强度。另外，电场强度最大值出现在 2 号螺栓处，数值为 0.71385V/m。电场强度最小值在 3 号螺栓处，其值为 0.11718V/m。电场强度平均值从大到小依次为 2 号螺栓、4 号螺栓、1 号螺栓和 3 号螺栓，检修口盖螺栓处电场强度大小的分布规律与电流密度分布规律相同。

表 4-10　6.4μs 时检修口盖螺栓界面的电场强度值

螺栓位置	最大值/(V/m)	最小值/(V/m)	平均值/(V/m)
1 号	0.45853	0.11925	0.28988
2 号	0.71385	0.18868	0.45139
3 号	0.42949	0.11718	0.26753
4 号	0.70996	0.20190	0.45126

检修口盖铆钉界面处的电场强度值列于表 4-11。铆钉与螺栓的电场强度分布规律相似，2 号和 4 号铆钉界面处的电场强度相近，并且大于 1 号和 3 号铆钉的电场强度。2 号铆钉的电场强度最大，其值为 0.66325V/m。电场强度平均值从大到小依次为 2 号铆钉、4 号铆钉、3 号铆钉和 1 号铆钉。

表 4-11 6.4μs 时检修口盖铆钉界面的电场强度值

铆钉位置	最大值/(V/m)	最小值/(V/m)	平均值/(V/m)
1 号	0.58997	0.051547	0.33335
2 号	0.66325	0.29035	0.46382
3 号	0.52148	0.20464	0.35486
4 号	0.66053	0.27688	0.46350

燃油管卡箍界面处的电场强度值列于表 4-12，其中 1 号卡箍的电场强度大于 2 号卡箍的电场强度。卡箍处的电场分布与电流密度分布规律相同，距离电流流入端越近的卡箍处其电场强度值越大。电场强度最大值出现在 1 号卡箍界面处，其值为 0.1878V/m。

表 4-12 6.4μs 时燃油管卡箍界面的电场强度值

卡箍位置	最大值/(V/m)	最小值/(V/m)	平均值/(V/m)
1 号	0.18780	0.039468	0.12443
2 号	0.16698	0.021133	0.077965

燃油管卡箍上螺栓界面处的电场强度值列于表 4-13，电场强度最大值出现在 2 号卡箍 2 号螺栓界面处，其值为 0.58435V/m。电场强度平均值从大到小依次为 2 号卡箍 2 号螺栓、1 号卡箍 2 号螺栓、2 号卡箍 1 号螺栓、1 号卡箍 1 号螺栓。

表 4-13 6.4μs 时燃油管卡箍上螺栓界面的电场强度值

螺栓位置	最大值/(V/m)	最小值/(V/m)	平均值/(V/m)
1 号卡箍 1 号螺栓	0.48133	0.12377	0.30023
1 号卡箍 2 号螺栓	0.48551	0.12557	0.30258
2 号卡箍 1 号螺栓	0.47268	0.11074	0.30043
2 号卡箍 2 号螺栓	0.58435	0.14713	0.35357

液压管卡箍上螺栓界面处的电场强度值列于表 4-14。电场强度平均值从大到小依次为 1 号卡箍 1 号螺栓、2 号卡箍 2 号螺栓、2 号卡箍 1 号螺栓、2 号卡箍 2 号螺栓。电场强度最大值出现在 1 号卡箍 1 号螺栓界面处，其值为 0.31917V/m。

空气间隙的击穿电场为 30kV/cm，金属整体油箱各个界面处的电场强度最大值均小于产生电火花所需要的电场强度值。

表 4-14   6.4μs 时液压管卡箍上螺栓界面的电场强度值

螺栓位置	最大值/(V/m)	最小值/(V/m)	平均值/(V/m)
1 号卡箍 1 号螺栓	0.58435	0.09654	0.31917
1 号卡箍 2 号螺栓	0.44209	0.10425	0.28266
2 号卡箍 1 号螺栓	0.48743	0.10425	0.29612
2 号卡箍 2 号螺栓	0.49016	0.09749	0.31019

4.3.4   温度分布规律

在雷电流脉冲达到峰值的 6.4μs 时刻和放电结束的 200μs 时刻，金属整体油箱内外温度分布如图 4-23 所示。金属整体油箱温度接近环境温度 20℃，温度升

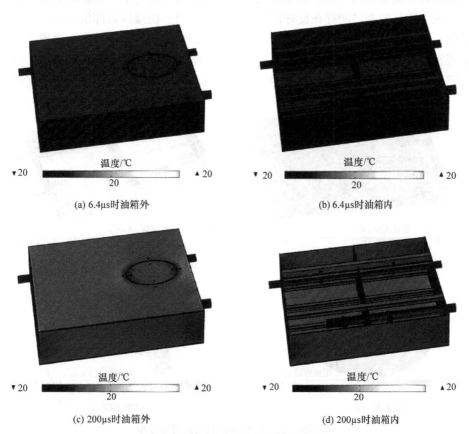

图 4-23   金属整体油箱的温度分布

高不明显。其原因为雷电流作用时间短，并且铝合金有良好的导电和导热特性。为保证燃油箱内部不发生点燃，油箱内部表面温度应低于油气混合物点燃温度 204.4℃[11]。分析结果表明：金属燃油箱在传导雷电脉冲电流过程中产生的温度不足以点燃内部油气混合物。

4.4　复合材料整体油箱点火源分析

4.4.1　复合材料油箱电流密度分布

图 4-24 为 6.4μs 时复合材料油箱的电流密度分布，分别给出了油箱整体、油箱内部结构、检修口盖和卡箍的电流密度分布。壁板与翼梁的电流密度大于肋板的电流密度，这说明从上下壁板侧边传导过来的雷电流主要沿着壁板与前后翼梁传导，肋板不是雷电流的主要传导路径。壁板的电流密度分布沿 45°方向分布，与表层纤维铺层方向一致。桁条及其界面上的电流密度与上下壁板的电流密度相近，这主要与两者之间存在良好的电接触有关。由于检修口盖部位存在许多连接部件，并且在雷电流传导的主要路径上，在检修口盖上的紧固件附近出现了局部电流密度较大的分布特征，是燃油箱雷击点火源防护需要重点关注的部位。内部管路在油箱内外部分的电流密度相差较大，这主要与雷电流的流入与流出路径以

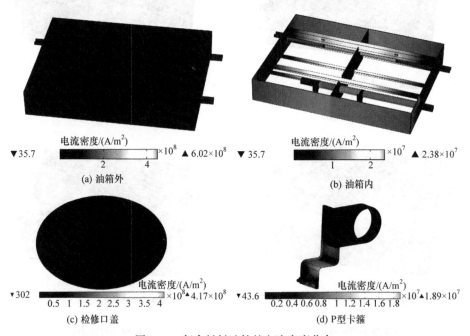

图 4-24　复合材料油箱的电流密度分布

及肋板上电流密度较低有关。复合材料油箱和金属油箱卡箍的电流密度分布特征相似，与管路连接界面和螺栓周围的电流密度相差较大。

图 4-25 为 6.4μs 时检修口盖周围 1～4 号螺栓及其界面处的电流密度分布。从图中可以看到：螺栓上的电流密度小于检修口盖与加强板上的电流密度，平行于电流传导方向的螺栓界面电流密度大于垂直于电流传导方向的螺栓界面电流密度，垂直于电流传导方向的界面处电流密度小于附近检修口盖与加强板上的电流密度。

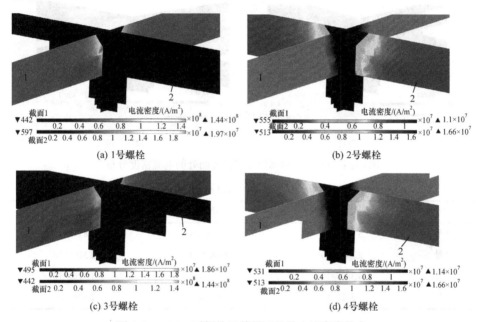

图 4-25 6.4μs 时螺栓及其界面处的电流密度分布

图 4-26 为 6.4μs 时检修口盖上的铆钉与下壁板以及加强板界面处的电流密度分布情况。铆钉界面处电流密度分布规律与检修口盖周围螺栓界面处的电流分布规律相似，即平行于电流传导方向的界面处电流密度大于垂直于电流传导方向的界面处的电流密度，但紧固件与加强板以及壁板接触界面处的电流密度局部较高。

表 4-15 给出了 1 到 4 号铆钉界面处在 6.4μs 时电流密度的最大值、最小值与平均值。通过对比表中数据发现：2 号铆钉与 4 号铆钉界面处的电流密度大小相近，并且均大于 1 号和 3 号铆钉的电流密度。与金属油箱相比，复合材料检修口盖上的铆钉电流密度相对较高。其原因是与铆钉相连的复合材料壁板不利于雷电流传导，导致电流密度集中在复合材料蒙皮以及与其相连的部件上。

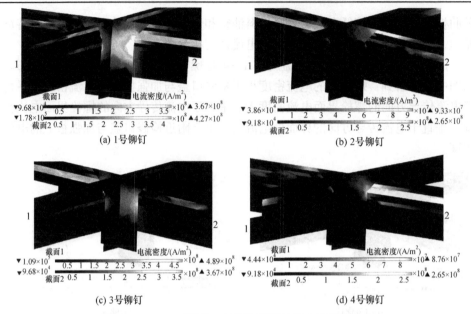

(a) 1号铆钉   (b) 2号铆钉

(c) 3号铆钉   (d) 4号铆钉

图 4-26 6.4μs 时检修口盖铆钉界面处的电流密度分布

表 4-15 6.4μs 时 1 到 4 号铆钉界面处的电流密度值

铆钉位置	最大值/(A/m²)	最小值/(A/m²)	平均值/(A/m²)
1 号	5.3690×10⁸	4.0743×10⁷	1.8141×10⁸
2 号	2.2409×10⁸	2.1480×10⁶	2.5866×10⁷
3 号	4.3899×10⁸	3.1948×10⁷	1.3762×10⁸
4 号	2.3922×10⁸	2.6599×10⁶	2.5948×10⁷

在 6.4μs 时刻，燃油管上的卡箍电流密度分布如图 4-27 所示。从图中可以看出：卡箍与桁条接触部位的电流密度较大，燃油管与卡箍接触界面处的电流密度均较低；由于两者材质相同，皆为铝合金材料，接触界面处的电流传导良好，没有出现局部电流密度过高的现象。相比于 2 号卡箍，1 号卡箍距离电流流入端更近，其界面处电流密度更大。

(a) 1号卡箍   (b) 2号卡箍

图 4-27 6.4μs 时燃油管与卡箍及其界面电流密度分布的切面图

图4-28为6.4μs时燃油管卡箍上各处螺栓及其界面处的电流密度分布,表4-16列出了紧固件界面处的电流密度值。分析结果可知:桁条上电流密度最大,卡箍次之,螺栓的电流密度最小;油箱内部紧固件界面处的电流密度都小于下壁板上紧固件界面处的电流密度,同一个卡箍上紧固件界面处的电流密度大小相近。复合材料整体油箱的燃油管卡箍螺栓处的电流密度与金属油箱的计算结果较为接近,说明蒙皮材质的改变对油箱内部雷电流传导的影响相对较小。

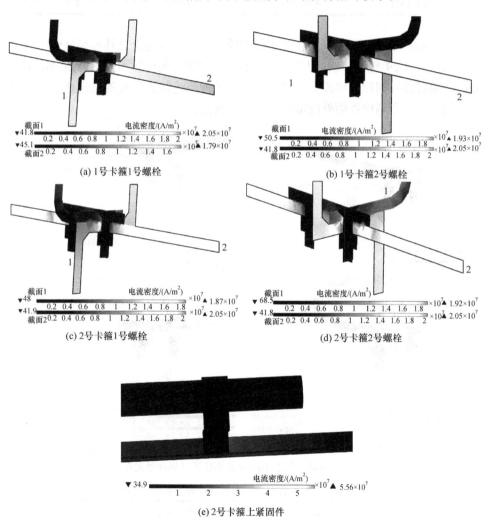

(a) 1号卡箍1号螺栓

(b) 1号卡箍2号螺栓

(c) 2号卡箍1号螺栓

(d) 2号卡箍2号螺栓

(e) 2号卡箍上紧固件

图 4-28　6.4μs 时燃油管卡箍上各处螺栓及其界面的电流密度分布

表 4-16　6.4μs 时燃油管卡箍上各处螺栓界面的电流密度值

螺栓位置	最大值/(A/m²)	最小值/(A/m²)	平均值/(A/m²)
1 号卡箍 1 号螺栓	1.1403×10⁷	3.5483×10⁵	5.0931×10⁶
1 号卡箍 2 号螺栓	1.1377×10⁷	1.6388×10⁵	5.0534×10⁶
2 号卡箍 1 号螺栓	1.1710×10⁷	4.6973×10⁵	5.2900×10⁶
2 号卡箍 2 号螺栓	1.4107×10⁷	5.7940×10⁵	6.0272×10⁶

在 6.4μs 时刻，液压管 1 号和 2 号卡箍上不同位置螺栓及其界面处的电流密度分布如图 4-29 所示，表 4-17 列出了液压管卡箍上螺栓界面处的电流密度值。分析结果可知：四颗螺栓界面处都存在电流传导不连续而造成的电流密度局部过大的情况，四个螺栓界面处的电流密度大小接近。

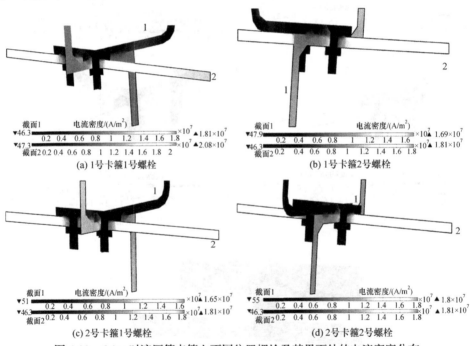

(a) 1号卡箍1号螺栓　　(b) 1号卡箍2号螺栓　　(c) 2号卡箍1号螺栓　　(d) 2号卡箍2号螺栓

图 4-29　6.4μs 时液压管卡箍上不同位置螺栓及其界面处的电流密度分布

表 4-17　6.4μs 时液压管卡箍上各处螺栓界面处的电流密度值

螺栓位置	最大值/(A/m²)	最小值/(A/m²)	平均值/(A/m²)
1 号卡箍 1 号螺栓	1.1848×10⁷	4.6145×10⁵	4.6145×10⁵
1 号卡箍 2 号螺栓	1.0699×10⁷	4.7317×10⁵	4.7650×10⁶
2 号卡箍 1 号螺栓	1.0702×10⁷	4.5741×10⁵	4.9795×10⁶
2 号卡箍 2 号螺栓	1.1618×10⁷	4.8820×10⁵	5.2568×10⁶

4.4.2 复合材料油箱组件界面电场强度分析

复合材料油箱部分组件界面处电传导的不连续性会造成电场强度突变，电场强度局部增大可能会造成空气介质击穿，产生间隙放电现象。通过比较界面处的电场强度与空气击穿强度，可以判断潜在点火源位置。复合材料油箱电场整体分布如图 4-30 所示。复合材料蒙皮上的电场分布特征与电流密度较为相似，集中在电流流入端和靠近油箱口盖部位；油箱内部电场强度较为均匀，且非常小，电场强度低于 0.63V/m。表 4-18~表 4-21 为 6.4μs 时油箱连接部位的电场强度数值。通过对比表中数据可知：电场强度大小与界面处的电流密度大小呈正相关；检修口盖处所有螺栓的电场强度最大值不超过 0.4V/m，铆钉界面处的电场强度最大值低于 43259V/m；燃油管卡箍和液压管卡箍界面的电场强度最大值都不超过 0.2V/m。复合材料油箱内部的电场强度低于油气混合物的击穿电场强度 8×10^6V/m，造成电击穿的可能性较小。

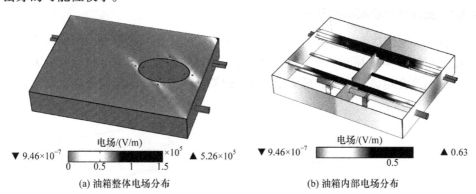

(a) 油箱整体电场分布　　　　　　(b) 油箱内部电场分布

图 4-30　复合材料油箱的电场分布

表 4-18　检修口盖螺栓界面的电场强度值

螺栓位置	最大值/(V/m)	最小值/(V/m)	平均值/(V/m)
1 号	0.38870	0.092475	0.19099
2 号	0.31624	0.069689	0.19097
3 号	0.32161	0.065622	0.18656
4 号	0.30605	0.090370	0.19262

表 4-19　检修口盖铆钉界面的电场强度值

铆钉位置	最大值/(V/m)	最小值/(V/m)	平均值/(V/m)
1 号	43259	33.696	8377.7
2 号	15619	0.44653	1687.4
3 号	40881	27.316	6758.3
4 号	12147	0.89711	1720.8

表 4-20　燃油管卡箍界面的电场强度值

卡箍位置	最大值/(V/m)	最小值/(V/m)	平均值/(V/m)
1 号	0.14239	0.061755	0.094435
2 号	0.16185	0.010482	0.068967

表 4-21　液压管卡箍界面的电场强度值

卡箍位置	最大值/(V/m)	最小值/(V/m)	平均值/(V/m)
1 号卡箍 1 号管	0.19134	0.063414	0.10595
1 号卡箍 2 号管	0.20142	0.063977	010937
2 号卡箍 1 号管	0.17738	0.07230	0.10673
2 号卡箍 2 号管	0.17914	0.074891	0.10900

4.4.3　复合材料油箱温度分布

在脉冲电流达到峰值时刻 6.4μs 和放电结束时刻 200μs，复合材料整体油箱的温度分布如图 4-31 所示。在 6.4μs 时，复合材料油箱上的温度分布梯度较大，高温区域出现在电流流入端，最大温度为 753℃；油箱内部的温度较低，最大温度

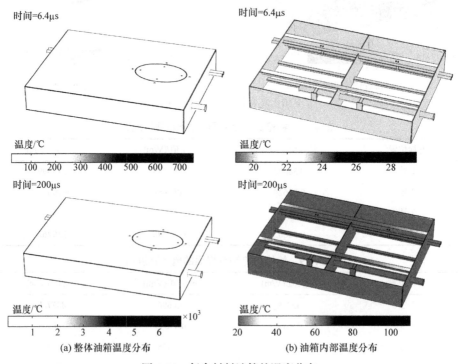

(a) 整体油箱温度分布　　　　　　(b) 油箱内部温度分布

图 4-31　复合材料油箱的温度分布

出现在上下桁条与复合材料蒙皮的接触部位，温度可达 29℃。在 200μs 时刻，复合材料油箱上的温度分布特征与 6.4μs 时的温度分布相似，电流注入端的最大温度达到了 $6.84×10^3$℃，在该温度下复合材料蒙皮将发生局部烧蚀损伤。随着脉冲电流注入时间的延长，油箱内部的温度也随着放电时间的变化而升高，上下桁条与复合材料蒙皮接触部位的最大温度可达 120℃，油箱内部结构还未达到最大允许温度 204.4℃。

油箱口盖和螺栓的温度分布如图 4-32 所示，靠近油箱内部的口盖壁面局部高温区域出现在螺栓与口盖的界面部位。在 200μs 时刻，口盖壁面最高温度达到了 320℃，螺栓处的最高温度达到了 500℃。分析结果可知：油箱口盖靠近油箱内部的壁面温度超过了最大允许表面温度 204.4℃，在油箱口盖壁面和螺栓连接间隙处容易引发油气混合物点燃。

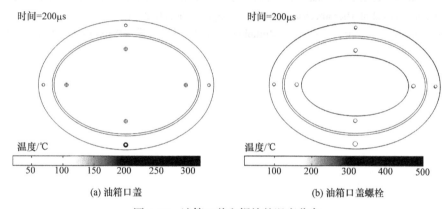

图 4-32　油箱口盖和螺栓的温度分布

基于以上分析，雷电流 A 波形下未加防护的复合材料油箱蒙皮上的温度最大，靠近油箱口盖和电流注入端部位出现局部高温烧蚀；复合材料油箱内部管道、卡箍等结构处的温度分布较低，未超过油气混合物的燃点；但在油箱口盖与螺栓接触界面的温度超过了 204.4℃，属于油箱雷击高温点火源位置。

参 考 文 献

[1] 魏书有. 飞机燃油箱可燃性暴露评估研究. 天津: 中国民航大学硕士学位论文, 2013.

[2] Sheng Z W, Xing R C, Li W, et al. Study on ignition characteristics and control strategy of ignition source in oil storage area. Fire Science and Technology, 2018, 37(8): 1024-1026.

[3] Skjold T, Wingerden K V. Investigation of an explosion in a gasoline purification plant. Process Safety Progress, 2013, 32(3): 268-276.

[4] FAA AC25.981-1C. Fuel tank ignition source prevention guidelines. Federal Aviation Administration, 2008.

[5] SAE-ARP-5412A. Aircraft lightning environment and related test waveforms. Society of Automotive

Engineers, 2005.

[6] Fridlyander I N. Aluminum alloys in aircraft in the periods of 1970-2000 and 2001-2015. Metal Science and Heat Treatment, 2001, 43(1): 6-10.

[7] Liu J. Advanced aluminum and hybrid aerostructures for future aircraft. Materials Science Forum, 2006, 5(19): 1233-1238.

[8] Uhlmann E, Kersting R, Klein T B, et al. Additive manufacturing of titanium alloy for aircraft components. Procedia Cirp, 2015, 35(2): 55-60.

[9] Ohsumi M, Kiyotou S I, Sakamoto M. The application of diffusion welding to aircraft titanium alloys. ISIJ International, 2006, 25(6): 513-520.

[10] Monnier A, Froidurot B, Jarrige C, et al. A mechanical, electrical, thermal coupled-field simulation of a sphere-plane electrical contact. IEEE Transactions on Components and Packaging Technologies, 2007, 30(4): 787-795.

[11] Ping W. An electrical contact resistance model including roughness effect for a rough MEMS switch. Journal of Micromechanics and Microengineering, 2012, 22(11): 1-8.

[12] William B, Zimmerman J. Comsol Multiphysics有限元法多物理场建模与分析. 北京: 人民交通出版社, 2007.

第 5 章　雷电磁流体与复合材料多物理场耦合方法

5.1　雷击多物理场耦合技术

5.1.1　基本理论

　　复合材料雷击过程涉及雷电通道与复合材料结构之间的交互作用，亟须形成磁流体与结构之间的多物理场耦合方法，揭示复合材料在雷电磁流体载荷作用下的破坏机制。常规流固耦合方法的应用主要为了解决载荷力在耦合界面上的动态传递，例如土木工程(建筑风载荷、大坝水载荷)和航空航天工程中的气动弹性问题等。流固耦合问题反映了流场和结构在数值计算过程中存在交互影响，当求解N-S控制方程得到流体域物理场(压力场、温度场等)的作用后，固体结构的响应(位移、热传递等)也会对周围的流场产生影响，而流场的改变会进一步影响作用在结构上的表面载荷，从而形成流体与结构的相互耦合作用，所以在计算流体物理场时需要考虑结构响应的影响。针对复合材料雷击的多场耦合问题，涉及电流、磁场、温度和压力等物理场耦合，分别对流体域雷电通道和固体域复合材料结构雷击响应等模块进行独立求解，通过界面插值方法处理流体域和固体域界面处的多物理场数据传递[1]。基于第2章对雷电磁流放电通道的研究，本章拟采用高精度径向基函数插值算法处理流体网格与结构网格之间的不匹配难题[2,3]，重点开展多场耦合界面插值研究和形成高精度动网格技术，解决雷电流与复合材料结构的交互作用求解问题。

　　通过一系列传统的串联交互程序(Cascading Style Sheets，CSS)处理雷击中的流固耦合非线性问题，利用不同求解器独立求解MHD方程和结构-热-电本构方程，并更新界面上的边界条件，交互求解的基本流程如图5-1所示。数值计算中各物理场之间的耦合关系非常复杂，这些物理场中电磁热效应会影响结构热响应，热响应引起的结构变形和表面温度变化同样会影响电磁场分布。洛伦兹力和热传导都会影响到弹性力，弹性力引起的弹性变形反过来也会影响热传导和电磁边界。每个交互计算时间步内流体域和结构域在接触面上进行信息传递，具体传递的信息根据各物理场计算特性来决定，所以在整个交互求解系统中开发高效精确的插值方法尤为重要。

　　对比不同的插值函数可知：径向基函数插值方法可被广泛应用于多物理场大型散乱数据的数学处理。推导径向基函数插值耦合矩阵 H，处理流体-结构相互作用问题，并且实现流体和结构之间的数值传递，在 D 维欧氏空间中给出了一组

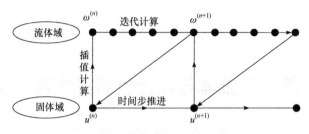

图 5-1　传统串联交互程序图

固定点 $X = \{x_1, x_2, \cdots, x_N\} \subseteq R^d$ 和这些固定点处的值 $g_1, g_2, \cdots, g_N$，寻找能够满足这些固定点处的连续函数，得到径向基插值函数具有以下形式：

$$g(x) = p(x) + \sum_{i=1}^{N} \alpha_i \phi(\|x - x_i\|) \tag{5-1}$$

其中：$g(x)$ 是 x 点的未知函数值，$\phi(\|\cdots\|)$ 是关于欧几里得距离的固定基数，其表示不同的维度。

$$\|x - x_i\| = |x - x_i| \tag{5-2}$$

$$\|x - x_i\| = \sqrt{(x - x_i)^2 + (y - y_i)^2} \tag{5-3}$$

$$\|x - x_i\| = \sqrt{(x - x_i)^2 + (y - y_i)^2 + (z - z_i)^2} \tag{5-4}$$

式(5-1)中 α_i 为数据点 i 的预期系数，$p(x)$ 为低阶 d 维多项式，其表示为

$$p(x) = \gamma_0 + \gamma_1 x + \gamma_2 y + \gamma_3 z \tag{5-5}$$

通过插值条件可以获得未知系数：

$$g(x_i) = g_i \quad i = 1, 2, \cdots, N \tag{5-6}$$

且满足如下关系：

$$\sum_{i=1}^{N} \alpha_i q(x) = 0 \tag{5-7}$$

其中：所有多项式 $q(x)$ 满足 $\deg(q(x)) \leq \deg(p(x))$。

为了得到流固耦合界面的信息传递矩阵，假设有 N_f 个流体节点 $x_{f_i} = (x_{f_i}, y_{f_i}, z_{f_i}) \subseteq R^3$ 和 N_s 个结构节点 $x_{s_i} = (x_{s_i}, y_{s_i}, z_{s_i}) \subseteq R^3$，从结构响应中提取界面温度和位移等得到流体域边界条件。假设 g_f 和 g_s 分别是流体界面和结构界面中的物理量，插值条件可以采用以下矩阵形式：

$$G_s = C_{ss} a \tag{5-8}$$

在矩阵方程(5-8)中：

$$\begin{cases} \boldsymbol{G}_{s} = \begin{bmatrix} 0 & 0 & 0 & 0 & \boldsymbol{g}_{s} \end{bmatrix}^{\top} \\ \boldsymbol{g}_{s} = \begin{bmatrix} g_{s_1} & g_{s_2} & \cdots & g_{sN_s} \end{bmatrix}^{\top} \\ \boldsymbol{\alpha} = \begin{bmatrix} \gamma_0 & \gamma_1 & \gamma_2 & \gamma_3 & \alpha_1 & \alpha_2 & \cdots & \alpha_{N_s} \end{bmatrix}^{\top} \end{cases} \tag{5-9}$$

$$\boldsymbol{C}_{ss} = \begin{bmatrix} 0 & 0 & 0 & 0 & 1 & 1 & \cdots & 1 \\ 0 & 0 & 0 & 0 & x_{s1} & x_{s2} & \cdots & x_{sNs} \\ 0 & 0 & 0 & 0 & y_{s1} & y_{s2} & \cdots & y_{sNs} \\ 0 & 0 & 0 & 0 & z_{s1} & z_{s2} & \cdots & z_{sNs} \\ 1 & x_{s1} & y_{s1} & z_{s1} & \phi_{s11} & \phi_{s12} & \cdots & \phi_{s1Ns} \\ 1 & x_{s2} & y_{s2} & z_{s2} & \phi_{s21} & \phi_{s22} & \cdots & \phi_{s2Ns} \\ \cdot & & & & & & & \cdot \\ \cdot & & & & & & & \cdot \\ \cdot & & & & & & & \cdot \\ 1 & x_{sNs} & y_{sNs} & z_{sNs} & \phi_{sNs1} & \phi_{sNs2} & \cdots & \phi_{sNsNs} \end{bmatrix} \tag{5-10}$$

$$\phi_{s12} = \phi(\| x_{s1} - x_{s2} \|) \tag{5-11}$$

通过矩阵运算推导出系数向量 $\boldsymbol{\alpha}$：

$$\boldsymbol{\alpha} = \boldsymbol{C}_{ss}^{-1} \boldsymbol{G}_{s} = \begin{bmatrix} \boldsymbol{0} & \boldsymbol{P} \\ \boldsymbol{P}^{\top} & \boldsymbol{M} \end{bmatrix}^{-1} \begin{bmatrix} \boldsymbol{0} \\ \boldsymbol{g}_{s} \end{bmatrix} = \begin{bmatrix} (\boldsymbol{P}\boldsymbol{M}^{-1}\boldsymbol{P}^{\top})^{-1}\boldsymbol{P}\boldsymbol{M}^{-1}\boldsymbol{g}_{s} \\ (\boldsymbol{M}^{-1} - \boldsymbol{M}^{-1}\boldsymbol{P}^{\top}(\boldsymbol{P}\boldsymbol{M}^{-1}\boldsymbol{P}^{\top})^{-1}\boldsymbol{P}\boldsymbol{M}^{-1})\boldsymbol{g}_{s} \end{bmatrix} \tag{5-12}$$

结构物理量 $\boldsymbol{g}_{s}$ 和流体物理量 $\boldsymbol{g}_{f}$ 的界面对应关系可表示为

$$\boldsymbol{g}_{f} = \boldsymbol{A}_{fs}\boldsymbol{\alpha} = \boldsymbol{A}_{fs}\boldsymbol{C}_{ss}^{-1} \begin{bmatrix} \boldsymbol{0} \\ \boldsymbol{g}_{s} \end{bmatrix} \tag{5-13}$$

其中：$\boldsymbol{A}_{fs}$ 为与流体节点和结构节点相对位置有关的矩阵，可表示为

$$\boldsymbol{A}_{fs} = \begin{bmatrix} 1 & x_{f1} & y_{f1} & z_{f1} & \phi_{f1,s1} & \phi_{f1,s2} & \cdots & \phi_{f1,sN_f} \\ \cdot & & & & & & & \\ \cdot & & & & & & & \\ \cdot & & & & & & & \\ 1 & x_{fN_f} & y_{fN_f} & z_{fN_f} & \phi_{fN_f,s1} & \phi_{fN_f,s2} & \cdots & \phi_{fN_f,sN_f} \end{bmatrix} \tag{5-14}$$

与磁流体网格和结构有限元网格相关的耦合矩阵 $\boldsymbol{H}$ 可以表示为

$$\boldsymbol{H} = \boldsymbol{A}_{fs} \begin{bmatrix} (\boldsymbol{P}\boldsymbol{M}^{-1}\boldsymbol{P}^{\top})^{-1}\boldsymbol{P}\boldsymbol{M}^{-1} \\ (\boldsymbol{M}^{-1} - \boldsymbol{M}^{-1}\boldsymbol{P}^{\top}(\boldsymbol{P}\boldsymbol{M}^{-1}\boldsymbol{P}^{\top})^{-1}\boldsymbol{P}\boldsymbol{M}^{-1}) \end{bmatrix} \tag{5-15}$$

数据的插值可以通过上式耦合矩阵实现，流体到固体的插值也类似于上述的插值过程。

5.1.2　插值方法对比

由于复合材料与雷电磁流体之间的物理数据传递较多，需要对不同插值方法的精度和效率进行对比分析，并综合选择适用于复合材料雷击的最优插值方法[4-6]。径向基插值过程描述了流体域耦合面物理量和结构域耦合面物理量之间的插值传递关系，几种常用的径向基函数及其表达式如表 5-1 所示。

表 5-1　径向基函数及其表达式

径向基函数	表达式
体样条插值(Volume Spline，VS)函数	$\phi(r) = r$
薄板样条插值(Thinplate Splines，TPS)函数	$\phi(r) = r^2 \log(1 + r)$
MQ(Muhiquadric)函数	$\phi(r) = (c^2 + r^2)^{1/2}$
IMQ(Inverse Muhiquadric)函数	$\phi(r) = (c^2 + r^2)^{-1/2}$
三维 Wendland's C^0 函数	$\phi(r) = \left(1 - \dfrac{r}{r_0}\right)_+^2$
三维 Wendland's C^2 函数	$\phi(r) = \left(1 - \dfrac{r}{r_0}\right)_+^4 \left(4 \cdot \dfrac{r}{r_0} + 1\right)$
三维 Wendland's C^4 函数	$\phi(r) = \left(1 - \dfrac{r}{r_0}\right)_+^6 \left(35 \cdot \left(\dfrac{r}{r_0}\right)^2 + 18 \cdot \dfrac{r}{r_0} + 3\right)$

为了更直观地评估各插值方法的插值精度，假设传递物理量的表达式为

$$q = 1000 \cdot e^{-100\sqrt{x^2 + y^2}} \tag{5-16}$$

插值网格点的坐标和数据如图 5-2 所示，物理量数值呈高斯分布。表 5-1 包含 4 个全局径向基函数和 3 个紧支撑径向基函数，其中 r、r_0 和 c 分别表示欧几里得距离、紧支半径和参数。通过计算插值结果和给定标准值之间的误差来评估插值精度，通过整个插值所花费的时间来评估插值效率[7]。

利用 7 种插值方法计算物理量 q 从流体网格传递到结构网格节点的误差百分比，如图 5-3 所示。图 5-4 为固体网格到流体网格插值物理量的相对误差分布，其相对误差采用对数形式表示，图 5-5 为 7 种方法下流体网格和实体网格上的最大插值误差、平均误差和耗时数。结果分析表明：除了 C^4 方法之外，7 种插值方法都可以确保误差小于百分之一；体样条插值方法的插值效果最好，且花费的时间最少，相对误差在 1.5×10^{-4} 以内；MQ 和 C^2 方法比 VS 方法稍差，C^2 方法在流

体网格到固体网格插值时具有较高精度，但从固体网格到流体网格的插值过

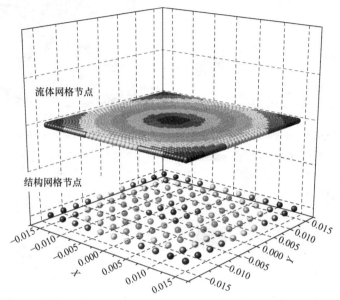

图 5-2　3201 个流体网格节点和 121 个结构网格节点的界面插值数值

程中具有相对低的精度；薄板样条插值、IMQ 方法和 C^0 方法的插值精度最差，但相对误差也可控制在 1% 以内；采用 C^4 方法对固体网格点进行插值的最大相对误差为 6% 左右，当网格点数量不够时紧支撑径向基插值方法的插值效果不好，而相同情况下 VS 方法花费的时间最少，且基函数表达式也最简单。产生这种结果主要与紧支撑径向基法的计算原理有关。当采用紧支撑径向基函数进行插值计算时，矩阵被视为稀疏矩阵以便解析矩阵，然而处理矩阵还需要额外的时间。当网格点的数量很少时，处理矩阵花费的时间比解析稀疏矩阵所花费的时间长得多，所以紧支撑径向基插值方法主要用于具有大量网格点的界面插值。考虑到插值效率和精度，雷电流与复合材料结构的流固耦合界面插值算法采用最简单但高效的体样条径向基插值方法。

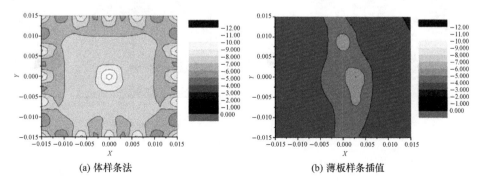

(a) 体样条法　　　　　　　　　　　　　(b) 薄板样条插值

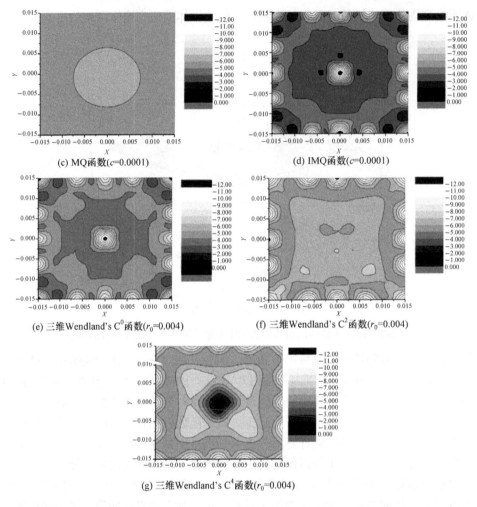

(c) MQ函数($c=0.0001$)

(d) IMQ函数($c=0.0001$)

(e) 三维Wendland's C^0函数($r_0=0.004$)

(f) 三维Wendland's C^2函数($r_0=0.004$)

(g) 三维Wendland's C^4函数($r_0=0.004$)

图 5-3　固体网格插值的相对误差分布

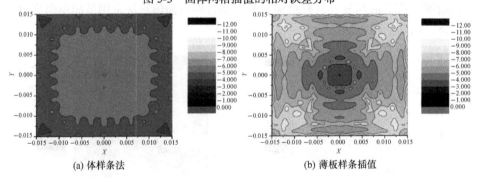

(a) 体样条法

(b) 薄板样条插值

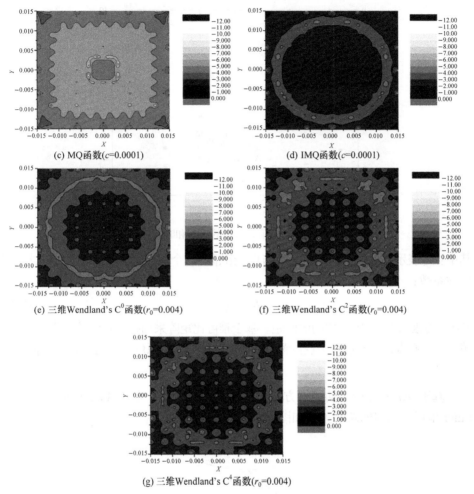

(c) MQ函数(c=0.0001)　　　　　　　　(d) IMQ函数(c=0.0001)

(e) 三维Wendland's C^0函数(r_0=0.004)　　(f) 三维Wendland's C^2函数(r_0=0.004)

(g) 三维Wendland's C^4函数(r_0=0.004)

图 5-4　流体网格插值的相对误差分布

5.1.3　动网格技术

复合材料在雷电磁流体作用下存在严重的烧蚀损伤，烧蚀过程中复合材料表面不断退化出现凹坑，需要采用基于任意拉格朗日-欧拉(Arbitrary Lagrange-Euler, ALE)理论的动网格方法来描述复合材料动态烧蚀的网格变形情况。保持单元与点的对应关系不变是动网格分析方法的优势所在，分析过程中网格随时间不断动态变化，其点位移计算表达式为

$$\delta_i^{k+1} = \frac{\sum_{j=1}^{N_i} K_{ij}\delta_i^k}{\sum_{j=1}^{N_i} K_{ij}} \tag{5-17}$$

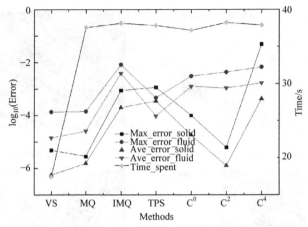

图 5-5　7 种插值方法下的误差和时间消耗

其中：δ_i 表示点 i 的位移，N_i 表示与点 i 相邻点的个数。K_{ij} 表示点 i 和点 j 之间的弹性系数：

$$K_{ij} = 1/l_{ij} \tag{5-18}$$

其中：l_{ij} 表示点 i 和点 j 之间的间距。基于雅可比矩阵采用扫掠求解的方式求解计算域内的所有点，在此过程中点位置不断更新，新位置和原位置之间的关系可表示为

$$x_i^{n+1} = x_i^n + \delta_i \tag{5-19}$$

基于 ALE 理论的动网格方法采用动网格坐标系，它与 Lagrange 坐标系和 Euler 坐标系之间的映射关系如图 5-6 所示。

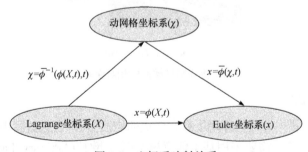

图 5-6　坐标系映射关系

通过上述映射关系得到动网格坐标系下的网格位移、移动速度和加速度分别为

$$\begin{cases} \overline{u}(\chi,t) = x - x_0 = \overline{\phi}(\chi,t) - \overline{\phi}(\chi,0) \\ \overline{v}(\chi,t) = \dfrac{\partial x}{\partial t}\bigg|_{\chi} = x'_{t[\chi]} = \dfrac{\partial \overline{u}(\chi,t)}{\partial t} \\ \overline{a}(\chi,t) = \dfrac{\partial \overline{v}(\chi,t)}{\partial t} = \dfrac{\partial^2 \overline{u}(\chi,t)}{\partial t^2} \end{cases} \tag{5-20}$$

在进行复合材料雷击损伤仿真计算时，可以通过定义烧蚀面的网格速度或者位移来实现雷击烧蚀分析。网格速度或位移越大表明烧蚀损伤越严重，烧蚀面的网格移动速度 v 和位移 δ 公式分别表示为

$$\boldsymbol{\delta} = \begin{bmatrix} \delta_x \\ \delta_y \\ \delta_z \end{bmatrix} = \begin{bmatrix} s'(t)\Delta t n_x \\ s'(t)\Delta t n_y \\ s'(t)\Delta t n_z \end{bmatrix} \tag{5-21}$$

$$\boldsymbol{v} = \begin{bmatrix} v_x \\ v_y \\ v_z \end{bmatrix} = \begin{bmatrix} s'(t) n_x \\ s'(t) n_y \\ s'(t) n_z \end{bmatrix} \tag{5-22}$$

其中：$s'(t)$ 和 Δt 分别表示线烧蚀速率和烧蚀时间步长，n_x、n_y 和 n_z 分别表示烧蚀面外法线在三个坐标轴方向的投影。

流固耦合计算过程中流场和结构的数值会交互影响，固体结构响应(位移、热传递等)会对周围通过 N-S 控制方程求解的流体作用(压力、温度等)带来影响，而流场的改变会进一步影响作用在结构表面的载荷，从而形成流体与结构的双向耦合作用，因此需要在考虑结构响应影响的前提下计算流体物理场。动网格对复杂外形和边界具有很好的灵活性，考虑到复合材料雷击问题存在多物理场耦合，需要借助径向基插值技术计算网格运动后的界面数据传递和网格边界更新，径向基函数插值其实就是确定插值系数 γ_i 的过程。对于网格运动问题，插值中心点就是运动边界上的点，而相应的标量值为三个方向上的位移，插值系数可由下式确定：

$$M\boldsymbol{\gamma} = \boldsymbol{g} \tag{5-23}$$

其中：向量 $\boldsymbol{\gamma} = (\gamma_1, \gamma_2, \cdots, \gamma_n)^\top$，$\boldsymbol{g} = \{g(x_{ci})\}_{i=1}^n$。$n$ 阶方阵 $\boldsymbol{M}$ 为插值矩阵，其元素为

$$m_{ij} = \varphi_{cicj} = \varphi\left(\left\|\boldsymbol{x}_{ci} - \boldsymbol{x}_{cj}\right\|\right), \qquad 1 \leqslant i, j \leqslant n \tag{5-24}$$

$\left\|\boldsymbol{x} - \boldsymbol{x}_{ki}\right\|$ 为欧氏距离，对于三维空间 r 可直接用表示为

$$r = \left\|\boldsymbol{x} - \boldsymbol{x}_{ci}\right\| = \sqrt{(x - x_{ci})^2 + (y - y_{ci})^2 + (z - z_{ci})^2} \tag{5-25}$$

需要注意的是，对于每个方向上的位移都要求解式(5-26)所述的线性系统，从而得到三个方向上的插值系数向量。对于选取的基函数，若方程组(5-26)的系数矩阵对称正定，可采用共轭梯度法实现快速求解[8]，通过求解插值系数确定径向基函数，得到了位移插值系数后，如式(5-26)所示直接将计算域内每个网格点的坐标代入径向基插值函数即可求出内场网格点的位移，从而实现整个计算域内的网

格移动，此过程可看作 RBF 方法的更新过程。

$$\begin{cases} \Delta x_{aj} = \sum_{i=1}^{N_t} \gamma_{ta,i}^x \varphi\left(\left\|x_{aj} - x_{si}\right\|\right) \\ \Delta y_{aj} = \sum_{i=1}^{N_t} \gamma_{ta,i}^y \varphi\left(\left\|x_{aj} - x_{ti}\right\|\right) \\ \Delta z_{aj} = \sum_{i=1}^{N_t} \gamma_{ta,i}^z \varphi\left(\left\|x_{aj} - x_{ti}\right\|\right) \end{cases} \tag{5-26}$$

设整个计算域的网格节点总数为 N_t，动边界上的网格点数为 N_a，内场网格点数为 N_v，则由式(5-26)可以看到：RBF 方法求解模块的系数矩阵为 $N_a \times N_a$ 阶，而动网格方法所求方程组的系数矩阵为 $N_v \times N_v$ 阶[9]。对于大多数的流场求解问题，内场网格点数要远大于边界网格点数，所以在径向基插值基础上采用动网格方法的计算量要大很多。为了节省计算资源，重点考虑耦合面上的动网格问题。利用 FLUENT 软件中的动网格功能实现磁流体放电模型与复合材料模型之间的相互作用，采用动网格技术可以在每一时间步后更新流体计算域的同时进行流体网格的重生成，提高流固耦合计算的精度。针对复合材料的雷击流固耦合，采用弹簧光顺法和局部网格重构法相结合的动网格技术，在 FLUENT 软件中进行控制参数的设置。弹簧光顺法需要设置弹性常数，该常数值代表了边界运动对网格影响的大小。弹性常数越小网格变化越均匀，但同时影响计算精度。弹性常数越大，网格只需要局部变化，但发生大变形时也会影响计算精度。设置收敛容差和迭代步数会加速计算收敛，防止死循环和不收敛。局部网格重构法中设置最小网格长度、最大网格长度和最大网格扭曲率，当网格超出以上三个条件的任意一个，网格即发生变形以适应限制条件。

5.1.4 雷电磁流体与复合材料耦合算法

复合材料在雷电流作用下的流固耦合分析是一个涉及多物理场的复杂问题，如图 5-7 所示。为了更加真实地模拟自然雷击过程，需要对流体域雷电流通道进行动态模拟并实现和固体域的双向流固耦合，可以借助耦合交替求解方法实现流体域和固体域的独立求解。在第 2 章中已经完成了对雷电流通道的动态模拟，并分析了等离子通道的多物理场特征和阳极板载荷分布。在 FLUENT 软件中计算雷电磁流体通道，在 ANSYS 软件中开展复合材料电-热-结构耦合计算，针对耦合面上的多物理场载荷，采用径向基插值方法编程实现流体域和固体域的双向载荷传递。整个求解过程中涉及多个计算编程软件的交替运行，需要一个统一的通信框架实现不同软件之间的交替计算，通信程序的运行框架如图 5-8 所示，结合指针文件 flag.dat，分别在 FLUENT 二次开发 UDF 文件、ANSYS 软件 APDL 文件和METLAB 插值程序中调用循环语句改写 flag 指针，实现不同软件间的循环往复计算，从而实现固体域和流体域独立求解和双向插值交替耦合计算。

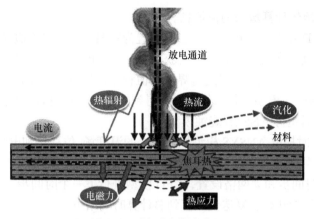

图 5-7　雷击动态耦合作用

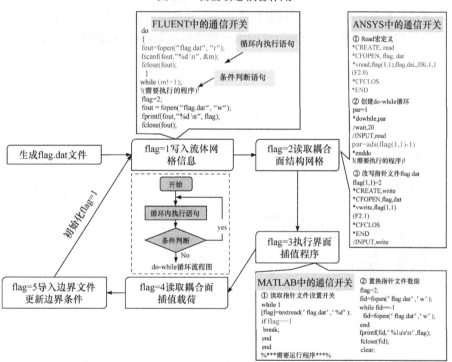

图 5-8　通信程序框架

计算步骤总结如下：

(1) 生成 flag.dat 文件，在 MATLAB 插值程序、FLUENT 用户自定义文件和 ANSYS APDL 程序中定义 flag 变量，编写 do-while 循环程序更新 flag 值，实现不同计算软件之间的动态交互运行。

(2) 平台分别在流体和结构模型中提取耦合面网格信息，并且同步计算时间，

flag=1 时写入流体计算域的网格信息。

(3) 在 CFD 模型中将耦合温度边界设置为室温，耦合电磁边界设置为零；进行一个计算时间步之后，在 flag=2 时获得耦合面的电流密度、热流和力学等多物理场载荷数据，更新 flag=3 时运行界面插值程序，将数据传递到 ANSYS 模型。

(4) 在 ANSYS 模型中将插值子程序得到的电流、热流和力学等作为新的耦合边界条件，然后运行 ANSYS 烧蚀模型。

(5) flag=4 时提取 ANSYS 模型耦合面上的温度场、位移场和电势场生成文件，更新 flag=5 时导入边界条件，并且更新 CFD 模型的边界条件。

(6) 更新时间步和动网格设置，CFD 模型进行下一个时间步。

(7) 从步骤(2)开始重复迭代，直到总计算时间结束。

根据以上步骤独立开发了耦合计算平台，协调各种软件之间的数据传输和同步，将径向基函数用于非匹配网格数据传递，并编写多变量插值子程序。图 5-9 给出了基于 FLUENT 和 ANSYS 软件的雷电磁流体与复合材料流固耦合计算流程图。

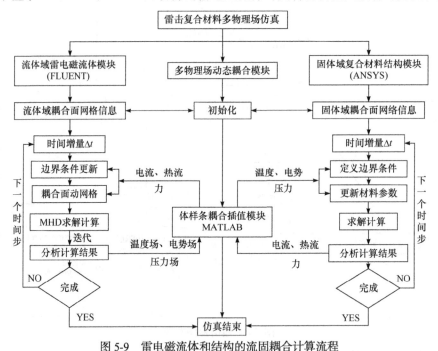

图 5-9　雷电磁流体和结构的流固耦合计算流程

5.2　雷电磁流体与复合材料加筋壁板耦合分析与验证

5.2.1　复合材料加筋壁板雷击试验

为了验证磁流体与复合材料多物理场耦合计算方法的可行性和准确性，首先开展复合材料加筋壁板的雷击试验，试验装置和原理图如图 5-10 所示。加筋壁板试验件固定在金属夹具上，电极和试验件之间的放电间隙为 50mm。试验过程中将试验件安置在绝缘桌面上，冲击电流发生器的输出端连接至放电电极。由于冲击电流发生装置产生的冲击电流峰值较大，为了防止试验件被打飞而影响试验效果，试验过程中试验件的四周通过金属夹具固定，同时利用卡口钳将试验件的四周夹具与试验平台压紧。在钢板的左右两侧分别放置一根通电导线，导线的末端接地。试验件中心正上方的球形电极系一根直径为 0.1mm 的细铜丝，并将细铜丝的另一端放置在加筋壁板中心位置，试验过程中冲击电流发生器产生的电流经由细铜丝注入到试验件表面。

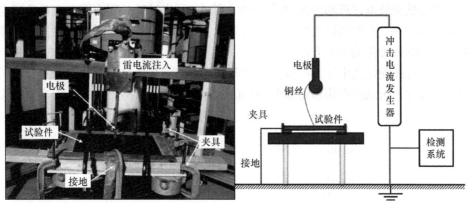

图 5-10 雷击试验装置

加筋壁板试验件的材料类型为 T700/BA9916 碳纤维/环氧树脂基复合材料，由北京奥星雅博科技有限公司提供。基体选用中高温固化环氧树脂，碳纤维体积分数约为 65%。复合材料加筋壁板试件由基准蒙皮和 T 型筋条组成，结构形式和具体尺寸如图 5-11 所示。基准蒙皮尺寸为 500mm×250mm，厚度为 3.6mm，铺层

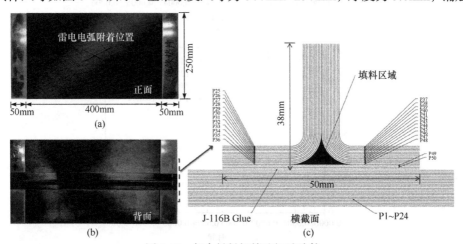

图 5-11 复合材料加筋壁板试验件

方式为[−45°/0°/45°/90°/45°/0°/−45°/0°/−45°/90°/45°/0°]s；T 型筋条高度为 38mm，左侧筋条铺层顺序为[45°/0°/−45°/0°/90°/0°/−45°/0°/90°/0°/45°/0°]，右侧筋条铺层顺序为[−45°/0°/45°/0°/90°/0°/45°/0°/90°/0°/−45°/0°]，总厚度分别为 1.8mm；T 型筋条底部过渡区域铺层顺序为[45°/0°]，总厚度为 0.3mm。

　　通过改变冲击电流发生器的电容和电阻值调整电流波形和参数大小，雷击试验波形通过示波器显示，方便研究电流波形参数对复合材料加筋壁板雷击损伤的影响，雷电流采用电流 A 波形，通过改变电流峰值和 T_1/T_2 波形开展雷击试验，各雷电流波形以及相关参数如图 5-12 所示。

　　雷击试验放电过程和图像如图 5-13(a)所示，雷击试验过程中雷电流释放时会产生一声巨响，在铜探针与试验件之间会产生电火花，并伴随有短暂而强烈的亮光。随着电流峰值的不断升高，放电产生的声音不断变大，同时电火花也越多，试验结束后细铜丝会由于温度过高而出现熔化现象。在各个雷击波形下复合材料加筋壁板的雷击试验损伤形态如图 5-13(a)、(b)和(c)所示，雷击作用下的主要损伤

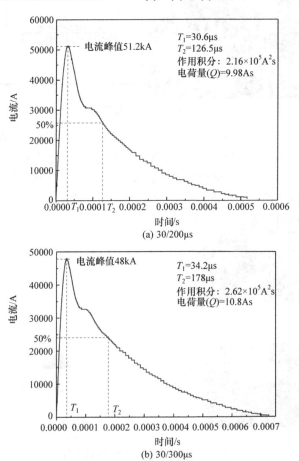

(a) 30/200μs

(b) 30/300μs

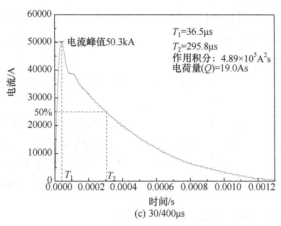

(c) 30/400μs

图 5-12　雷击试验波形及参数[10]

为树脂熔化，位于损伤区域中心位置，且沿着碳纤维方向呈椭圆形分布。这主要是由于复合材料板的表面温度达到了碳纤维的升华温度，此时树脂早已熔化，碳纤维也出现了断裂，甚至汽化现象。

(a) 雷击试验放电图像

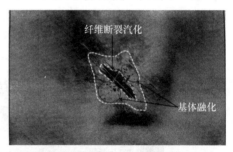

(b) 30/200μs下复合材料加筋壁板损伤形态

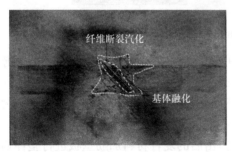

(c) 30/300μs下复合材料加筋壁板损伤形态

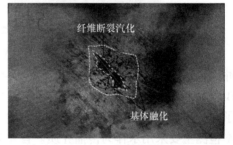

(d) 30/400μs下复合材料加筋壁板损伤形态

图 5-13　雷击试验下复合材料加筋壁板的损伤形态

另外，雷电流波形参数对复合材料加筋壁板的损伤程度影响较大。分析复合材料雷击损伤形貌可知：复合材料表层的烧蚀损伤轮廓沿着该层的碳纤维铺层方向(-45°)，厚度方向上复合材料有明显的分层损伤，在雷电流附着区周围有离散分布的斑点和膨胀，说明这些区域的树脂已经分解，并裸露出碳纤维。T_1/T_2 的值对复合材料加筋壁板的损伤有重要影响，当峰值电流为 50kA 时，随着 T_2 值的增加，加筋壁板表面附着区附近的损伤程度逐渐增大。这是由于随着 T_2 的增加，电流波形所包含的比能逐渐增加，相同的电流作用时间产生的焦耳热逐渐增加，所以对复合材料加筋壁板造成的损伤程度也逐渐增大。由于复合材料整体导电性能比较差，雷击过程中附着区附近会瞬间积聚大量的电流，同时造成该处温度急剧升高。复合材料内部会受到急剧的高温作用，局部树脂基体会发生热分解而释放出大量的热解气体，各个铺层间受到内部气体的膨胀会使复合材料板在内部气压作用下发生凸起，从而形成内爆现象，加重了复合材料的雷击损伤。

5.2.2　雷击后复合材料加筋壁板超声 C 扫描检测

为了更加直观地评估雷电流对复合材料加筋壁板的雷击损伤程度，对雷击试验后的复合材料加筋板试样进行超声 C 扫描。选取电流波形函数为 T_1/T_2=30/400μs 的雷击后复合材料加筋壁板作为检测对象。检测仪器采用美国物理声学公司的全数字超声 C 扫描检测系统(UPK-T36)，检测设备如图 5-14 所示。

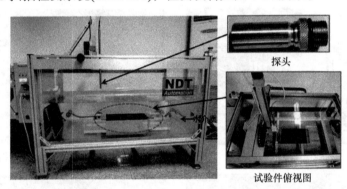

探头

试验件俯视图

图 5-14　全数字超声 C 扫描检测系统

在室温环境下进行检测，并采用 5MHz 的探头。超声 C 扫描检测主要通过脉冲回波的方式进行损伤探测，其中 A-Scan 检测波形并显示在示波器界面上，B-Scan 检测垂直 x 方向的二维截面图，C-Scan 检测水平 x 方向的二维截面图。为了减少声波在传播过程的损耗以提高检测精度，通常需要将液体作为传播介质，本检测主要采用水作为传播介质。首先对雷击后的复合材料加筋壁板进行整体初步扫描，确定损伤的大致位置和损伤深度范围。进行一次整体损伤扫描和两次损伤集中区域初步扫描，扫描结果如图 5-15 所示。

超出扫描范围或者该区域回波全部耗散的回波幅值在图中显示为白色，用于表征结构的损伤状况。图 5-15(a)表明复合材料加筋壁板在雷击中心区域的超声 C 检测结果为白色，试件该部位的上表面纤维被大量击碎并碳化，上表面的纤维碳

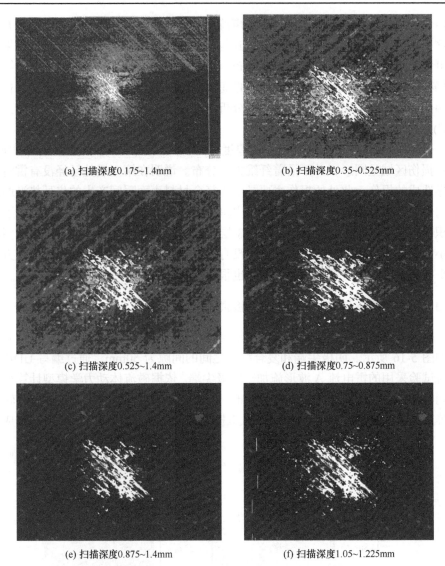

图 5-15　复合材料加筋壁板超声 C 扫描结果图

化更为严重，导致纤维呈现不规则的无约束状态，这使得超声波在该区域的回波基本被散射或吸收掉，所以在检测结果中呈现白色。该白色区域沿纤维方向分布，出现一条贯穿整个上表面的纤维断裂带，并且在白色区域周围出现一个不规则的圆形损伤区，该区域为上表面纤维碳化区。

图 5-15(b)所示为复合材料第 3～4 层的雷击损伤图像，分析可知该层发生了一定程度的雷击损伤并伴随分层现象，损伤大致沿纤维方向(−45°)分布，说明雷电流向下传导至第三层并产生损伤。由图 5-15(c)可以看到在复合材料第三层处仍

有白色的损伤区域出现，这是因为超声波在表面就已经被散射或者吸收了，并不是这一层的真实损伤。此时着重分析其他区域的损伤情况，通过观察扫描结果分析可知：损伤区域大致沿−45°方向分布，与纤维分布方向保持一致，说明在第三层仍有电流传导，且造成了一定程度的基体熔化损伤。图 5-15(d)所示为复合材料第 4～5 层的雷击损伤图像，从图中分析可知雷击损伤主要沿着垂直纤维的方向(90°)分布。

分析图 5-15(e)可知：在复合材料厚度方向 0.875mm(第五层)处损伤并不明显，而且损伤区域呈圆形，并不沿着纤维方向分布。说明在第五层处已经没有雷电流传导造成的损伤，此处的损伤主要是由于复合材料表面瞬间产生的焦耳热沿厚度方向传导造成的损伤，且在传导过程中焦耳热大量消耗，仅在第五层处形成了小面积的损伤。图 5-15(f)所示为第 7～8 层的雷击损伤图像，此时的雷击损伤面积很小，而且呈现圆形分布，说明已经没有雷电流传导至该层且焦耳热沿厚度方向几乎被完全消耗，对复合材料的损伤也很小。

5.2.3　雷电磁流体与复合材料加筋壁板耦合计算

基于雷击试验建立雷电磁流体与复合材料加筋壁板多场耦合计算的有限元模型如图 5-16 所示。阴极尖端和复合材料之间的间隙为 50mm，通过编写 UDF 程序将试验采用的雷电流 A 波形施加于阴极尖端。依据磁流体动力学模型计算得到不同时刻的雷电通道演化和物理场分布，阴极尖端附近的空气率先被击穿并转化为等离子体。由于空气持续被击穿，从电极到复合材料逐渐形成下行先导，形成高

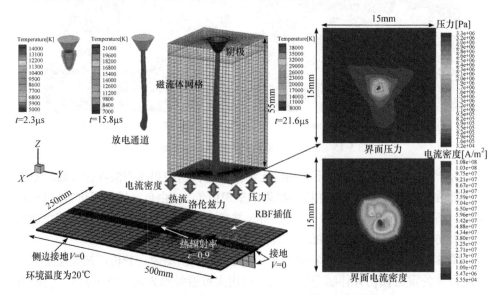

图 5-16　雷电磁流体通道与复合材料加筋壁板耦合模型

温等离子体主通道。雷电等离子体通道形成后，雷电通道从初始细长弧沿半径方向逐渐扩展，并在复合表面附近剧烈扩展。压力和电流密度都集中在雷电附着区域，界面处的最大压力约为 3.3MPa，最高温度约为 34800K。

借助界面插值方法将雷电通道的电流密度、洛伦兹力、压力和热流传递到复合材料加筋壁板表面，结合雷电磁流体与复合材料的耦合算法和动网格技术，开展复合材料加筋壁板与雷电磁流体耦合计算[11,12]。一般的雷击损伤评估方法会引入虚拟潜热的概念，通过定义材料相变温度和虚拟潜热近似模拟复合材料的相变过程，采用生死单元法评估雷击的损伤情况。但是虚拟潜热模拟材料相变的方法导致雷击损伤误差较大，为了更好地模拟真实的雷击损伤工况，提高雷击损伤仿真结果的准确性，这里考虑材料的相变潜热开展研究。当雷击温度超过材料相变温度时，温度将继续升高并定义相变后的材料参数。系统能量的变化可能导致物质原子结构发生的改变称为相变，通常的相变包括凝固、熔化和汽化等。雷电流作用下碳纤维树脂基复合材料损伤过程中出现的相变主要为树脂基的熔化和碳纤维的汽化，当达到相变温度时材料需要吸收大量热量而温度不变，此过程中吸收的热量即为潜热。工程热力学中焓可以通过以下公式确定：

$$H = U + PV \tag{5-27}$$

其中：H 为焓，U 为热力学能，P 为压力，V 为体积。焓在工程热力学中是一个重要的物理量，可以通过以下几个方面了解它的意义和性质：①焓是状态函数，具有能量的量纲；②焓的量值与物质的量有关，具有可加性；③和热力能一样，无法确定焓的绝对值，但可以确定在两个不同状态下焓值的变化量 ΔH；④对于定量的某种物质，若不考虑其他因素，则吸热时焓值增加，放热时焓值减小。考虑碳纤维环氧树脂复合材料的相变潜热，通过定义材料的焓特性参数来计算潜热。焓值的单位和能量的单位一样，一般用 kJ 表示。比焓的单位为 kJ/kg，可以通过密度比热容的积分计算得到：

$$H = \int \rho c(T) \mathrm{d}T \tag{5-28}$$

其中：H 为焓值，ρ 为密度，$c(T)$ 为随温度变化的比热容。树脂基的热解温度为 400℃，碳纤维的升华温度为 3316℃。由于考虑复合材料的相变潜热，当复合材料加筋壁板单元温度超过 3316℃时，将材料参数改变为随温度变化的高温磁流体参数。复合材料加筋壁板材料参数随温度的变化如表 5-2～表 5-5 所示。

表 5-2　复合材料随温度变化的比热

温度/℃	0	773	783	1273	3589
比热容/[J/(kg·℃)]	1065	2100	1700	1900	2509

表 5-3　复合材料随温度变化的热导率

温度/℃	0	573	673	773	873	1273	3589
热导率 x/[W/(mm·℃)]	11.8	3.831	2.289	1.736	1.736	1.736	1.736
热导率 y/[W/(mm·℃)]	0.609	0.156	0.18	0.1	0.1	0.1	0.1
热导率 z/[W/(mm·℃)]	0.609	0.156	0.18	0.1	0.1	0.1	0.1

表 5-4　复合材料随温度变化的电导率

温度/℃	0	323	641	798	808	1298	3589
电导率 x /(S/mm)	2.89×10^{-5}	2.78×10^{-5}	2.78×10^{-5}	2.78×10^{-5}	2.78×10^{-5}	2.78×10^{-5}	2.78×10^{-5}
电导率 y /(S/mm)	0.82	0.87	0.87	5.00×10^{-4}	5.00×10^{-4}	5.00×10^{-4}	5.00×10^{-4}
电导率 z /(S/mm)	308.77	258	258	5.00×10^{-4}	5.00×10^{-4}	5.00×10^{-4}	5.00×10^{-4}

表 5-5　复合材料随温度变化的焓值

温度/℃	298	573	673	773	873	1273	3589
焓/GJ	0	0.628	0.936	1.22	1.44	2.29	8.27
温度/℃	4000	5000	6000	8000	10000	12000	14000
焓/GJ	9.06	98.4	11.4	17.7	20.6	24.6	33.3
温度/℃	16000	18000	20000	22000	24000	26000	28000
焓/GJ	44.9	53.2	57.8	61.4	65.8	73.0	84.8

　　复合材料加筋壁板雷击损伤模型的边界条件参照雷击试验确定，复合材料试验件左右两侧固定，并设置电势为 0V；试件底面绝热，采用热传导第二类边界条件，规定其热流密度为 0W/m²；顶面和侧面为热辐射边界，采用热传导第三类边界条件，规定其热辐射系数为 0.9，环境温度为 25℃。由于附着区域的复合材料发生动态烧蚀，计算得到耦合面动网格的变形情况如图 5-17 所示。

　　数值模拟中采用的电流峰值为 50kA，电流波形 T_1/T_2 分别为 30/200μs、30/300μs 和 30/400μs，计算得到施加不同雷电流波形时复合材料加筋壁板的电势和温度分布如图 5-18 所示。不同电流波形下的电压最大值不同，但分布规律却是一致的，最大电势值位于雷击附着点，即耦合面的中心位置。从最大值的中心位置向加筋壁板的四周，电势值沿碳纤维铺层方向逐渐减小。

　　复合材料加筋壁板的烧蚀损伤主要是由于焦耳热引起的材料温度达到了树脂基体和碳纤维的损伤温度，从而引起烧蚀损伤，所以温度分布可以定量表征材料

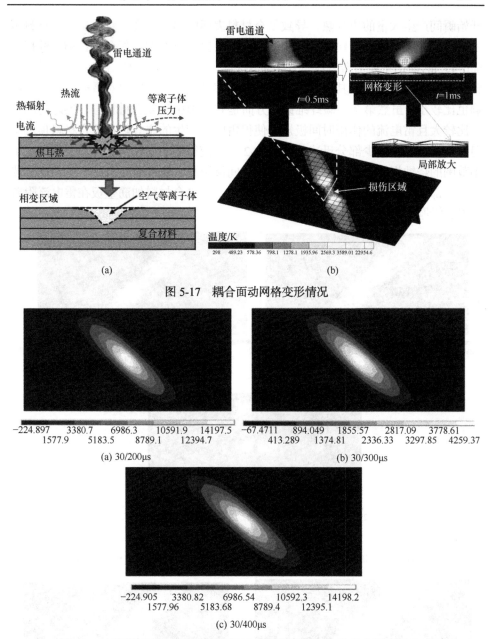

图 5-17　耦合面动网格变形情况

(a) 30/200μs

(b) 30/300μs

(c) 30/400μs

图 5-18　不同雷电流波形下复合材料加筋壁板表面的电势分布图(单位：V)

的损伤面积和分布状况。不同雷电流波形下复合材料加筋壁板前 3 层的温度分布
云图如图 5-19、图 5-20 和图 5-21 所示。由于碳纤维环氧树脂基复合材料的低电
导率和磁导率特性，雷电流从电极放电发展成磁流体通道，附着到复合材料加
筋壁板表面后会沿着顶层电导率最大的碳纤维方向进行传导，使得在附着点附近

开始瞬间产生大量的焦耳热，导致复合材料表面的温度升高，然后从复合材料板的边缘处释放出去。由模拟结果和试验结果对比可以看到：复合材料加筋壁板表面(−45°)的损伤主要沿着纤维铺层方向分布，说明雷电流主要沿着电导率最大的碳纤维方向传导，由于其他两个方向的电导率都比较小，所以对雷电流传导的影响也比较小。虽然第 2 层碳纤维铺层方向是 0°，但由于复合材料层与层之间的电阻比较大且雷电流的作用时间极短，使得雷电流产生的焦耳热在复合材料顶层瞬间发生扩散，仅有少部分迅速传导至第 2 层，使得第 2 层在−45°方向上也产生了小范围的烧蚀损伤。同时由于雷击作用时间极短且电流峰值较大，产生的焦耳热会有少部分沿着垂直于铺层的方向向下传导，使复合材料加筋壁板在雷电流附着点附近沿厚度方向上产生烧蚀坑。

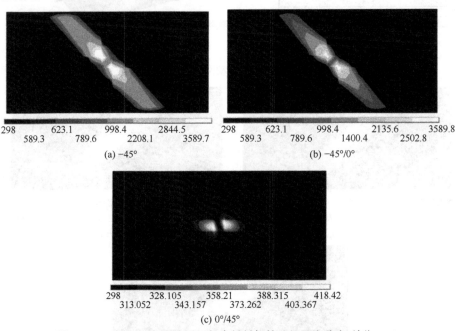

图 5-19　30/200μs 电流波形下复合材料加筋壁板温度分布(单位：K)

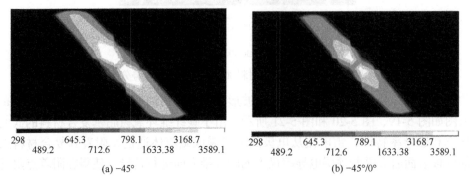

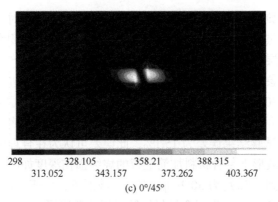

(c) 0°/45°

图 5-20　30/300μs 电流波形下复合材料加筋壁板温度分布(单位：K)

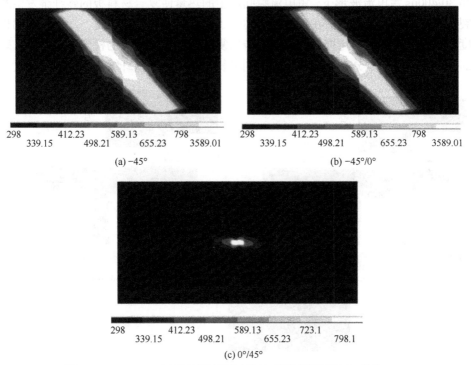

(a) −45°　　　　　　　　　　　　　　　(b) −45°/0°

(c) 0°/45°

图 5-21　30/400μs 电流波形下复合材料加筋壁板温度分布(单位：K)

　　对比不同雷电流波形下复合材料加筋壁板的损伤情况可以看到：在相同电流峰值下，雷击持续时间越久，复合材料加筋壁板表面温度峰值越高，即产生的焦耳热越多。当 T_1/T_2 为 30/200μs 时，复合材料加筋壁板表面附着点附近的温度超过 3316℃，此区域的碳纤维会发生升华损伤，其他周围区域超过 400℃的区域会发生不同程度的树脂基体烧蚀，导致碳纤维裸露出来，此时复合材料加筋壁板表层产生小面积的纤维断裂和升华，产生的焦耳热传导到第 2 层并产生了较小面积的烧蚀，第 3 层则没有发生烧蚀损伤。当 T_1/T_2 为 30/300μs 时，由于雷击持续时间变长，产生的焦耳热也增加，同时表层和第 2 层的烧蚀面积增加，甚至焦耳热瞬间传导至第 3 层，但该层没有达到碳纤维的升华温度，只产生了小面积的环氧树脂基体熔化现象。当 T_1/T_2 为 30/400μs 时，雷击持续时间进一步变长，但烧蚀深度和 T_1/T_2 为 30/300μs 电流波形时的情况基本相同，前两层被烧蚀，且在第 3 层形成了较大面积的环氧树脂基体熔化，计算得到碳纤维升华损伤体积为 651.5mm³，相比试验结果误差为 15.1%，此误差可认为在合理的范围内。

　　不同雷电流波形下复合材料加筋壁板的烧蚀损伤深度如图 5-22 所示，从图中可以更直观地看到：T_1/T_2 为 30/200μs 雷电流波形下，由于雷击持续时间等原因，烧蚀深度不超过 0.3mm，为复合材料加筋壁板的两层厚度；而 T_1/T_2 为 30/300μs 和 30/400μs 雷电流波形下，雷电流瞬间产生的热量使复合材料板的碳纤维发生断裂和升华，烧穿前两层后在第 3 层也达到了环氧树脂的熔化温度，产生了不同程度的复合材料基体熔化损伤。对比雷击后复合材料加筋壁板的检测结果可知：表面的雷击损伤面积分布基本一致，特别是复合材料表面碳纤维烧蚀面积和深度也

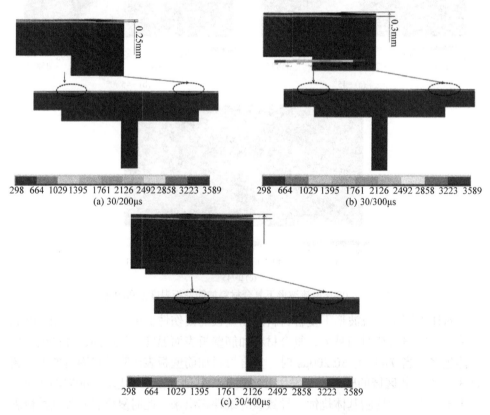

图 5-22　不同雷击试验波形下复合材料加筋壁板损伤深度

与检测结果保持一致性。说明在 T_1/T_2 为 30/400μs 雷击试验波形下复合材料加筋壁板的烧蚀损伤仿真结果和试验结果是一致的，且整体的烧蚀深度不超过复合材料前三层的厚度，在复合材料第 3 层处依然存在局部的基体熔融损伤。

雷击后复合材料加筋壁板的内部损伤深度和主要损伤部位的无损检测结果如图 5-23(a)～(d)所示。图 5-23(a)和(b)为复合材料雷击损伤的初步扫描，图 5-23(c)和(d)为确定损伤深度范围后的细化扫描。分析图 5-23 可知：由于雷击后复合材料

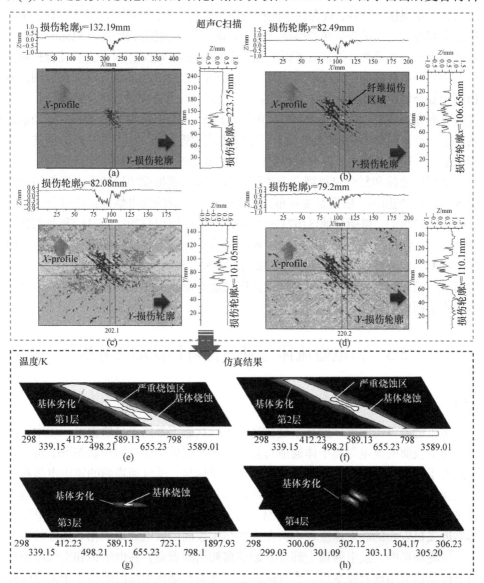

图 5-23　雷击后不同扫描深度下复合材料加筋壁板的损伤检测云图和数值仿真结果

加筋壁板表面存在碳纤维的撕裂而引起的鼓包等损伤现象，声波在探伤过程中回波被损伤区域反射或者消耗，所以该区域的数据为–1，在损伤云图上表现为蓝色的损伤区域，处理损伤数据得到碳纤维断裂的损伤体积为 767.38mm³。图 5-23(a)为整体复合材料加筋壁板扫描的损伤云图，损伤区域主要集中在复合材料板的中心区域，且沿碳纤维方向分布。

图 5-23(b)为扫描深度为 0.525～1.4mm 的局部损伤云图，可以看到：除了第一层的碳纤维损伤区域外，仅存在小面积的损伤斑点，且没有明显的分布规律。中心区域也存在一些由于焦耳热沿厚度方向传导而产生的损伤，说明在 0.525mm 即第 4层以后雷电流几乎难以抵达或者雷电流造成的损伤可以忽略。对雷击后复合材料壁板的细化扫描数据进行处理得到了图 5-23(c)和图 5-23(d)所示的局部损伤云图，分析可知复合材料加筋壁板第 3～4 层存在雷电流沿纤维方向传导产生的损伤，且深度并没有穿透该层，仅在表面和该层内部造成了一定程度的损伤。图 5-23(d)也证实了这一点，在第 5～6 层处并没有产生雷击烧蚀等损伤，但存在一些分散的局部损伤缺陷，这可能是由于复合材料制作工艺或层合板层间分层等原因导致的。

通过磁流体和复合材料耦合方法计算得到加筋壁板前四层的雷击损伤情况如图 5-23(e)～(h)所示。根据温度分布，复合材料加筋板的雷电烧蚀损伤可分为严重烧蚀区(>3589K)、树脂烧蚀区(673～3589K)、树脂劣化区(298～673K)和非损伤区(298K)。复合材料雷击损伤尺寸和形貌的数值计算结果与试验结果较为接近，温度沿深度方向逐渐降低，第四层温度低于 307K，表明烧蚀损伤仅发生在前三层，这与试验结果吻合，沿复合材料厚度方向损伤程度小的主要原因是厚度方向电导率远小于面内电导率。

5.3　雷电磁流体与复合材料扫掠耦合分析

5.3.1　飞机雷击扫掠机理

飞机遭遇雷击的大多数场景是在高空飞行状态下暴露于自然雷电环境中，附着于机身表面的放电等离子体通道与复合材料蒙皮处于相对运动状态[13]。雷电初始附着于飞机表面后放电通道与飞机存在相对运动，受气流影响的雷电电弧在飞机表面移动并发生多次附着，放电通道在机身表面发生雷击扫掠作用，雷电通道在飞机表面的扫掠附着机理如图 5-24 所示。雷电附着后受边界层影响，在电弧根部靠近飞机表面的相对速度较小，在远离结构表面的放电通道的相对速度较大。受空气流动影响，放电通道上部开始偏离初始附着点，在电磁力和空气压力作用下放电通道出现弯曲变形。当弯曲的放电通道与结构表面的距离小于击穿间隙时发生空气间隙击穿，电弧与飞机表面会发生再次附着而出现新的雷击附着点。

随着电弧驻留时间持续而出现多次附着，电弧附着区域不断发生变化，最终放电通道在结构表面形成一条扫掠路径。在实际情况中，飞机遭遇雷击必然存在放电通道扫掠附着，但由于当前国内外还很少具备模拟飞机雷击扫掠的试验条件，为了便于研究飞机雷击机理，通常忽略了放电通道的扫掠影响，在雷击试验中认为放电通道和结构件相对静止。当前国内外对复合材料雷击扫掠很少开展系统的研究，为了探究飞机复合材料雷击的扫掠损伤机理，借助数值计算方法预测复合材料雷电放电通道扫掠损伤，可以弥补试验方法的不足。本节在之前研究工作的基础上，考虑雷击扫掠作用，基于磁流体动力学开展雷电放电通道附着、演变和扫掠运动分析，并开展碳纤维增强复合材料层合板的雷电通道扫掠损伤机理研究。基于单元删除法评估复合材料层合板在雷击扫掠作用下的损伤程度，通过对复合材料层合板烧蚀损伤形貌分析，揭示雷电等离子体通道的膨胀和扫掠附着规律。

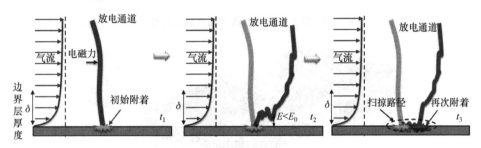

图 5-24　雷击扫掠下的放电通道演变

5.3.2　雷击扫掠通道演变

基于雷击扫掠试验 SAE 标准[14]，建立三维雷击扫掠放电模型开展考虑扫掠影响的放电通道演变仿真。磁流体计算域中包括了放电电极、空气域和阳极，整个几何模型如图 5-25 所示。需要说明的是，磁流体和复合材料热电耦合计算是独立求解的，在磁流体计算域中的阳极代表复合材料上表面，计算时设置为壁面边界条件。阴极尖端为扁平状以便于施加雷电流激励，电极尖端倾斜角度为 60°。按照雷击扫掠试验标准，阴极尖端和阳极表面之间的放电间隙不小于 50mm，这里设置为 50mm。空气域的大小依据复合材料板的几何形状确定，尺寸为 500mm×250mm× 65mm。磁流体计算对网格质量要求较高，整个计算域采用六面体单元划分，借助 ANSYS/ICEM 软件完成整个计算域的网格划分。为了保证网格质量和计算精度，选择结构网格生成策略，计算域网格如图 5-26 所示。考虑到放电的瞬时性和磁流体通道的动态演变特征，为了提高计算精度和收敛性，需要对计算域的部分区域进行网格加密处理。放电通道弯曲和演变主要发生在计算域中心位置，对计算域中心区域的网格需要加密处理。考虑到尖端处快速放电导致周围物理量变化剧烈，对电极尖端周围网格进行细化。在靠近阳极面处的网格存在边界层效应，需要进行边界层网格划分。整个计算区域共有 312700 个六面体网格，最小立方网格体积为 $1.4 \times 10^{-3} \text{mm}^3$。

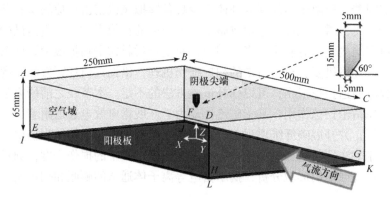

图 5-25　雷击扫掠下的放电通道演变计算模型

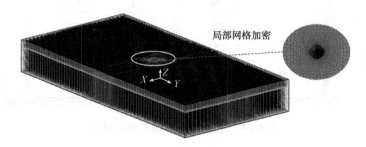

图 5-26　网格划分情况

　　整个计算模型的边界条件如表 5-6 所示。磁矢势 A 在 x、y、z 方向的分量分别表示为 A_x、A_y 和 A_z，在该模型边界处磁矢势 A 被定义为 Neumann 边界条件[15]。雷电流施加在阴极尖端，计算采用峰值为 31.3kA 的电流 A 波形分量，电流波形表达式为双指数函数，电流波形曲线如图 5-27 所示。T_1 为脉冲电流达到峰值电流 10%时所用的时间，T_2 为电流峰值 50%时所用的时间。由于电流在 FLUENT 软件中加载，需要转化为电流密度的形式施加在电极尖端，本节研究中阴极尖端的半径 r 为 0.15mm。

表 5-6　三维雷击扫掠计算边界条件

参数	电极壁面	电极尖端	ADHE, BCFG	ABEF, CDGH	ABCD	界面 EFGH	EHIL, FGJK
			Outlet			Wall	
φ	$\dfrac{\partial \varphi}{\partial n}=0$	$-\sigma\dfrac{\partial \varphi}{\partial n}=J(t)$	$\dfrac{\partial \varphi}{\partial n}=0$	$\dfrac{\partial \varphi}{\partial n}=0$	$\dfrac{\partial \varphi}{\partial n}=0$	Couple	$\dfrac{\partial \varphi}{\partial n}=0$
A_x	$\dfrac{\partial A_x}{\partial n}=0$	$\dfrac{\partial A_x}{\partial n}=0$	$\dfrac{\partial A_x}{\partial n}=0$	$\dfrac{\partial A_x}{\partial n}=0$	$\dfrac{\partial A_x}{\partial n}=0$	Couple	$\dfrac{\partial A_x}{\partial n}=0$

续表

参数	电极壁面	电极尖端	ADHE, BCFG	ABEF, CDGH	ABCD	界面 EFGH	EHIL, FGJK
			Outlet		Wall		
A_y	$\dfrac{\partial A_y}{\partial n}=0$	$\dfrac{\partial A_y}{\partial n}=0$	$\dfrac{\partial A_y}{\partial n}=0$	$\dfrac{\partial A_z}{\partial n}=0$	$\dfrac{\partial A_y}{\partial n}=0$	Couple	$\dfrac{\partial A_y}{\partial n}=0$
A_z	$\dfrac{\partial A_z}{\partial n}=0$	$\dfrac{\partial A_x}{\partial n}=0$	$\dfrac{\partial A_z}{\partial n}=0$	$\dfrac{\partial A_z}{\partial n}=0$	$\dfrac{\partial A_x}{\partial n}=0$	Couple	$\dfrac{\partial A_z}{\partial n}=0$
T	3500 K	$\dfrac{\partial T}{\partial n}=0$	$\dfrac{\partial T}{\partial n}=0$	$\dfrac{\partial T}{\partial n}=0$	$\dfrac{\partial T}{\partial n}=0$	Couple	$\dfrac{\partial T}{\partial n}=0$
P	—	—	大气压	大气压	—	—	—
u	—	—	0	0	—	—	—
v	—	—	0	0	—	—	—
w	—	—	0	0	—	—	—

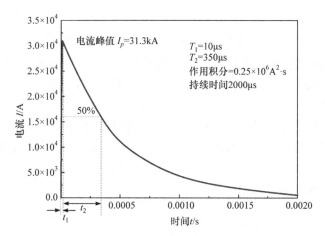

图 5-27　雷电流 A 波形分量

雷击过程中放电通道的瞬态演化特性和温度分布如图 5-28 所示。在初始放电阶段，随着电极端雷电流的增大，在电极尖端周围迅速形成下行先导流柱，并在空间中逐渐向下发展，雷击过程包括电晕起始、下行先导、初始附着和回击。阴极尖端周围的空气在强电流作用下被击穿，开始导电的空气由于焦耳热效应使得温度升高，极高温度条件能将空气材料转化为等离子体。另一方面，温度升高还会增大空气等离子体的电导率，加速放电过程。分析图 5-28 可知：雷电通道温度由中心向外围逐渐降低，中心出现最热区域，在焦耳热和洛伦兹力的相互作用下雷电通道从阴极尖端向阳极演化。放电通道在初始附着前存在轻微扭曲和弯曲，如图 5-28(a)、(b) 所示。放电通道与阳极初始附着后，由于等离子体的冲击和停滞，在阳极表面附着区的等离子体出现膨胀，如图 5-28(c)所示。由于电极效应，阴极尖端附近和阳极板附近的温度相对较高，阳极表面的传热和电流传导促使附着面积逐渐扩大。在 50mm 放电间隙内，电弧首次附着在阳极表面需要 25μs 左右，这意味着等离子体通道的传播速度高达 2km/s。当等离子体以超音速撞击阳极板时，空气受到压缩，在附着区域产生局部过压。

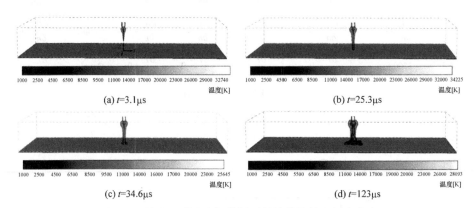

图 5-28　放电通道在空间传播时的演化特性和温度分布

空气与阳极板接触面上的压力分布如图 5-29 所示，可以看到：阳极表面过压位置发生在电弧附着的高温区域，表面压力近似于高斯分布，呈现出中间高、周围低的分布特征。当等离子体电弧附着在阳极表面时，沿通道的电流密度不均匀。在空气和阳极板的接触界面上，电流密度沿 X 轴类似于高斯分布，如图 5-30 所示。随着放电时间的增加，电弧附着面积增大，电流密度减小。雷击电流通过阳极板传递，焦耳热与电流密度之间表现为正向关，材料热损伤特征在一定程度上取决于电弧附着区的电流密度和温度分布。

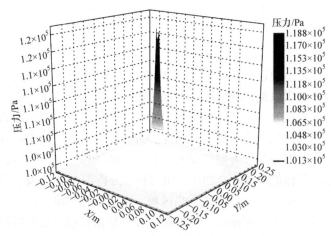

图 5-29　雷电附着区的压力分布

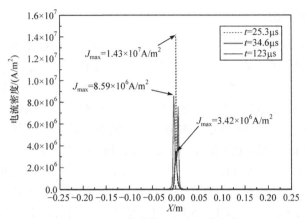

图 5-30　雷击附着区径向电流密度

由于雷击扫掠过程中雷电通道与阳极板存在相对运动，仿真计算时假设阳极板处于静止，而雷电通道发生运动。假设飞机以 100m/s 的速度飞行，在计算域一侧定义沿 Y 方向的入流速度等于 100m/s，来模拟放电通道和阳极表面的相对运动。考虑边界效应，入流速度大小沿 Z 轴方向服从 Blasius 分布，边界层厚度 δ 设置为 10mm[16]。附着在飞机表面的雷电电弧通常持续几毫秒，当飞机以典型的飞行速度运动时，弧根在飞机表面运动形成扫掠通道。在空气流动的影响下，电弧等离子体通道的扫掠演化特性和温度分布如图 5-31 所示。由于边界层效应，放电通道在弧根处弯曲，电弧重新附着在平面上，整个放电通道沿 Y 方向逐渐移动，且放电通道始终与电极尖端相连接以维持导电通路连续。由于气体流动会带走放电通道的大量能量，随着扫掠持续进行，放电通道的温度逐渐减小。

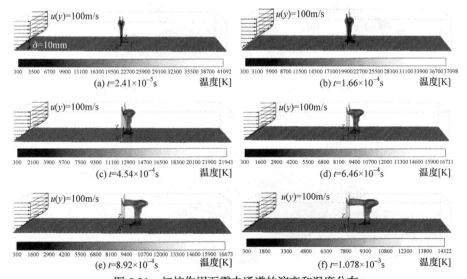

图 5-31　扫掠作用下雷击通道的演变和温度分布

5.3.3　雷击扫掠损伤

　　基于对放电通道扫掠特性的研究，进一步开展雷击扫掠作用下复合材料的损伤研究。借助前文研究的雷电磁流体和结构耦合计算方法，依然采用径向基函数作为一种全局插值方法，将压力、热流密度、电流密度等瞬态数据传输到复合材料层合板上，解决磁流体网格和结构网格在界面处的不匹配问题，界面上的流体网格和结构网格如图 5-32 所示。本节研究中采用的碳纤维/环氧树脂复合材料层合板尺寸为 500mm×250mm×2mm，铺层顺序为[45°/–45°/0°₂/45°/90°/–45°/0°]s，共16 层，单层厚度为 0.125mm。复合材料层合板的有限元模型和边界条件如图 5-33所示，模型建立和热电耦合计算在 ANSYS 软件中完成。在复合材料层合板的每层生成六面体网格，选用 SOLID5 单元进行多场耦合计算，共计 28800 个单元和32147 个节点。放电通道的初始附着发生在中心区域，并沿 y 方向移动。将复合材料层压板底面和侧面的电势设为 0V 以表示接地，上表面和侧面的热辐射为 0.9，环境温度为 25℃，底面为绝热边界条件。提取不同时刻下流体域底面的物理场数据，并保存为磁流体载荷文件；由 MATLAB 读入该文件并进行插值计算得到固体表面载荷数据，导出并保存为固体域界面载荷文件；通过 ANSYS 二次开发读取不同时刻下的载荷数据文件，并施加到复合材料表面，直到雷击扫掠结束。考虑到材料性质对温度的依赖性，计算时选择非线性求解[17]。

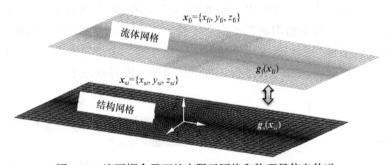

图 5-32　流固耦合界面的有限元网格和物理量信息传递

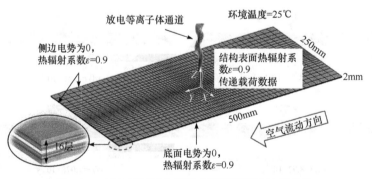

图 5-33　复合材料层合板的有限元模型及边界条件

　　在雷击扫掠过程中，强电流和高温热流通过附着点区域传递到复合材料层合板中。电流和热量沿纤维方向快速传导，复合材料层合板内部能量主要来源于雷电通道中等离子体热流和电流传导过程中产生的焦耳热。复合材料层合板在400～600℃之间只有环氧树脂发生热解，而碳纤维仍能导电，将温度超过烧蚀温度3316℃的单元进行删除。复合材料层合板的烧蚀区域随着电弧在表面的运动而传播，在复合材料表面形成烧蚀路径，如图 5-34 所示。在 0.0241ms 时刻，雷击电弧在复合材料上表面中心部位发生初始附着，由于电弧等离子体停留时间极短，温度热效应不明显，焦耳热效应和热流产生的热能短时间内不足以使环氧树脂基体分解。随着雷电流的不断注入，复合材料层合板的温度快速上升。在 0.166ms 时刻，温度高于碳纤维和树脂的汽化温度，高温区域的单元被删除，开始出现烧蚀损伤区。由于气体流动影响，雷电弧根部的多次附着加速了材料烧蚀。在1.078ms 时刻，经过雷击电弧扫掠作用后，在复合材料层合板表面留下一条烧蚀路径。

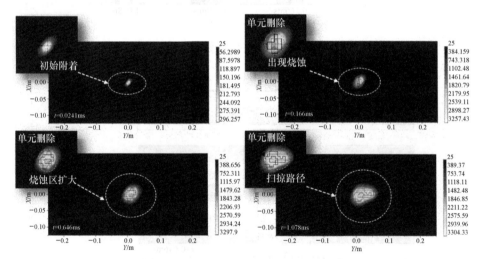

图 5-34　雷击扫掠下复合材料层合板烧蚀路径形成

　　为了了解层合板的内部烧蚀程度，图 5-35 给出了不同典型时刻各层的温度分布和烧蚀损伤面积，各层产生的焦耳热主要沿纤维方向。虽然损伤面积增加，但由于电弧等离子体的能量耗散，损伤区域扩大速率较低。在放电通道热流和焦耳热的影响下，最严重的雷击烧蚀损伤发生在复合材料前三层，最大烧蚀损伤面积达 1589.97mm²。由于深度方向的导电性和导热性较差，各层烧蚀损伤面积自上而下逐渐减小。通过对复合材料层合板截面损伤形态的分析，研究复合材料层合板的沿厚度方向的损伤特征。不同典型时刻复合材料层合板截面处的温度分布和烧蚀损伤如图 5-36 所示，为了便于观察，对复合材料层合板中的电弧附着区域进行了局部放大。计算结果表明：当放电通道扫掠运动时，雷击烧蚀路径延长，烧蚀长度在 1.078ms 内达到 63.1mm，同时碳纤维和基体的热解深度方向扩展到了第四层。在电弧通道扫掠过程中，最大烧蚀深度可达到 0.375mm。

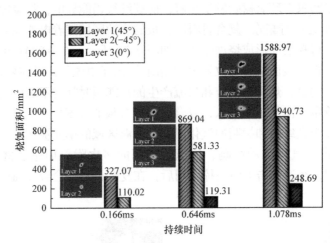

图 5-35　复合材料层合板各层温度分布及烧蚀损伤面积

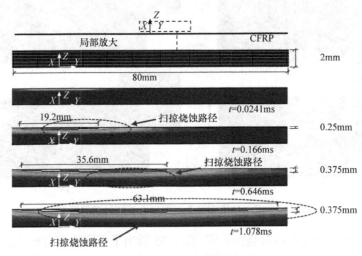

图 5-36　雷击扫掠过程中复合材料层合板深度方向的烧蚀损伤

参 考 文 献

[1] Toselli A, Widlund O. Domain Decomposition Methods-Algorithms and Theory. Berlin: Springer, 2005.

[2] Farhat C, Lesoinne M, Le Tallec P. Load and motion transfer algorithms for fluid/structure interaction problems with non-matching discrete interfaces: Momentum and energy conservation, optimal discretization and application to aeroelasticity. Computer Methods in Applied Mechanics

and Engineering, 1998, 157(1-2): 95-114.

[3] Piperno S, Farhat C, Larrouturou B. Partitioned procedures for the transient solution of coupled aroelastic problems, Part I: Model problem, theory and two-dimensional application. Computer Methods in Applied Mechanics and Engineering, 1995, 124(1-2): 79-112.

[4] Stein K, Benney R, Kalro V. Parachute fluid-structure interactions: 3-D computation. Computer Methods in Applied Mechanics and Engineering, 2000, 190(3): 373-386.

[5] Goura S L, Badcock K J, Woodgate M A. A data exchange method for fluid-structure interaction problems. The Aeronautical Journal, 2001, 105(1046): 215-221.

[6] Wu Z. Compactly supported positive definite radial functions. Advances in Computational Mathematics, 1995, 4(1): 283-292.

[7] Chen H, Wang F S, Ma X T, et al. The coupling mechanism and damage prediction of carbon fiber/epoxy composites exposed to lightning current. Composite Structures, 2018, 203: 436-445.

[8] Buhmann M D. Radial Basis functions. Acta Numerica, 2000, 9: 1-38.

[9] Blom F J. Considerations on the spring analogy. International Journal for Numerical Methods in Fluids, 2000, 32(6): 647-668.

[10] SAR-ARP-5412 A. Aircraft lightning environment and related test waveforms. Society of Automotive Engineers, 2005.

[11] Wang F S, Ji Y Y, Yu X S, et al. Ablation damage assessment of aircraft carbon fiber/epoxy composite and its protection structures suffered from lightning strike. Composite Structures, 2016, (145): 226-241.

[12] Hirano Y, Katsumata S. Iwahori Y, et al. Artificial lightning testing on graphite/epoxy composite laminate. Composites: Part A, 2010, 41(10):1461-1470.

[13] Larsson A. The interaction between a lightning flash and an aircraft in flight. Comptes Rendus Physique, 2002, 3(10): 1423-1444.

[14] SAE-ARP-5416. Aircraft lightning test methods. Society of Automotive Engineers, 2005.

[15] Hsu K C, Etemadi K, Pfender E. Study of the free-burning high-intensity argon arc. Journal of Applied Physics, 1983, 54(3): 1293-1301.

[16] Larsson A, Lalande P, Bondiouclergerie A. The lightning swept stroke along an aircraft in flight. Part II: numerical simulations of the complete process. Journal of Physics D: Applied Physics, 2000, 33(15): 1876-1883.

[17] Ma X T, Wang F S, Chen H, et al. Thermal damage analysis of aircraft composite laminate suffered from lightning swept stroke and arc propagation. Chinese Journal of Aeronautics, 2020, 33(169): 128-137.

第6章 复合材料雷击动态损伤模型分析

6.1 各向异性本构模型

当前国内外学者对复合材料的雷击损伤开展了大量的数值模拟研究，并提出了不同的数值方法和仿真模型以反映复合材料的损伤响应。但由于复合材料在雷击作用下热力学性能的复杂性，仍有很多损伤机理性问题尚未从根本上解决。复合材料雷击损伤机制涉及电、磁、力、热多物理场耦合，绝大多数学者的研究工作主要集中在复合材料的烧蚀损伤，很少考虑复合材料在雷击作用下的热力冲击和材料高温相变损伤。雷击作用下复合材料的损伤效应包括烧蚀、分层、汽化反冲、热力冲击和固-液-气三相变化等，同时还会出现明显的结构变形。相关研究发现复合材料的凹陷变形主要是由雷电流的热力冲击作用造成的，而复合材料的膨胀变形、翘起和鼓包是由雷击的焦耳热效应造成的[1]。因此，为了完整揭示复合材料的雷击损伤机制，需要在考虑烧蚀损伤的基础上，进一步建立雷电热力冲击下复合材料的动态本构关系和三相转化物态方程，描述复合材料在雷击作用下的热力冲击损伤和固-液-气三相转变过程。

对于各向同性本构模型，通常是将材料的容变(体积改变)和畸变(形状改变)解耦处理。当考虑容变时使用材料的物态方程(Equation of state，EOS)描述，将静水压力与材料体积改变(体应变)联系起来；当考虑畸变时使用复合材料的本构关系描述，将应力偏量与材料形状改变(应变偏量)联系起来。但对于各向异性材料，容变和畸变是耦合的，静水压力可能导致形状改变，同样应力偏量也能导致体积的变化。为了处理各向异性复合材料本构模型中容变和畸变的耦合效应，Anderson[2]和 O'Donoghue[3]将各向异性条件下的静水压力和应力偏量表达式进行了修正，并采用平均正应力代替静水压力，以便和各向同性材料相区别。此外，O'Donoghue 将物态方程引入到各向异性本构模型中，修正后的 Grüneisen 物态方程在高压下依然能够反映各向异性材料体积变化的非线性特征，同时在低压下还能够考虑材料的各向异性强度特性。此后，Lukyanov 等[4,5]在 Anderson 工作的基础上又提出了一种新的分解方法，即将应力张量分解为广义正应力张量和广义偏应力张量，广义正应力张量不再是应力球张量，所提出的这种分解方法也引入了修正的物态方程，使得材料的各向异性和非线性特征均能被体现。

国内关于极端环境下复合材料各向异性动态本构模型的研究工作也有一定的报道。李永池等[6,7]提出了以 Tsai-Hill 屈服准则和 Johnson-Cook 模型为基础的各向异性热黏塑性本构模型，并将其用于应力波传播的数值模拟中。周南[8]对不同辐照条件下铝和碳酚醛材料的热击波传播、汽化反冲和三相转化过程进行了研究，并对多层结构材料的能量沉积和热击波进行了一定的分析。蒋邦海[9]研究了碳纤维增强型复合材料一维应变率相关的动态本构模型，并将其用于一维 X 射线辐照问题的数值模拟中，获得的损伤形貌和试验结果相符。佘金虎等[10,11]建立了多薄层组合材料系统的等效模型，获得了等效材料的物态方程参数，模拟了多薄层组合材料在脉冲 X 射线辐照下的汽化反冲冲量和热击波传播，得到了汽化反冲冲量及冲量耦合系数随初始能通量的变化规律和热击波传播规律。黄霞等[12-18]以碳酚醛复合材料在脉冲 X 射线辐照下的二维热力学效应为研究目标，建立了正交各向异性动态弹塑性本构模型，对碳酚醛材料在二维 X 射线作用下的热击波和汽化反冲冲量进行了数值模拟，研究结果表明：该本构模型可较好地模拟碳酚醛复合材料在脉冲 X 射线下的热力学响应。汤文辉等[19]采用 Monte Carlo 方法计算了脉冲电子束在聚酯材料中的能量沉积，并模拟了聚酯材料在电子脉冲束下的热击波和喷射冲量，通过将喷射冲量和热击波压力的数值结果与试验测量结果逼近的方法，得到了聚酯材料的 Grüneisen 系数和升华能数据。

　　目前已有的固-液-气三相物态方程是基于各向同性条件建立起来的，不能反映复合材料的各向异性特征。因此，需要对已有的物态方程进行相应的修正。董士伟等[20]等研究了考虑温度效应和未考虑温度效应的 GRAY 物态方程与 Tillotson 物态方程对超高速碰撞碎片云质量特性的影响规律，研究结果表明：当冲击速度在5000m/s 以下时，GRAY 物态方程和 Tillotson 物态方程计算获得的碎片云质量数据吻合性较好；而当冲击速度在 7000m/s 以上时，计算结果获得的碎片云质量数据差距较大。卢翔[21]基于三维 Hashin 失效准则建立了温度影响下复合材料层合板的本构模型，获得了复合材料层合板雷击损伤区域的应力分布特征，分析了雷击过程中热膨胀应力随雷电流波形的变化规律，研究结果表明：由于复合材料层合板厚度方向上较大的温度梯度，导致雷击附着区附近出现较大的热膨胀应力和损伤后的残余应力，进而导致复合材料层合板内部产生纤-基开裂、层间界面分层和纤维烧蚀升华断裂等损伤模式，但其研究中尚未涉及复合材料的物态方程和应变率效应。总的来说，以上工作为研究复合材料在雷击作用下本构模型和物态方程的建立提供了重要参考价值，但由于雷电流载荷与 X 射线和高速冲击载荷等具有较大的不同，所以，对于雷击作用下复合材料本构模型和物态方程的建立需要开展进一步研究。

6.2　各向异性弹塑性本构模型

6.2.1　弹性阶段应力-应变关系

　　各向异性复合材料具有三个相互垂直的材料主轴方向，这里分别用 1、2、3

来表示。在弹性变形阶段，复合材料应力应变关系利用广义 Hooke 定律来描述[22]：

$$\begin{Bmatrix} \sigma_{11} \\ \sigma_{22} \\ \sigma_{33} \\ \sigma_{12} \\ \sigma_{23} \\ \sigma_{13} \end{Bmatrix} = \begin{bmatrix} C_{11} & C_{12} & C_{13} & 0 & 0 & 0 \\ C_{21} & C_{22} & C_{23} & 0 & 0 & 0 \\ C_{31} & C_{32} & C_{33} & 0 & 0 & 0 \\ 0 & 0 & 0 & C_{44} & 0 & 0 \\ 0 & 0 & 0 & 0 & C_{55} & 0 \\ 0 & 0 & 0 & 0 & 0 & C_{66} \end{bmatrix} \begin{Bmatrix} \varepsilon_{11}^{e} \\ \varepsilon_{22}^{e} \\ \varepsilon_{33}^{e} \\ \gamma_{12}^{e} \\ \gamma_{23}^{e} \\ \gamma_{13}^{e} \end{Bmatrix} \tag{6-1}$$

即：

$$\begin{cases} \sigma_{11} = C_{11}\varepsilon_{11} + C_{12}\varepsilon_{22} + C_{13}\varepsilon_{33} \\ \sigma_{22} = C_{21}\varepsilon_{11} + C_{22}\varepsilon_{22} + C_{13}\varepsilon_{33} \\ \sigma_{33} = C_{31}\varepsilon_{11} + C_{32}\varepsilon_{22} + C_{33}\varepsilon_{33} \\ \sigma_{12} = C_{44}\gamma_{12}^{e} \\ \sigma_{23} = C_{55}\gamma_{23}^{e} \\ \sigma_{13} = C_{66}\gamma_{13}^{e} \end{cases} \tag{6-2}$$

其中：[C]为刚度矩阵，其各个元素为复合材料弹性模量 E_{ij}、剪切模量 G_{ij}、泊松比 μ_{ij} 和损伤变量 d_{ij} 的函数。

对于各向异性复合材料，假设其损伤形式包括纤维断裂、基体开裂和纤-基分离，其中纤维断裂认为是瞬间失效形式，不具有塑性变形过程，而基体开裂和纤-基分离认为是由于损伤演化造成的渐进损伤形式。在建立的弹塑性本构模型中，纤维方向上的损伤变量定义为 d_{11}，其包括纤维拉伸损伤和纤维压缩损伤。与基体相关的损伤变量分别定义为 d_{12} 和 d_{22}，d_{12} 描述的是纤维与基体之间的脱黏损伤，d_{22} 描述的是平行于纤维方向上的纤维-基体开裂损伤。因此，d_{12} 和 d_{22} 可认为是复合材料的剪切损伤变量和横向损伤变量。在外部载荷作用下，复合材料应力分布是不连续的，而应变分布是连续的，研究中基于最大应变失效准则引入复合材料纤维方向上的损伤变量。纤维方向上刚度折减和损伤变量定义如下[23]：

纤维拉伸损伤演化和损伤变量：

亚临界： $E_{11} = E_{11}^{0t} \quad d_{11} = 0 \quad\quad 0 \leqslant \varepsilon_{11} < \varepsilon_{i}^{ft}$

临界： $E_{11} = E_{11}^{0t}\left(1 - d_{11}\right) \quad d_{11} = d_{u}^{ft}\dfrac{\varepsilon_{11} - \varepsilon_{i}^{ft}}{\varepsilon_{u}^{ft} - \varepsilon_{i}^{ft}} \quad\quad \varepsilon_{i}^{ft} \leqslant \varepsilon_{11} < \varepsilon_{i}^{fu}$

过临界： $E_{11} = E_{11}^{0t}\left(1 - d_{11}\right) \quad d_{11} = 1 - \left(1 - d_{u}^{ft}\right)\dfrac{\varepsilon_{11}}{\varepsilon_{u}^{ft}} \quad\quad \varepsilon_{i}^{fu} \leqslant \varepsilon_{11} < \infty$

当纤维方向上受到压缩载荷时，纤维的离散或微屈曲现象会导致复合材料表现出明显的非线性力学行为。当复合材料受到纵向压缩载荷时，其弹性模量将会减小，所以在这里引入非线性修正因子 γ 来量化纤维方向上的压缩弹性模量。纤维方向无损伤的压缩弹性模量和非线性修正因子 γ 可定义如下：

$$
\begin{cases}
E_{11}^{\gamma} = \dfrac{E_{11}^{0c}}{1 + \gamma E_{11}^{0c}\,|\varepsilon_{11}|} \\[4mm]
\gamma = \dfrac{E_{11}^{0c} - E_{11}^{\gamma}}{E_{11}^{\gamma} E_{11}^{0c}\,|\varepsilon_{11}|}
\end{cases}
\tag{6-3}
$$

纤维压缩损伤演化和损伤变量：

亚临界：　　　　　$E_{11} = E_{11}^{\gamma}\qquad d_{11} = 0 \qquad 0 \leqslant |\varepsilon_{11}| < \varepsilon_i^{fc}$

临界：　　$E_{11} = E_{11}^{\gamma}(1 - d_{11}) \qquad d_{11} = d_u^{fc}\,\dfrac{|\varepsilon_{11}| - \varepsilon_i^{fc}}{\varepsilon_u^{fc} - \varepsilon_i^{fc}} \qquad \varepsilon_i^{fc} \leqslant |\varepsilon_{11}| < \varepsilon_u^{fc}$

过临界：$E_{11} = E_{11}^{\gamma}(1 - d_{11}) \qquad d_{11} = 1 - \left(1 - d_u^{fc}\right)\dfrac{|\varepsilon_{11}|}{\varepsilon_u^{fc}} \qquad \varepsilon_u^{fc} \leqslant |\varepsilon_{11}| < \infty$

其中：E_{11}^{0t} 为初始拉伸弹性模量，E_{11}^{0c} 为初始压缩弹性模量，E_{11}^{γ} 为非线性修正后的压缩弹性模量；ε_i^{ft} 为拉伸损伤门槛应变，ε_u^{ft} 为拉伸损伤极限应变，d_u^{ft} 为拉伸损伤极限；ε_i^{fc} 为压缩损伤门槛应变，ε_u^{fc} 为压缩损伤极限应变，d_u^{fc} 为压缩损伤极限。通过纤维方向拉伸和压缩损伤演化法则可以看到：当 $0 \leqslant \varepsilon_{11} < \varepsilon_i^{ft,c}$ 时，纤维方向损伤变量 $d_{11}=0$；当 $\varepsilon_i^{ft,c} \leqslant \varepsilon_{11} < \varepsilon_u^{ft,c}$ 时，纤维方向损伤变量 d_{11} 与应变 ε_{11} 呈线性关系增长；当 $\varepsilon_{11} \geqslant \varepsilon_u^{ft,c}$ 时，纤维方向损伤变量 d_{11} 无限接近于 1。

对于复合材料的剪切损伤和横向损伤，首先定义一个含损伤的三维弹性应变能密度，其表达式为

$$
E_D = \frac{1}{2}\left[
\begin{array}{l}
\dfrac{\langle\sigma_{11}\rangle_+^2}{E_{11}^0(1 - d_{11})} + \dfrac{\langle\sigma_{11}\rangle_-^2}{E_{11}^0} + \dfrac{\langle\sigma_{22}\rangle_+^2}{E_{22}^0(1 - d_{22})} + \dfrac{\langle\sigma_{22}\rangle_-^2}{E_{22}^0} + \dfrac{\sigma_{33}^2}{E_{33}^0} \\[4mm]
-\dfrac{2v_{12}^0\sigma_{11}\sigma_{22}}{E_{11}^0} - \dfrac{2v_{13}^0\sigma_{11}\sigma_{33}}{E_{11}^0} - \dfrac{2v_{23}^0\sigma_{22}\sigma_{33}}{E_{11}^0} + \dfrac{\sigma_{12}^2}{G_{12}^0(1 - d_{12})} + \dfrac{\sigma_{13}^2}{G_{13}^0} + \dfrac{\sigma_{23}^2}{G_{23}^0}
\end{array}
\right]
\tag{6-4}
$$

与 d_{12} 和 d_{22} 相关的损伤函数 $Z_{d_{12}}$ 和 $Z_{d_{22}}$ 定义如下：

剪切损伤：$\dfrac{\partial E_D}{\partial d_{12}} = Z_{d_{12}} = \dfrac{1}{2}\dfrac{\sigma_{12}^2}{G_{12}^0(1 - d_{12})^2}$ 　　　　(6-5a)

横向损伤：$\dfrac{\partial E_D}{\partial d_{22}} = Z_{d_{22}} = \dfrac{1}{2}\dfrac{\langle\sigma_{22}\rangle_+^2}{E_{22}^0(1 - d_{22})^2}$ 　　　(6-5b)

其中：如果 $\sigma_{22}>0$，则 $<\sigma_{22}>_+=\sigma_{22}$，否则 $<\sigma_{22}>_+=0$。即当复合材料承受压缩载荷时，复合材料初始微裂纹和缺陷发生压缩闭合，不会导致损伤扩展。随时间变化的损伤演化函数 $Y(t)$ 和 $Y'(t)$ 定义如下：

$$\text{剪切损伤：} \quad Y(t)=\text{Sup}\sqrt{Z_{d_{12}}(t)+bZ_{d_{22}}(t)} \tag{6-6a}$$

$$\text{横向损伤：} \quad Y'(t)=\text{Sup}\sqrt{Z_{d_{22}}(t)} \tag{6-6b}$$

损伤变量 d_{12} 和 d_{22} 可由下式计算得到：

剪切损伤：

$$d_{12}=\begin{cases}0, & Y(t)<Y_0\\ \dfrac{\langle Y(t)-Y_0\rangle_+}{Y_C}, & d_{12}<d_{\max},\ Y'(t)<Y_S'\text{且}Y(t)<Y_R\\ d_{\max}, & \text{其他}\end{cases} \tag{6-7a}$$

横向损伤：

$$d_{22}=\begin{cases}0, & Y(t)<Y_0'\\ \dfrac{\langle Y(t)-Y_0'\rangle_+}{Y_C'}, & d_{22}<d_{\max},\ Y'(t)<Y_S'\text{且}Y(t)<Y_R\\ d_{\max}, & \text{其他}\end{cases} \tag{6-7b}$$

其中：Y_C 为临界剪切损伤极限值，Y_0 为初始剪切损伤门槛值；Y_C' 为临界横向损伤极限值，Y_0' 为初始横向损伤门槛值；Y_S' 为脆性纤维-基体界面横向损伤极限，Y_R 为剪切损伤断裂极限值，b 为横向弹性模量和剪切模量之间的耦合因子，$d_{\max}$ 为 d_{12} 和 d_{22} 的最大允许损伤（$d_{\max}\leqslant 1$）。

将应力 σ_{ij} 分解为静水压力 p 和偏应力 S_{ij}，即 $\sigma_{ij}=-p\delta_{ij}+S_{ij}$。其中静水压力 $p=-(\sigma_{11}+\sigma_{22}+\sigma_{33})/3$，同时将应变 ε_{ij} 分解为体应变 θ 和偏应变 ε_{ij}^d，即 $\varepsilon_{ij}=\delta_{ij}\theta/3+\varepsilon_{ij}^d$。其中：$\delta_{ij}$ 为 Kronecker 符号，其表达式为

$$\delta_{ij}=\begin{cases}1, & i=j\\ 0, & i\neq j\end{cases} \tag{6-8}$$

可推导得出

$$\begin{aligned}p=&-\frac{1}{3}(\sigma_{11}+\sigma_{22}+\sigma_{33})=-\frac{\theta}{9}(C_{11}+C_{22}+C_{33}+2C_{12}+2C_{23}+2C_{13})\\ &-\frac{\varepsilon_{11}^d}{3}(C_{11}+C_{12}+C_{13})-\frac{\varepsilon_{22}^d}{3}(C_{12}+C_{22}+C_{23})-\frac{\varepsilon_{33}^d}{3}(C_{13}+C_{23}+C_{33})\end{aligned} \tag{6-9}$$

分析式(6-9)可知，与各向同性材料不同，各向异性复合材料的静水压力 p 不

仅与体应变 θ 即材料的体积变化有关，还与偏应变 ε_{ii}^d 即材料的形状改变有关。为了与各向同性材料进行对比，定义体应变 θ 的线性系数为 A_1'，表达式如下：

$$A_1' = \frac{1}{9}\left(C_{11} + C_{22} + C_{33} + 2C_{12} + 2C_{23} + 2C_{13}\right) \tag{6-10}$$

式(6-10)中的 A_1' 具有体积模量的含义，将其简称为各向异性复合材料的等效体积模量。根据 $S_{ij}=\sigma_{ij}+p\delta_{ij}$，弹性阶段偏应力可表示为

$$\begin{cases}
S_{11} = \left(2C_{11} + C_{12} + C_{13} - C_{22} - 2C_{23} - C_{33}\right)\dfrac{\theta}{9} \\[2mm]
\quad + \left(2C_{11} - C_{12} - C_{13}\right)\dfrac{\varepsilon_{11}^d}{3} + \left(2C_{12} - C_{22} - C_{23}\right)\dfrac{\varepsilon_{22}^d}{3} + \left(2C_{13} - C_{23} - C_{33}\right)\dfrac{\varepsilon_{33}^d}{3} \\[2mm]
S_{22} = \left(-C_{11} + C_{12} - 2C_{13} + 2C_{22} + C_{23} - C_{33}\right)\dfrac{\theta}{9} \\[2mm]
\quad + \left(2C_{12} - C_{11} - C_{13}\right)\dfrac{\varepsilon_{11}^d}{3} + \left(2C_{22} - C_{12} - C_{23}\right)\dfrac{\varepsilon_{22}^d}{3} + \left(2C_{23} - C_{13} - C_{33}\right)\dfrac{\varepsilon_{33}^d}{3} \\[2mm]
S_{33} = \left(-C_{11} - 2C_{12} + C_{13} - C_{22} + C_{23} + 2C_{33}\right)\dfrac{\theta}{9} \\[2mm]
\quad + \left(2C_{13} - C_{11} - C_{12}\right)\dfrac{\varepsilon_{11}^d}{3} + \left(2C_{23} - C_{12} - C_{22}\right)\dfrac{\varepsilon_{22}^d}{3} + \left(2C_{33} - C_{13} - C_{23}\right)\dfrac{\varepsilon_{33}^d}{3} \\[2mm]
S_{12} = C_{44}\gamma_{12}^d = C_{44}\gamma_{12}, \quad S_{23} = C_{55}\gamma_{23}^d = C_{55}\gamma_{23}, \quad S_{13} = C_{66}\gamma_{13}^d = C_{66}\gamma_{13}
\end{cases} \tag{6-11}$$

由式(6-11)可以看到：对于各向异性复合材料，弹性阶段材料的偏应力与体应变和偏应变有关，即与材料的体积变化和形状改变有关。

6.2.2 塑性阶段应力-应变关系

在塑性变形阶段，复合材料的应力、应变关系无法直接采用 Hooke 定律进行描述，但应力增量与弹性应变增量之间的关系服从 Hooke 定律。研究中忽略弹塑性变形之间的耦合效应，将应变增量 $\mathrm{d}\varepsilon_{ij}$ 分解为弹性应变增量 $\mathrm{d}\varepsilon_{ij}^e$ 和塑性应变增量 $\mathrm{d}\varepsilon_{ij}^p$，即：

$$\mathrm{d}\varepsilon_{ij} = \mathrm{d}\varepsilon_{ij}^e + \mathrm{d}\varepsilon_{ij}^p \tag{6-12}$$

应力增量 $\mathrm{d}\sigma_{ij}$ 与弹性应变增量 $\mathrm{d}\varepsilon_{ij}^e$ 满足 Hooke 定律，即：

$$\begin{Bmatrix} \mathrm{d}\sigma_{11} \\ \mathrm{d}\sigma_{22} \\ \mathrm{d}\sigma_{33} \\ \mathrm{d}\sigma_{12} \\ \mathrm{d}\sigma_{23} \\ \mathrm{d}\sigma_{13} \end{Bmatrix} = \begin{bmatrix} C_{11} & C_{12} & C_{13} & 0 & 0 & 0 \\ C_{21} & C_{22} & C_{23} & 0 & 0 & 0 \\ C_{31} & C_{32} & C_{33} & 0 & 0 & 0 \\ 0 & 0 & 0 & C_{44} & 0 & 0 \\ 0 & 0 & 0 & 0 & C_{55} & 0 \\ 0 & 0 & 0 & 0 & 0 & C_{66} \end{bmatrix} \begin{Bmatrix} \mathrm{d}\varepsilon_{11} - \mathrm{d}\varepsilon_{11}^p \\ \mathrm{d}\varepsilon_{22} - \mathrm{d}\varepsilon_{22}^p \\ \mathrm{d}\varepsilon_{33} - \mathrm{d}\varepsilon_{33}^p \\ \mathrm{d}\gamma_{12} - \mathrm{d}\gamma_{12}^p \\ \mathrm{d}\gamma_{23} - \mathrm{d}\gamma_{23}^p \\ \mathrm{d}\gamma_{13} - \mathrm{d}\gamma_{13}^p \end{Bmatrix} \tag{6-13}$$

同时，将应力增量 $\mathrm{d}\sigma_{ij}$ 分解为静水压力增量 $\mathrm{d}p$ 和偏应力增量 $\mathrm{d}S_{ij}$，静水压力增量为

$$
\begin{aligned}
\mathrm{d}p = &-\frac{\mathrm{d}\theta}{9}\left(C_{11}+C_{22}+C_{33}+2C_{12}+2C_{23}+2C_{13}\right) \\
&-\frac{\mathrm{d}\varepsilon_{11}^{d}}{3}\left(C_{11}+C_{12}+C_{13}\right)-\frac{\mathrm{d}\varepsilon_{22}^{d}}{3}\left(C_{12}+C_{22}+C_{23}\right)-\frac{\mathrm{d}\varepsilon_{33}^{d}}{3}\left(C_{13}+C_{23}+C_{33}\right) \\
&+\frac{\mathrm{d}\varepsilon_{11}^{p}}{3}\left(C_{11}+C_{12}+C_{13}\right)+\frac{\mathrm{d}\varepsilon_{22}^{p}}{3}\left(C_{12}+C_{22}+C_{23}\right)+\frac{\mathrm{d}\varepsilon_{33}^{p}}{3}\left(C_{13}+C_{23}+C_{33}\right)
\end{aligned}
\tag{6-14}
$$

根据式 $\mathrm{d}S_{ij}=\mathrm{d}\sigma_{ij}+\mathrm{d}p\delta_{ij}$，塑性阶段偏应力增量表示为

$$
\left\{
\begin{aligned}
\mathrm{d}S_{11} =&\left(2C_{11}+C_{12}+C_{13}-C_{22}-2C_{23}-C_{33}\right)\frac{\mathrm{d}\theta}{9} \\
&+\left(2C_{11}-C_{12}-C_{13}\right)\frac{\mathrm{d}\varepsilon_{11}^{d}}{3}+\left(2C_{12}-C_{22}-C_{23}\right)\frac{\mathrm{d}\varepsilon_{22}^{d}}{3}+\left(2C_{13}-C_{23}-C_{33}\right)\frac{\mathrm{d}\varepsilon_{33}^{d}}{3} \\
&-\left(2C_{11}-C_{12}-C_{13}\right)\frac{\mathrm{d}\varepsilon_{11}^{p}}{3}-\left(2C_{12}-C_{22}-C_{23}\right)\frac{\mathrm{d}\varepsilon_{22}^{p}}{3}-\left(2C_{13}-C_{23}-C_{33}\right)\frac{\mathrm{d}\varepsilon_{33}^{p}}{3} \\
\mathrm{d}S_{22} =&\left(-C_{11}+C_{12}-2C_{13}+2C_{22}+C_{23}-C_{33}\right)\frac{\mathrm{d}\theta}{9} \\
&+\left(2C_{12}-C_{11}-C_{13}\right)\frac{\mathrm{d}\varepsilon_{11}^{d}}{3}+\left(2C_{22}-C_{12}-C_{23}\right)\frac{\mathrm{d}\varepsilon_{22}^{d}}{3}+\left(2C_{23}-C_{13}-C_{33}\right)\frac{\mathrm{d}\varepsilon_{33}^{d}}{3} \\
&-\left(2C_{12}-C_{11}-C_{13}\right)\frac{\mathrm{d}\varepsilon_{11}^{p}}{3}+\left(2C_{22}-C_{12}-C_{23}\right)\frac{\mathrm{d}\varepsilon_{22}^{p}}{3}+\left(2C_{23}-C_{13}-C_{33}\right)\frac{\mathrm{d}\varepsilon_{33}^{p}}{3} \\
\mathrm{d}S_{33} =&\left(-C_{11}-2C_{12}+C_{13}-C_{22}+C_{23}+2C_{33}\right)\frac{\mathrm{d}\theta}{9} \\
&+\left(2C_{13}-C_{11}-C_{12}\right)\frac{\mathrm{d}\varepsilon_{11}^{d}}{3}+\left(2C_{23}-C_{12}-C_{23}\right)\frac{\mathrm{d}\varepsilon_{22}^{d}}{3}+\left(2C_{33}-C_{13}-C_{23}\right)\frac{\mathrm{d}\varepsilon_{33}^{d}}{3} \\
&-\left(2C_{13}-C_{11}-C_{12}\right)\frac{\mathrm{d}\varepsilon_{11}^{p}}{3}+\left(2C_{23}-C_{12}-C_{23}\right)\frac{\mathrm{d}\varepsilon_{22}^{p}}{3}+\left(2C_{33}-C_{13}-C_{23}\right)\frac{\mathrm{d}\varepsilon_{33}^{p}}{3} \\
\mathrm{d}S_{12} =&\,C_{44}\mathrm{d}\gamma_{12}^{d}=C_{44}\mathrm{d}\gamma_{12}^{e}=C_{44}\left(\mathrm{d}\gamma_{12}-\mathrm{d}\gamma_{12}^{p}\right) \\
\mathrm{d}S_{23} =&\,C_{55}\mathrm{d}\gamma_{23}^{d}=C_{55}\mathrm{d}\gamma_{23}^{e}=C_{55}\left(\mathrm{d}\gamma_{23}-\mathrm{d}\gamma_{23}^{p}\right) \\
\mathrm{d}S_{13} =&\,C_{66}\mathrm{d}\gamma_{13}^{d}=C_{66}\mathrm{d}\gamma_{13}^{e}=C_{66}\left(\mathrm{d}\gamma_{13}-\mathrm{d}\gamma_{13}^{p}\right)
\end{aligned}
\right.
$$

$$\tag{6-15}$$

可以看到：复合材料在塑性变形条件下，各向异性复合材料的静水压力增量和偏应力增量不仅与材料的体应变增量有关，还与偏应变增量和塑性应变增量有关。

6.3　物态方程和屈服方程

6.3.1　物态方程的引入

复合材料遭受高强度雷击热力冲击时会导致其发生一系列的物理、化学变化，甚至固-液-气三相转化。在前面的理论推导过程中，已经将应力分量分解为静水压力张量和偏应力张量两部分，并给出了其计算公式。对于偏应力采用本构关系计算，而对于静水压力通常采用物态方程计算，这是因为对于式(6-9)和式(6-14)中 $p(\mathrm{d}p)$ 与 $\theta(\mathrm{d}\theta)$ 之间的线性关系只在压力很低的条件下才能成立。因此，为了计算高压条件下复合材料体积变化的非线性特征，需要引入物态方程进行研究。研究中要求所建立的物态方程不仅能描述低温状态下的冲击压缩状态，还可以描述高温高压但密度接近初始情况的状态和体积高度膨胀的高温低密度状态。本研究采用美国空军武器实验室提出的 PUFF 物态方程来描述雷击环境下复合材料压缩区和膨胀区的状态，PUFF 物态方程的基本形式为

$$p = \begin{cases} p_H(V) + \rho\Gamma(e - e_H) & \rho \geqslant \rho_0 \\ \rho\left[\gamma - 1 + (\Gamma - \gamma + 1)\sqrt{\dfrac{\rho}{\rho_0}}\right]\left[e - e_s\left\{1 - \exp\left[N\dfrac{\rho}{\rho_0}\left(1 - \dfrac{\rho}{\rho_0}\right)\right]\right\}\right] & \rho < \rho_0 \end{cases} \tag{6-16}$$

式中：p 为压力，p_H 为冲击绝热线，V 为比体积，$\rho = 1/V$ 为密度，ρ_0 为初始密度，Γ 为 Grüneisen 系数，γ 为气体的比热比，e 是材料的比内能，e_s 为材料的升华能，$N = c_0^2/\Gamma e_s$。

式(6-16)中压缩区和膨胀区在 $\rho = \rho_0$ 处连续，并且能够很好地从固态区过渡到气态区。其中压缩区物态方程的形式是以冲击绝热线为参考线的 Grüneisen 物态方程，p_H 和 e_H 的具体形式为

$$p_H(V) = \frac{\rho_0 c_0^2 (1 - V/V_0)}{\left[1 - s(1 - V/V_0)\right]^2}, \quad e_H(V) = \frac{1}{2} p_H(V_0 - V) \tag{6-17}$$

式中：c_0 为初始波速，s 为雨贡纽参数。在小应变条件下，定义比体积相对改变量 μ 为

$$\mu = \frac{V_0 - V}{V} \approx -\frac{V - V_0}{V_0} = -\theta \tag{6-18}$$

6.3.2　弹性阶段物态方程及修正

为了便于数值计算，将式(6-16)按 θ 进行泰勒展开，由于体应变 θ 较小，研究中忽略四次及以上的高阶项，得到多项式形式的 PUFF 物态方程，如下：

$$p = \begin{cases} -A_1\theta + \left(A_2 - \dfrac{\Gamma}{2}A_1\right)\theta^2 + \left(A_3 - \dfrac{\Gamma}{2}A_2\right)\theta^3 + (\rho_0\Gamma_0 - \rho_0\Gamma_0\theta)e & \rho \geqslant \rho_0 \\[3mm] -B_1\theta + B_2\theta^2 - B_3\theta^3 + \left[\rho_0\Gamma - \dfrac{3\rho_0\Gamma}{2}\theta + \dfrac{\rho_0(\gamma-1)}{2}\theta\right]e & \rho < \rho_0 \end{cases} \tag{6-19}$$

其中：$A_1 = \rho_0 c_0^2$，$A_2 = A_1(2s-1)$，$A_3 = A_1(3s^2 - 4s + 1)$，$B_1 = A_1$，$N = c_0^2 / \Gamma_0 e_s$，$B_2 = -\dfrac{B_1}{2} -$

$\dfrac{\gamma-1}{4\Gamma_0}B_1 + \dfrac{B_1}{2}N$，$B_3 = \dfrac{5B_1}{24} + \dfrac{5}{8}\dfrac{\gamma-1}{\Gamma_0}B_1 - \left(\dfrac{5}{4} + \dfrac{\gamma-1}{4\Gamma_0}\right)B_1N + \dfrac{1}{6}B_1N^2$。

式(6-19)仅适用于各向同性材料，对于各向异性复合材料，物态方程中需要考虑材料主轴方向的力学性能差异和偏应变对压力贡献项带来的影响。在弹性变形阶段，考虑复合材料的各向异性特征，并结合式(6-9)将 PUFF 物态方程进行修正，修正后对应压缩区和膨胀区的多项式(6-19)可表示为

$$p = \begin{cases} -A_1'\theta + \left(A_2 - \dfrac{\Gamma}{2}A_1\right)\theta^2 + \left(A_3 - \dfrac{\Gamma}{2}A_2\right)\theta^3 + (\rho_0\Gamma_0 - \rho_0\Gamma_0\theta)e \\[2mm] \quad -\dfrac{\varepsilon_{11}^d}{3}(C_{11} + C_{12} + C_{13}) - \dfrac{\varepsilon_{22}^d}{3}(C_{12} + C_{22} + C_{23}) - \dfrac{\varepsilon_{33}^d}{3}(C_{13} + C_{23} + C_{33}) & \rho \geqslant \rho_0 \\[4mm] -A_1'\theta + B_2\theta^2 - B_3\theta^3 + \left[\rho_0\Gamma - \dfrac{3\rho_0\Gamma}{2}\theta + \dfrac{\rho_0(\gamma-1)}{2}\theta\right]e \\[2mm] \quad -\dfrac{\varepsilon_{11}^d}{3}(C_{11} + C_{12} + C_{13}) - \dfrac{\varepsilon_{22}^d}{3}(C_{12} + C_{22} + C_{23}) - \dfrac{\varepsilon_{33}^d}{3}(C_{13} + C_{23} + C_{33}) & \rho < \rho_0 \end{cases}$$

$$\tag{6-20}$$

6.3.3　塑性阶段物态方程修正

同样，在塑性变形阶段考虑复合材料的各向异性特征，并结合式(6-14)，将原始的 PUFF 物态方程进行修正。由于塑性阶段采用增量形式来描述应力和应变之间的关系，所以，修正后的 PUFF 物态方程也采用增量形式表述，对式(6-19)求全微分可获得其增量形式为

$$dp = \begin{cases} -A_1 d\theta + 2\theta\left(A_2 - \dfrac{\Gamma A_1}{2}\right)d\theta - 3\theta^2\left(A_3 - \dfrac{\Gamma A_2}{2}\right)d\theta \\[2mm] \quad + (\rho_0\Gamma - \rho_0\Gamma\theta)de - \rho_0\Gamma e d\theta & \rho \geqslant \rho_0 \\[4mm] (-B_1 + 2B_2\theta - 3B_3\theta^2)d\theta + \left[\rho_0\Gamma - \dfrac{3\rho_0\Gamma\theta}{2} + \dfrac{\rho_0\theta(\gamma-1)}{2}\right]de \\[2mm] \quad -\left[\dfrac{3\rho_0\Gamma}{2} - \dfrac{\rho_0(\gamma-1)}{2}\right]e d\theta & \rho < \rho_0 \end{cases} \tag{6-21}$$

式(6-21)也仅适用于各向同性材料,同样考虑复合材料主轴方向的力学性能差异和偏应变对压力贡献项带来的影响,修正后的物态方程为

$$
\mathrm{d}p = \begin{cases}
\begin{aligned}
& -A_1'\mathrm{d}\theta + 2\theta\left(A_2 - \frac{\Gamma A_1}{2}\right)\mathrm{d}\theta - 3\theta^2\left(A_3 - \frac{\Gamma A_2}{2}\right)\mathrm{d}\theta + (\rho_0\Gamma - \rho_0\Gamma\theta)\mathrm{d}e - \rho_0\Gamma e\mathrm{d}\theta \\
& -\frac{\mathrm{d}\varepsilon_{11}^{d}}{3}(C_{11}+C_{12}+C_{13}) - \frac{\mathrm{d}\varepsilon_{22}^{d}}{3}(C_{12}+C_{22}+C_{23}) - \frac{\mathrm{d}\varepsilon_{33}^{d}}{3}(C_{13}+C_{23}+C_{33}) \\
& +\frac{\mathrm{d}\varepsilon_{11}^{p}}{3}(C_{11}+C_{12}+C_{13}) + \frac{\mathrm{d}\varepsilon_{22}^{p}}{3}(C_{12}+C_{22}+C_{23}) + \frac{\mathrm{d}\varepsilon_{33}^{p}}{3}(C_{13}+C_{23}+C_{33})
\end{aligned} & \rho \geqslant \rho_0 \\[2em]
\begin{aligned}
& \left(-A_1' + 2B_2\theta - 3B_3\theta^2\right)\mathrm{d}\theta + \left[\rho_0\Gamma - \frac{3\rho_0\Gamma\theta}{2} + \frac{\rho_0\theta(\gamma-1)}{2}\right]\mathrm{d}e - \left[\frac{3\rho_0\Gamma}{2} - \frac{\rho_0(\gamma-1)}{2}\right]e\mathrm{d}\theta \\
& -\frac{\mathrm{d}\varepsilon_{11}^{d}}{3}(C_{11}+C_{12}+C_{13}) - \frac{\mathrm{d}\varepsilon_{22}^{d}}{3}(C_{12}+C_{22}+C_{23}) - \frac{\mathrm{d}\varepsilon_{33}^{d}}{3}(C_{13}+C_{23}+C_{33}) \\
& +\frac{\mathrm{d}\varepsilon_{11}^{p}}{3}(C_{11}+C_{12}+C_{13}) + \frac{\mathrm{d}\varepsilon_{22}^{p}}{3}(C_{12}+C_{22}+C_{23}) + \frac{\mathrm{d}\varepsilon_{33}^{p}}{3}(C_{13}+C_{23}+C_{33})
\end{aligned} & \rho < \rho_0
\end{cases}
$$

$$(6\text{-}22)$$

修正后的物态方程不仅考虑了体积变化非线性特征的影响,还通过各向异性等效体积模量对各向同性体积模量的取代以及偏应变增量和塑性应变增量的引入,比较全面地考虑了复合材料的各向异性特征和强度效应。如果附着区单元沉积的能量足够大,以至于 $e > e_s$,且 $\rho < \rho_0$,则材料处于汽化状态,这时直接使用原始的 PUFF 物态方程进行描述。

6.3.4　屈服方程

屈服方程是复合材料本构模型中非常重要的一部分,在外部载荷作用下,复合材料的弹塑性变形阶段可通过屈服方程进行判断。求解屈服方程可获得复合材料的塑性应变增量,塑性应变增量通过积分方法获得。研究中采用 Hill-Type 屈服方程来判断材料是否进入塑性变形阶段,Hill-Type 屈服方程表达如下:

$$
f(\sigma, R) = \sqrt{\left[\frac{\sigma_{12}}{1-d_{12}}\right]^2 + A\left[\frac{\langle\sigma_{22}\rangle_+}{1-d_{22}} + \langle\sigma_{22}\rangle_- + \sigma_{33}\right]^2} - \left[\underline{R_0} + \beta\left(\varepsilon^p\right)^\alpha\right] \quad (6\text{-}23)
$$

其中:A 为剪切和横向应变耦合因子,研究中认为塑性硬化准则为各向同性的,且仅依赖于等效塑性应变 ε^p。计及应变率效应的屈服应力 $\underline{R_0}$ 可表示为

$$
\underline{R_0} = R_0\left(1 + F_R(\dot{\varepsilon})\right) = R_0\left[1 + D\left(\frac{\dot{\varepsilon}}{\dot{\varepsilon}^{\mathrm{ref}}}\right)\right] \quad (6\text{-}24)
$$

其中:R_0 为初始屈服应力,$\dot{\varepsilon}$ 为应变率,$\dot{\varepsilon}^{\mathrm{ref}}$ 为参考应变率,且 $\dot{\varepsilon}^{\mathrm{ref}} = 0.001\mathrm{s}^{-1}$。$D$

为拟合参数，这里借鉴 Ganzenmüller 工作中关于碳纤维/环氧树脂基复合材料的应变率关系参数，取 $D=0.038^{[24]}$。等效塑性应变率 $\dot{\varepsilon}^p$ 可根据正交化法则和获得，表达式如下：

$$\begin{cases} \dot{\varepsilon}=\dot{\varepsilon}^p=(1-d_{12})\dot{\gamma}_{12}^p \\ \dot{\gamma}_{12}^p=\dfrac{\partial f(\sigma,R)}{\partial \sigma_{12}}\dot{\lambda} \end{cases} \tag{6-25}$$

根据一致性法则，塑性变形阶段的应力状态始终保持在屈服面上，即

$$df(\sigma,R)=\frac{\partial f(\sigma,R)}{\partial \sigma}d\sigma=0 \tag{6-26}$$

由于在研究中不考虑弹塑性变形之间的耦合效应，可得到

$$\{\dot{\sigma}\}=[C]\{\dot{\varepsilon}\}-\dot{\lambda}[C]\left\{\frac{\partial f(\sigma,R)}{\partial \sigma}\right\} \tag{6-27}$$

由此可推导得到

$$\dot{\lambda}=\frac{[C]\{\dot{\varepsilon}\}-\{\dot{\sigma}\}}{[C]\left\{\dfrac{\partial f(\sigma,R)}{\partial \sigma}\right\}}=\frac{\left\{\dfrac{\partial f(\sigma,R)}{\partial \sigma}\right\}^{\top}[C]\{\dot{\varepsilon}\}-\left\{\dfrac{\partial f(\sigma,R)}{\partial \sigma}\right\}^{\top}\{\dot{\sigma}\}}{\left\{\dfrac{\partial f(\sigma,R)}{\partial \sigma}\right\}^{\top}[C]\left\{\dfrac{\partial f(\sigma,R)}{\partial \sigma}\right\}}=\frac{\left\{\dfrac{\partial f(\sigma,R)}{\partial \sigma}\right\}^{\top}[C]\{\dot{\varepsilon}\}}{\left\{\dfrac{\partial f(\sigma,R)}{\partial \sigma}\right\}^{\top}[C]\left\{\dfrac{\partial f(\sigma,R)}{\partial \sigma}\right\}}$$

$$\tag{6-28}$$

当塑性流动因子 $\dot{\lambda}$ 确定时，即可获得塑性应变增量和应力增量，此时建立的本构模型不仅考虑了体积变化的非线性和各向异性特征，而且还考虑了复合材料的应变率效应。因此，本章建立的弹塑性本构模型和修正的 PUFF 物态方程可更加真实地反映雷击过程中复合材料的损伤特征。

6.4　雷击动态损伤分析方法

6.4.1　复合材料加筋壁板有限元模型

研究中复合材料加筋壁板的详细信息已经在第 5 章中做了详细的介绍，在这里不再赘述。在数值模拟中施加的雷电流为双指数脉冲电流波形，电流波形如图 6-1 所示，其中 $T_1/T_2=30.6/126.49\mu s$，电流峰值为 51.229kA。复合材料加筋壁板的边界条件设置如下：复合材料加筋壁板蒙皮上表面和壁板四周设置为热辐射边界，热辐射系数为 $\varepsilon=0.9$。T 型筋条和壁板四周接地，可设置其电势 $U=0V$。

复合材料加筋壁板蒙皮下表面和 T 型筋条绝热，热流密度设置为 0W/m²。对复合材料加筋壁板划分网格后，其最大网格尺寸约为 8.33mm×7mm×0.15mm。对于复合材料蒙皮，每层共有 2640 个单元，T 型筋条每层有 1440 个单元，T 型筋条底部每层有 1440 个单元。计算过程中将雷电流直接施加在复合材料加筋壁板蒙皮的外表面中心节点位置，图 6-2 为根据雷击试验建立的复合材料加筋壁板有限元模型。

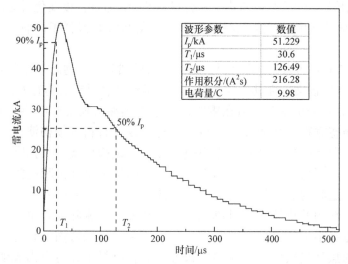

波形参数	数值
I_p/kA	51.229
T_1/μs	30.6
T_2/μs	126.49
作用积分/(A²s)	216.28
电荷量/C	9.98

图 6-1　雷电流波形

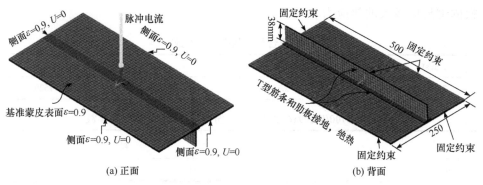

(a) 正面　　　　　　　　　　(b) 背面

图 6-2　复合材料加筋壁板有限元模型及边界条件

6.4.2　分析流程和材料参数

在研究雷击作用下复合材料加筋壁板的热冲击损伤和固-液-气三相转变时，整个计算的分析流程如图 6-3 所示。首先，在 ANSYS 软件中采用多场耦合分析模块开展复合材料加筋壁板在雷电流作用下的电热耦合分析，此时可以获得复合材料加筋壁板在雷击作用下每个单元的内能分布，提取并保存每个计算步的内能数据。然后，调用开发的本构模型和物态方程子程序来计算复合材料加筋壁板在雷击作用下的热力响应和固-液-气三相转化过程。最后，根据失效准则定义失效单元。当飞机复合材料结构遭受雷击作用时，雷电流附着区附近的温度将会发生剧烈变化，相关研究表明：雷电流附着区局部温度可高达 10000℃以上，如此高的温度会造成复合材料的力学、电学和热学材料性能参数发生变化。为了提高数值模拟的精确度和可靠性，考虑了复合材料性能参数随温度变化时对计算结果的影响，复合材料随温度变化的材料参数在文献[25]中已经做了详细的介绍，这里不再赘述。

对于 T700/BA9916 复合材料，目前尚未见到关于其物态方程参数的报道，可以参考黄霞、汤文辉在其研究中提供了碳酚醛复合材料的物态方程参数[12-19]，研究 T700/BA9916 复合材料在雷击作用下的热冲击损伤和固-液-气三相转变过程，其物态方程参数如表 6-1 所示。对于复合材料的损伤演化和塑性关系参数，这里参考课题组已有工作中通过准静态试验反演的数据[26]，如表 6-2 所示。研究中所采用的失效准则为升华能，即每个单元沉积的能量与复合材料的升华能之间的关系作为定义单元失效的条件。如果附着区沉积的比内能大于复合材料的升华能，此时单元认为已经失效并删除失效单元。如果附着区沉积的能量小于复合材料的升华能，则该单元仍保持固体状态。但由于雷击过程中的焦耳热效应，处在固体状态的复合材料单元将会出现明显的温度上升现象，此时复合材料单元将会发生热膨胀变形，继而在复合材料加筋壁板内部形成较大的热应力。

表 6-1　复合材料状态方程参数[12-19]

c_0/(m/s)	s	Γ_0	γ	e_s/(J/g)	ρ_0/(kg/m³)
2350	1.66	2.32	1.4	5150	1520

表 6-2　T700/BA9916 复合材料损伤演化参数和塑性关系参数

ε_i^{ft}	ε_u^{ft}	d_u^{ft}	ε_i^{fc}	ε_u^{fc}	d_u^{fc}
0.0151	0.0175	0.99	0.0151	0.0175	0.99

γ	Y_C(MPa$^{1/2}$)	Y_0(MPa$^{1/2}$)	Y_R(MPa$^{1/2}$)	R_0(MPa)	Y_s' (MPa$^{1/2}$)
7.73×10^{-10}	0.0609	0.1492	4.4617	36.2	0.05109

Y_C' (MPa$^{1/2}$)	Y_0' (MPa$^{1/2}$)	β(MPa)	α	$a^2=A$	b
0.22386	0.03226	343.24	0.21338	0.558	0.3738

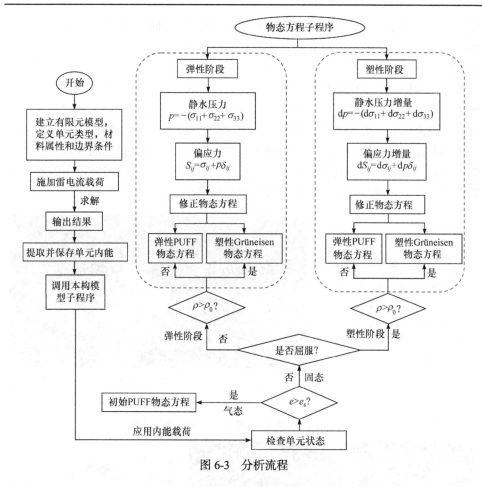

图 6-3　分析流程

6.5　计算结果分析

6.5.1　复合材料加筋壁板等效应力分布

雷击后复合材料加筋壁板的失效单元如图 6-4(a)所示,其整体损伤形貌如图 6-4(b)所示。可以看到:在此工况下雷电流附着区附近共有 124 个单元被删除,且失效单元均分布在基准蒙皮的前 3 层。失效单元的体积为 353mm³,第 1 层、第 2 层和第 3 层分别有 60、48 和 16 个单元被删除。失效单元删除以后,损伤区域有明显的鼓包和翘起现象,附着区的损伤面积约为 63mm×30mm,且附着区的最高温度为 3049.92℃。由此可以说明:雷击过程中在附着区附近有巨大的能量沉积,从而导致材料的比内能大于其升华能,进而造成表层复合材料从固体状态直接升华为气体状态,单元删除以后的剩余材料可以反映附着区的纤维断裂和纤维拔出现象。熔融和汽化的材料将会向外部高速喷射，进而会在复合材料结构内部形成热击波效应，所以，会对剩余复合材料结构产生一个反向冲击效应，从而在雷电附着区附近形成明显的凹坑和屈曲损伤。复合材料加筋壁板雷电附着区等效应力云图和横截面损伤形貌如图 6-5 所示，可以看到：在雷电附着区附近和 T 型筋条底部有明显的屈曲变形，此外在 T 型筋条内部同样也出现单元删除现象，说明在雷电流的强热力冲击下，热击波效应可能会在复合材料加筋壁板内部造成一些从外部无法看到的内部损伤。失效单元删除以后，复合材料加筋壁板的最大等效应力为 36.1GPa，最大等效应力出现在雷击附着点区域，同时在雷击附着区的等效应力较大，而在其他区域的等效应力相对较小。

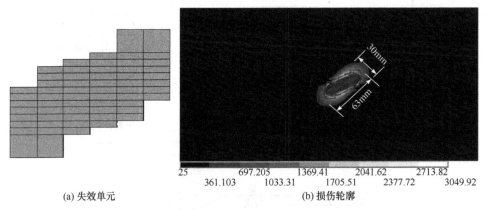

(a) 失效单元　　　　　　　　　　　　　(b) 损伤轮廓

图 6-4　复合材料加筋壁板雷击损伤计算结果

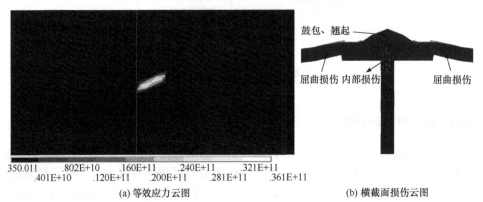

(a) 等效应力云图　　　　　　　　　　　(b) 横截面损伤云图

图 6-5　复合材料加筋壁板等效应力云图(单位：Pa)

　　图 6-6 为复合材料加筋壁板基准蒙皮每层的等效应力云图，图 6-7 为复合材料加筋壁板基准蒙皮的等效应力沿厚度方向上的变化曲线。通过图 6-6 可以看到各层等效应力云图大约沿 45°方向分布，且雷击过程中产生的强冲击力贯穿了复合材料加筋壁板的整个厚度方向。由于复合材料的各向异性特征和各层不同方向

上的刚度不同，从而导致等效应力沿整个厚度方向上不分布均匀，且各层的等效应力差异较大。此外，等效应力主要集中在各层的雷电流附着区附近，并且越靠近内层其等效应力值越小。例如在第 4 层、第 7 层和第 9 层，其最大等效应力分别为 36.1GPa、24GPa 和 17.6GPa，但在其他各层等效应力值均小于这 3 层的等效应力值。如前 3 层的等效应力值分别为 3.99GPa、11.8GPa 和 11.3GPa，相对小于第 4 层、第 7 层和第 9 层的最大等效应力，说明在雷击过程中最大应力并不是出现在前 3 层，这是由于在前 3 层出现了单元失效现象，而单元失效以后释放了雷击过程中因单元急剧高速膨胀而产生的热应力。从第 4 层开始不再出现单元删除现象，且整个复合材料加筋壁板的最大应力出现在该层，说明雷击过程中该层单元急剧膨胀产生的热应力较大。由于该层无单元删除现象出现，单元热膨胀产生的热应力无法释放，从而导致该层的最大等效应力较大。从第 10 层到第 24 层其等效应力值较小，且均小于 8.33GPa，T 型筋条的最大等效应力值为 1.45GPa，此数值明显小于复合材料基准蒙皮的等效应力值，如图 6-8 所示。这是由于雷击产生的热效应主要集中在复合材料加筋壁板表层，而复合材料厚度方向的电导率和热导率较小，导致厚度方向传导的雷电流和焦耳热也较小，从而造成沿厚度方向产生的能量沉积较小，所以复合材料单元产生的热膨胀和热应力较小。此外，雷击过程中应力波在传播过程中不断被吸收和耗散，T 型筋条的等效应力小于基准蒙皮的等效应力。基于以上分析可知：雷击过程中引起的热击波效应主要对前 9 层产生较明显的损伤效应，而对内部各层和 T 型筋条的影响相对较小。

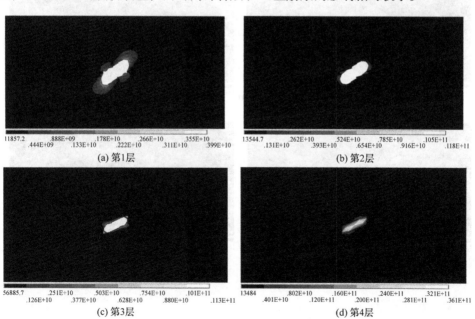

(a) 第1层　　　　　　　　　　(b) 第2层

(c) 第3层　　　　　　　　　　(d) 第4层

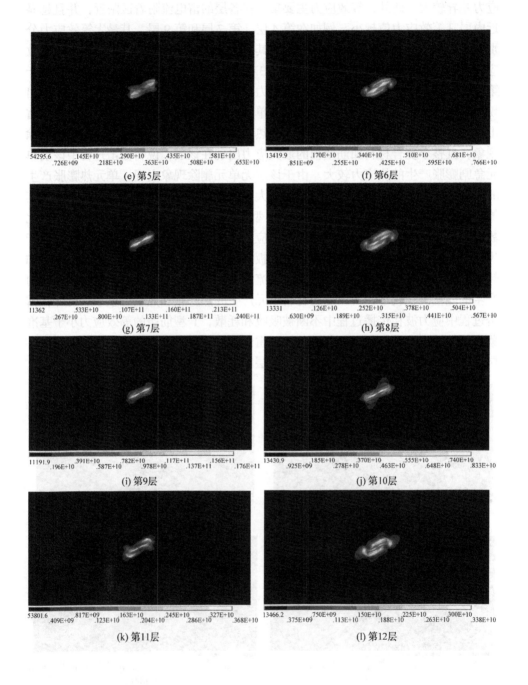

54295.6   .145E+10   .290E+10   .435E+10   .581E+10
.726E+09   .218E+10   .363E+10   .508E+10   .653E+10

(e) 第5层

13419.9   .170E+10   .340E+10   .510E+10   .681E+10
.851E+09   .255E+10   .425E+10   .595E+10   .766E+10

(f) 第6层

11362   .533E+10   .107E+11   .160E+11   .213E+11
.267E+10   .800E+10   .133E+11   .187E+11   .240E+11

(g) 第7层

13331   .126E+10   .252E+10   .378E+10   .504E+10
.630E+09   .189E+10   .315E+10   .441E+10   .567E+10

(h) 第8层

11191.9   .391E+10   .782E+10   .117E+11   .156E+11
.196E+10   .587E+10   .978E+10   .137E+11   .176E+11

(i) 第9层

13430.9   .185E+10   .370E+10   .555E+10   .740E+10
.925E+09   .278E+10   .463E+10   .648E+10   .833E+10

(j) 第10层

53801.6   .817E+09   .163E+10   .245E+10   .327E+10
.409E+09   .123E+10   .204E+10   .286E+10   .368E+10

(k) 第11层

13466.2   .750E+09   .150E+10   .225E+10   .300E+10
.375E+09   .113E+10   .188E+10   .263E+10   .338E+10

(l) 第12层

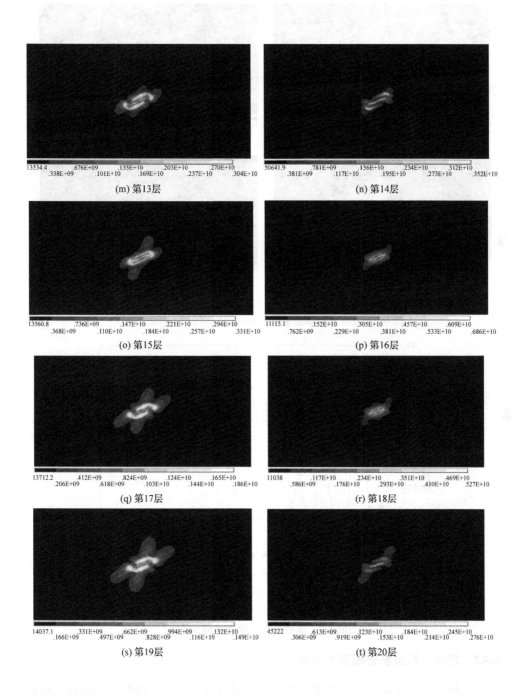

(m) 第13层

(n) 第14层

(o) 第15层

(p) 第16层

(q) 第17层

(r) 第18层

(s) 第19层

(t) 第20层

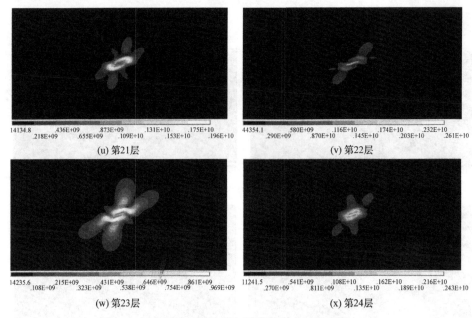

$$14134.8 \qquad .436E+09 \qquad .873E+09 \qquad .131E+10 \qquad .175E+10$$
$$.218E+09 \qquad .655E+09 \qquad .109E+10 \qquad .153E+10 \qquad .196E+10$$

(u) 第21层

$$44354.1 \qquad .580E+09 \qquad .116E+10 \qquad .174E+10 \qquad .232E+10$$
$$.290E+09 \qquad .870E+09 \qquad .145E+10 \qquad .203E+10 \qquad .261E+10$$

(v) 第22层

$$14235.6 \qquad .215E+09 \qquad .431E+09 \qquad .646E+09 \qquad .861E+09$$
$$.108E+09 \qquad .323E+09 \qquad .538E+09 \qquad .754E+09 \qquad .969E+09$$

(w) 第23层

$$11241.5 \qquad .270E+09 \qquad .541E+09 \qquad .108E+10 \qquad .162E+10 \qquad .216E+10$$
$$.541E+09 \qquad .811E+09 \qquad .135E+10 \qquad .189E+10 \qquad .243E+10$$

(x) 第24层

图 6-6　复合材料加筋壁板各层等效应力云图(单位: Pa)

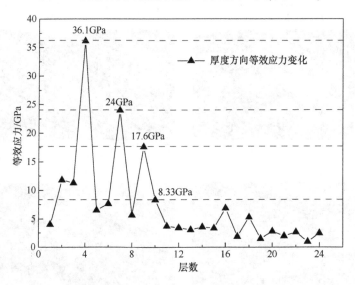

图 6-7　等效应力沿厚度方向变化

6.5.2　复合材料加筋壁板温度分布

从热效应的角度来讲, 当雷电流附着在复合材料结构表面时, 其能量在附着区附近迅速沉积。沉积的能量通常可以分为两部分: 一部分转化为使复合材料膨

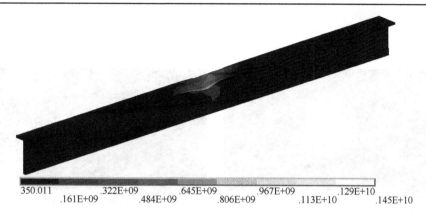

350.011　　.322E+09　　.645E+09　　.967E+09　　.129E+10
　　.161E+09　　.484E+09　　.806E+09　　.113E+10　　.145E+10

图 6-8　T 型筋条等效应力云图(单位：Pa)

胀、屈曲、翘起和鼓包的动能；另一部分转化为使复合材料迅速升温的内能。内能的增加导致复合材料温度迅速升高，从而很容易使复合材料发生烧蚀和热分解。此外，由于复合材料的各向异性特征，能量在复合材料内部不均匀沉积，进而导致复合材料温度的不均匀上升和结构的不均匀膨胀。复合材料基准蒙皮各层温度的分布如图 6-9 所示，T 型筋条的温度分布如图 6-10 所示。图 6-9 表明单元删除只出现在前 3 层，单元删除以后残留区域的损伤轮廓呈椭圆形，且椭圆长轴沿第 1 层的纤维铺层方向(45°)；第 2 层和第 3 层的损伤轮廓与第 1 层相似，均呈现出椭圆形，且长轴也均沿着 45°方向，但第 2 层和第 3 层的损伤轮廓均偏离了该层

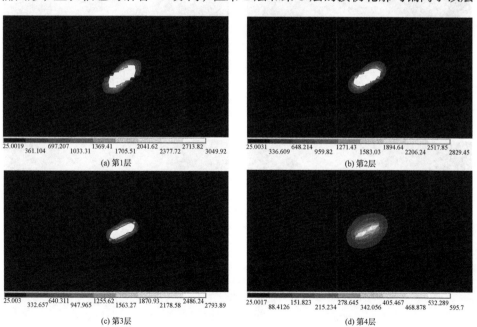

25.0019　697.207　1369.41　2041.62　2713.82
　361.104　1033.31　1705.51　2377.72　3049.92
(a) 第1层

25.0031　648.214　1271.43　1894.64　2517.85
　336.609　959.82　1583.03　2206.24　2829.45
(b) 第2层

25.003　640.311　1255.62　1870.93　2486.24
　332.657　947.965　1563.27　2178.58　2793.89
(c) 第3层

25.0017　151.823　278.645　405.467　532.289
　88.4126　215.234　342.056　468.878　595.7
(d) 第4层

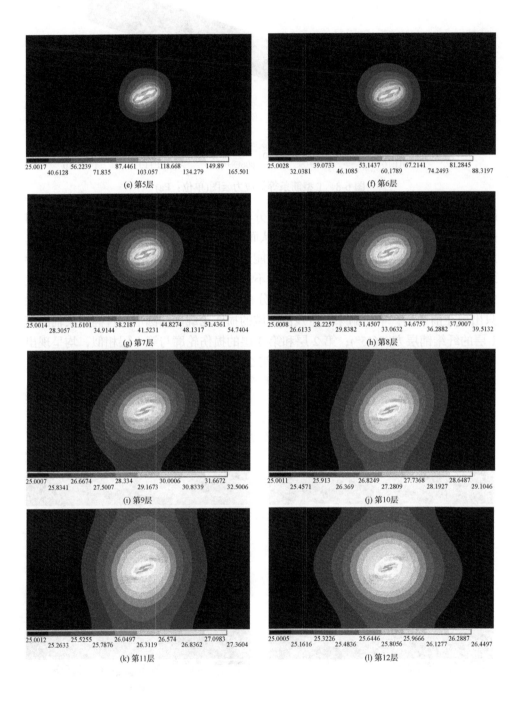

(e) 第5层

(f) 第6层

(g) 第7层

(h) 第8层

(i) 第9层

(j) 第10层

(k) 第11层

(l) 第12层

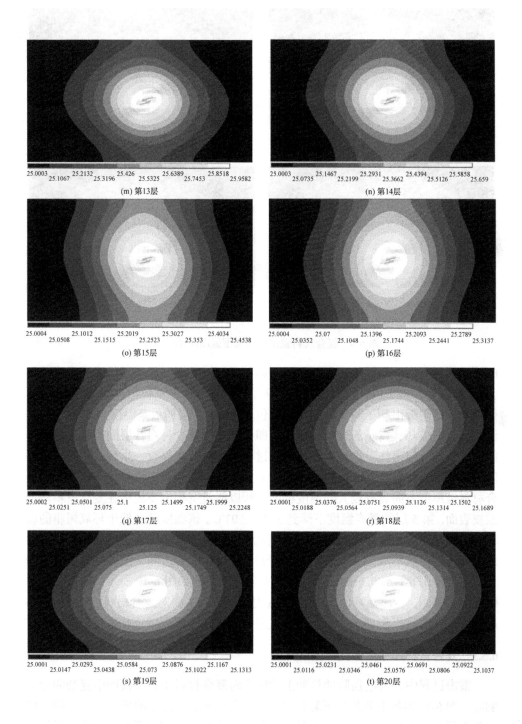

(m) 第13层　　　　　　　　　　　　　　　　(n) 第14层

(o) 第15层　　　　　　　　　　　　　　　　(p) 第16层

(q) 第17层　　　　　　　　　　　　　　　　(r) 第18层

(s) 第19层　　　　　　　　　　　　　　　　(t) 第20层

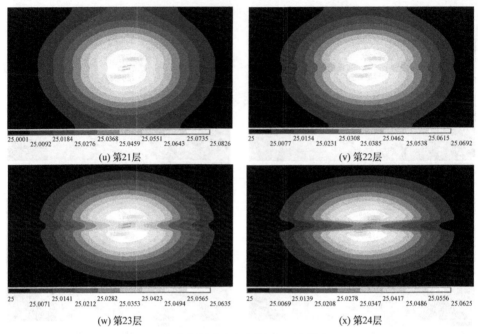

图 6-9　复合材料蒙皮各层温度云图(单位：℃)

的纤维铺层方向。失效单元删除以后，第 1 层、第 2 层和第 3 层的最高温度分别为 3049.92℃、2829.45℃和 2793.89℃。从第 4 层以后各层不再出现单元删除现象，但在附着区附近出现了明显的屈曲和鼓包现象。第 4 层的最高温度为 595.7℃，该温度只会造成环氧树脂的熔融和分解，即只能造成复合材料各层间因环氧树脂分解而导致的分层损伤。这是由于雷击的过程非常短暂，仅有一小部分焦耳热沿厚度方向传导。此外，复合材料厚度方向上的电导率和热导率也较小，从而导致复合材料沿厚度方向具有较大的温度梯度，所以能量沉积主要集中在复合材料基准蒙皮表面。第 5 层的最高温度下降到了 165.501℃，该温度已经低于环氧树脂的玻璃化转化温度。第 6 层和第 7 层的温度均低于 100℃，此时不会造成环氧树脂的熔融和分解。从第 8 层到第 24 层的温度均在 25～40℃之间，该温度可认为属于环境温度范围。T 型筋条的温度几乎没有发生变化，如图 6-10 所示。通过本节的研究可以得到：当电流峰值为 51.229kA 时，雷电流主要对复合材料加筋壁板前 4 层造成严重的热损伤，而从第 5 层一直到内层和 T 型筋条的损伤程度相对较小。

6.5.3　复合材料加筋壁板变形情况

雷击过程中，雷电强脉冲热冲击效应会对复合材料加筋壁板产生复杂的力学响应，图 6-11 为各个载荷步下复合材料加筋壁板沿 Z 方向上的变形云图，图 6-12 为各个载荷步下基准蒙皮和 T 型筋条的等效应力变化。可以看到：在雷击强热力

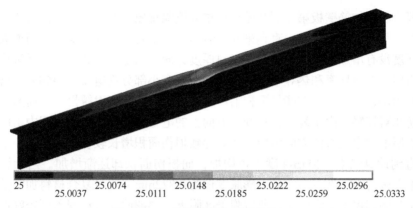

图 6-10　T 型筋条温度云图(单位：℃)

冲击过程中，复合材料加筋壁板表现出复杂的变形特征和应力变化特征，各载荷步作用下复合材料加筋壁板的变形特征差异较大。图 6-11(a)为第 1 个载荷步下复合材料加筋壁板在 Z 方向上的变形云图，雷击开始时刻的复合材料加筋壁板没有出现明显的热膨胀现象，此时复合材料加筋壁板的最大等效应力和热膨胀变形较小，这是由于在雷击开始时刻的复合材料加筋壁板表面沉积能量较小，由此造成的温度上升量也较小，此时雷电附着区的最高温度为 155.756℃，Z 向最大变形为-0.495×10^{-3}mm，附着区产生的热膨胀变形可以忽略。图 6-11(b)为第 2 个载荷步作用下复合材料加筋壁板的 Z 向变形云图，此时复合材料加筋壁板的最大变形依然较小，其最大等效应力为 1.88GPa，由于雷击附着区沉积的能量较少，尚未造成单元删除现象，在此电流载荷作用下，前 2 个载荷步不会出现单元删除现象，从第 3 个载荷步开始，复合材料加筋壁板开始出现单元删除现象，此时雷击附着区附近有 4 个单元被删除，且失效单元集中在第 1 层。此时，雷击附着区的膨胀变形依然较小，Z 向最大膨胀变形为-0.0108mm，复合材料加筋壁板的最大等效应力约为 2.93GPa；但 T 型筋条的最大等效应力较小，仅为 16.8MPa。从而进一步说明：由于前 3 个载荷步沉积的能量相对较小，附着区造成的热膨胀程度相对较轻。

随着雷电流的持续注入，复合材料加筋壁板的损伤程度逐渐加重，附着区的等效应力和膨胀变形也逐渐增大。从第 4 个载荷步开始，复合材料加筋壁板第 2 层开始出现单元删除现象，此时第 1 层有 10 个单元被删除，而第 2 层仅有 2 个单元被删除。复合材料加筋壁板的最大等效应力为 5.46GPa，T 型筋条的最大等效应力为 32.6MPa，附着区的膨胀变形为 0.0193mm。此外，根据图 6-12 的计算结果，由于第 2 层出现单元删除现象，从第 5 个载荷步到第 10 个载荷步，复合材料加筋壁板的最大等效应力出现上升、下降而后又急剧上升的振荡现象，但 T 型筋条的等效应力却逐渐增大，附着区附近的膨胀程度也逐渐增加。从载荷步 10 开始，复合材料加筋壁板第 3 层开始出现单元删除现象，此时第 3 层仅有 2 个单元被删除。从第 4 个载荷步一直到第 9 个载荷步，附着区的损伤面积逐渐增大，而损伤深度没有增加，这是由于复合材料厚度方向上的电导率和热导率远远小于其纤维方向上的电导率和热导率。雷击过程中只有小部分雷电流传导到复合材料加筋壁板内部，所以产生的能量沉积沿厚度方向上传导得相对缓慢，从而造成的雷击损伤相对较轻。由于复合材料纤维方向上的电导率较大，雷击过程中雷电流优先沿表层电导率较大的方向传导，从而导致损伤面积增长较快。从第 10 个载荷步一直到计算结束，损伤深度不再增加，而损伤面积却逐渐增加。当计算结束时，附着区的沿厚度方向的最大膨胀变形为 0.822mm，此时复合材料加筋壁板外部鼓包和翘起现象非常明显，所以附着区附近外部翘曲和鼓包现象可较好地反映雷击过程中复合材料的纤维断裂和纤维拔起现象。此外，分析图 6-12 可知：在各载荷步下，基准蒙皮的最大等效应力均大于 T 型筋条的最大等效应力，且 T 型筋

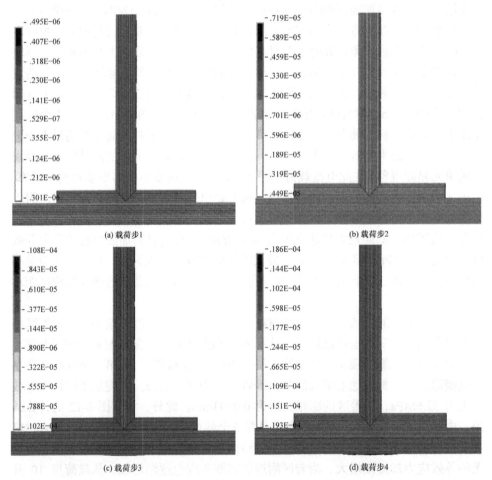

(a) 载荷步1

(b) 载荷步2

(c) 载荷步3

(d) 载荷步4

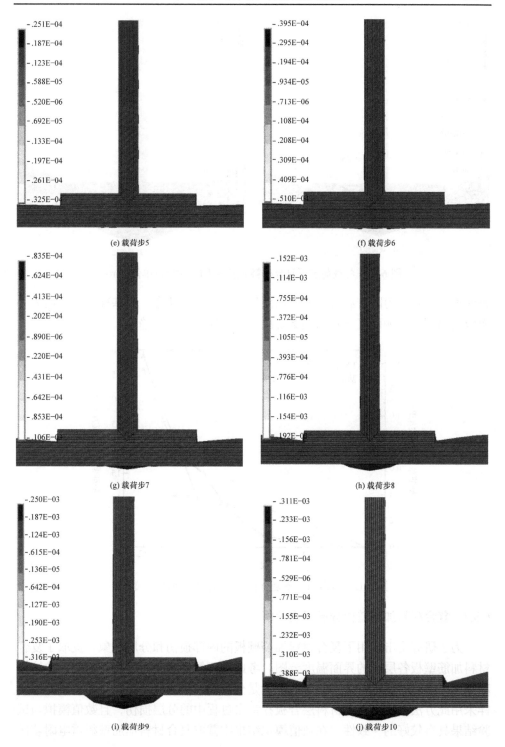

(e) 载荷步5

(f) 载荷步6

(g) 载荷步7

(h) 载荷步8

(i) 载荷步9

(j) 载荷步10

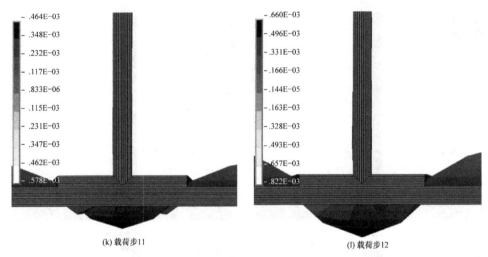

(k) 载荷步11　　　　　　　　　　　　(l) 载荷步12

图 6-11　各载荷步下复合材料加筋壁板位移变化(单位：m)

条的最大等效应力随着载荷步的增加而保持曲线增加状态，而基准蒙皮的最大等效应力出现先增加而又下降的振荡现象，但总体保持增加趋势。

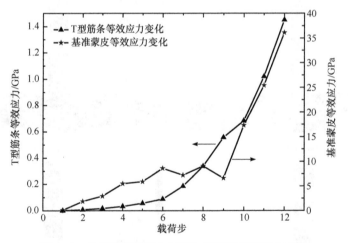

图 6-12　各载荷步下复合材料加筋壁板等效应力变化

6.5.4　复合材料加筋壁板分层损伤分析

为了研究雷击作用下复合材料加筋壁板的内部损伤和分层现象，提取了复合材料加筋壁板各层间的界面温度云图。考虑到环氧树脂超过 250℃时便开始熔化和分解，将温度超过 250℃的区域认为是分层损伤区域。董琪[27,28]在其研究中同样采用此方法评估了复合材料层合板在雷击过程中的分层损伤，且数值模拟与试验结果具有较好的一致性。在数值模拟结果中截取复合材料加筋壁板雷电附着区周围 250mm×250mm 区域进行分析，由于第 5 层的最高温度仅为 165.501℃，说明从第 5 层开始便不再出现环氧树脂熔化分解。因此，在本研究中仅提取复合材料加筋壁板前 5 层的界面温度云图，如图 6-13 所示。图中白色区域表示温度小于 250℃，即在该区域不会出现环氧树脂熔化损伤。由于此时各层的界面温度云图需从背面观察，所以从视觉上观察到各层的界面温度云图沿–45°方向分布。从图 6-13 可以清晰地看到：各层的分层损伤面积随着深度的增加而逐渐减小，由于前 5 层的温度相对较高，所以前 5 层的界面温度云图均沿着–45°方向延伸。

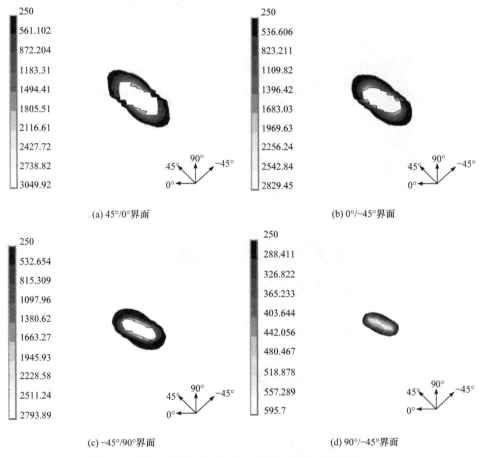

图 6-13　复合材料加筋壁板前 5 层界面温度云图(单位：℃)

　　仅仅从试验件的外部损伤无法有效评估雷击后复合材料加筋壁板的内部损伤和分层损伤特征，需要采用超声 C 扫描得到雷击试验后加筋壁板复合材料的内部损伤形貌，同时验证本构模型和物态方程的正确性。复合材料加筋壁板的超声 C 扫描区域为雷击附着周围 250mm×250mm 区域，如图 6-14(a)所示。在雷电附着区域出现较大面积的单元删除和分层损伤，雷电附着区周围分层损伤区域基本上呈对称分布，分层区域的尺寸为 100mm×92mm，明显大于试验件表面可见损伤区域，说明雷击强热力冲击效应对试验件内部造成了严重的分层损伤。图 6-14(b)为复合材料加筋壁板前 4 层的叠加界面温度等值线云图，图 6-14(c)为超声 C 扫描结果与数值模拟结果的对比。数值模拟结果与超声 C 扫描结果吻合较好，超声 C 扫描结果与数值模拟结果中分层损伤面积之间的误差小于 10%，进一步验证了本章建立的复合材料各向异性本构模型、修正的 PUFF 物态方程以及开发子程序的准确性，可以较好地模拟复合材料加筋壁板在雷击作用下的损伤行为。

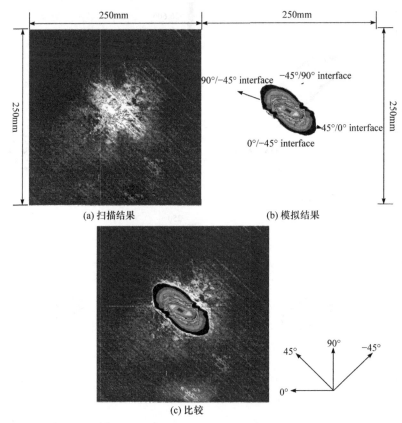

图 6-14　超声 C 扫描结果与模拟结果对比

参 考 文 献

[1] 董琪. 碳纤维增强聚合物基复合材料雷击损伤的电-热-化学-力耦合分析. 济南: 山东大学博士学位论文, 2019.

[2] Anderson C E, O'Donoghue P E, Skerhut D. A mixture theory approach for the shock response of composite materials. Journal of Composite Materials, 1990, (24): 1159-1178.

[3] O'Donoghue P E, Anderson C E J, Friesenhann G J, et al. A constitutive formulation for anisotropic materials suitable for wave propagation computer programs. Computational Mechanics, 1992, 26(13): 1860-1884.

[4] Lukyanov A A. Constitutive behaviour of anisotropic material under shock loading. International Journal of Plasticity, 2008, 1(24): 140-167.

[5] Lukyanov A A. An equation of state for anisotropic solids under shock loading. The European Physical Journal B, 2008, 64(2): 159-164.

[6] 李永池, 王红五, 袁福平, 等. 碳酚醛各向异性本构关系和波传播. 宁波大学学报(理工版), 2000, 13(s12): 71-76.

[7] 李永池, 谭福利, 姚磊, 等. 含损伤材料的热粘塑性本构关系及其应用. 爆炸与冲击, 2004, 24(4): 289-298.

[8] 周南. 脉冲辐照动力学. 北京: 国防工业出版社, 2002.

[9] 蒋邦海. 正交织物复合材料的动态本构模型及热击波研究. 长沙: 国防科技大学博士学位论文, 2006.

[10] 佘金虎, 汤文辉. 软 X 射线辐照材料的汽化冲量计算研究. 原子能科学技术, 2009, 43(9): 839-843.

[11] 佘金虎. 多薄层组合材料在 X 射线辐照下的热-力学效应研究. 长沙: 国防科技大学博士学位论文, 2009.

[12] 黄霞. 各向异性材料动态本构模型及其在脉冲 X 射线辐照下的二维热-力学效应研究. 长沙: 国防科技大学博士学位论文, 2011.

[13] Huang X, Tang W, Jiang B. A modified anisotropic PUFF equation of state for composite materials. Journal of Composite Materials, 2012, 46(5): 499-506.

[14] Huang X, Tang W H, Jiang B H, et al. Anisotropic constitutive model and its application in simulation of thermal shock wave propagation for cylinder Shell composite. International Conference on Applied Mathematics, Mechanics and Physics, 2011.

[15] 黄霞, 汤文辉, 蒋邦海, 等. 各向异性材料中二维 X 射线诱导热击波的数值模拟. 高压物理学报, 2011, 25(1): 41-47.

[16] 黄霞, 汤文辉, 蒋邦海, 等. 一种适用于各向异性材料的修正 PUFF 物态方程. 计算物理, 2011, 28(3): 368-374.

[17] 黄霞, 汤文辉, 蒋邦海. 本构模型对复合材料中 X 射线热击波数值模拟结果的影响. 爆炸与冲击, 2011, 31(6): 600-605.

[18] 黄霞, 汤文辉, 蒋邦海. 碳酚醛-铝板中二维 X 射线热击波数值模拟. 航天器环境工程, 2011, 28(1): 41-45.

[19] 汤文辉, 陈华. 聚酯材料在脉冲电子束辐照下的动力学效应与材料参数. 高压物理学报, 2010, 5(24): 373-376.

[20] 董士伟, 冷雪, 李宝宝. 温度和相变效应对超高速碰撞数值模拟中碎片云质量特性的影响. 兵器材料科学与工程, 2014, 6(37): 59-62.

[21] 卢翔, 罗名俊, 赵淼, 等. 基于热力耦合层合板雷击损伤特性分析. 航空材料学报, 2020, 1(40): 35-45.

[22] Jia S Q, Wang F S, Xu B, et al. A developed energy-dependent model to study thermal shock

damage and phase transition of composite reinforced panel subjected to lightning strike. European Journal of Mechanics A-Solids, 2020, (85):101414.

[23] Kleisner V, Robert Z, Kroupa T. Inentification and verificantion of the composite material parameters for the Ladevéze damage model. Materials and Technology, 2011, (45): 567-570.

[24] Ganzenmüller G C, Plappert D, Trippel A, et al. A split-hopkinson tension bar study on the dynamic strength of basalt-fibre composites. Composites Part B: Engineering, 2019, (171): 310-319.

[25] 王富生, 岳珠峰, 刘志强, 等. 飞机复合材料结构雷击损伤评估和防护设计. 北京: 科学出版社, 2016.

[26] 贾森清. 雷击作用下飞机复合材料结构多场耦合失效模型及应用研究, 西安: 西北工业大学博士学位论文, 2021.

[27] Dong Q, Guo Y, Sun X, et al. Coupled electrical-thermal-pyrolytic analysis of carbon fiber/epoxy composites subjected to lightning strike. Polymer, 2015, 56: 385-394.

[28] Dong Q, Wang G S, Lu P, et al. Coupled thermal-mechanical damage model of laminated carbon fiber/resin composite subjected to lightning strike. Composite Structures, 2018, (206): 185-193.

第7章 不同失效准则下复合材料雷击后剩余强度分析

7.1 雷击损伤后复合材料力学性能

雷击后的复合材料包含损伤缺陷，虽然其力学性能有所降低，但并不是完全丧失。对于含损伤复合材料层合板的力学性能研究，目前已经有软化夹杂法、子层屈曲法、开口等效法和累积损伤法四大类方法[1-3]。同时，也逐渐出现了各种用于复合材料结构失效分析的失效准则[4-7]。Chang 等[8-10]和 Tan 等[11]从复合材料结构失效机理考虑，对单向拉伸载荷、单向压缩载荷和剪切载荷作用下的含孔复合材料层合板的损伤扩展和极限强度进行分析，分析结果与试验结果基本吻合。王丹勇等[12]针对纤维增强复合材料螺栓双盖板接头，发展了面内静拉伸三维逐渐损伤模型。并对损伤累积过程中出现的四种基本损伤机理类型及其之间的相互关联性进行了分析模拟，成功预测其接头层合板静拉伸强度、破坏模式及损伤与扩展的整个过程。张爽等[13]建立了复合材料层合板的三维累积损伤有限元模型，采用扩展拉格朗日乘子法对螺栓表面和复合材料层合板孔壁间的接触行为进行了模拟，并与试验结果吻合较好。

当前对于雷击损伤后的复合材料层合板的机械性能研究相对较少，这主要是复合材料层合板的雷击损伤模式多样，且损伤机理复杂。雷击损伤后复合材料层合板初始模型难以建立，因而目前有关复合材料层合板雷击损伤后机械性能的研究以试验方法为主。Feraboli 等[14]进行了含雷击损伤复合材料层合板剩余强度试验，结果表明含雷击损伤层合板拉伸强度没有明显减小，但其压缩强度明显削弱。Kawakami 等[15]针对挖补修理复合材料进行了人工雷击和剩余强度试验，结果表明：挖补修理要同时考虑层合板承载能力和导电能力的恢复。在数值仿真方面，本课题组在国内较早开展了复合材料雷击损伤及损伤后机械性能研究，比如采用杀死单元法处理了雷击损伤缺陷，并通过大型商用软件 ANSYS 模拟了复合材料层合板的雷击烧蚀损伤和损伤后的剩余强度，研究了雷电流参数、材料热物理性能对烧蚀损伤的影响和雷电流参数对雷击损伤后剩余强度的影响[16,17]。

7.2 雷击损伤后复合材料层合板压缩试验

7.2.1 试验件

复合材料层合板的雷击损伤往往会从表面延伸到其内部,复杂的损伤形式导致准确评估复合材料结构雷击损伤后的安全性能比较困难,目前评估复合材料层合板雷击损伤后机械性能的方法是开展轴向压缩试验。本节试验件为碳纤维/环氧树脂基复合材料 T700/3234 层合板,尺寸为 500mm×250mm×2mm,铺层顺序为 $[-45°/45°/0°_2/-45°/90°/45°/0°]$s,单层厚度为 0.125mm。雷电流波形参数 T_1/T_2 为 10/350μs,电流峰值分别为 88.4kA、93.7kA 和 31.3kA,如表 7-1 所示。

表 7-1 电流峰值与作用积分的对应关系

编号	作用积分/A²s	对应雷击区域	电流峰值/kA
1-0-1	$2×10^6$(A 波)	IA	88.4
1-0-2	$2.25×10^6$(A 波+D 波)	IB	93.7
1-0-3	$0.25×10^6$(D 波)	IIB	31.3

7.2.2 试验方案

轴向压缩试验在 CSS-WAW600 液压试验机上开展,试验过程中的应变采集选用 DH-3815 静态应变采集仪,试验夹具及其装配方式如图 7-1 所示,试验件上

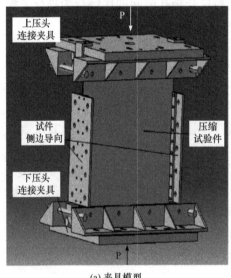

(a) 夹具模型

(b) 试验装置

图 7-1 试验夹具及装配方式

下两端粘贴约 3mm 厚的玻璃钢加强片来保护被夹持试件。试验件下端采用固定约束,并进行 1mm/min 的位移加载,两边采用活动刀口施加简支约束,施加位移载荷直至试验件完全丧失承载能力。在试验件给定位置粘贴单向电阻应变片 BE120-4AA,应变片粘贴方案如图 7-2 所示,分别在试验件的正反两面预设应变片粘贴测点。若这些测点位置出现雷击导致的表面纤维起毛等损伤,则微调该点位的应变片粘贴位置。

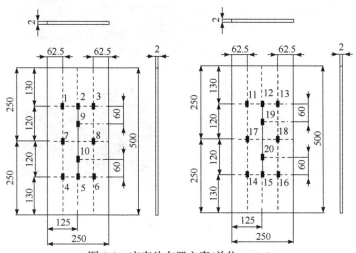

图 7-2 应变片布置方案(单位:mm)

7.2.3 试验结果及分析

压缩破坏后的试验件如图 7-3 所示,试验件破坏模式如图 7-4 所示。不同编

图 7-3 压缩破坏后试验件照片

号的试验件破坏模式大致相同，试验件压缩破坏模式主要有分层破坏、纤维断裂和基体开裂。分层破坏是由层间应力过大引起的，如图 7-4(a)所示。纤维断裂导致试验件沿垂直纤维方向撕裂，如图 7-4(b)所示。基体开裂导致试验件沿纤维方向撕裂，如图 7-4(c)所示。

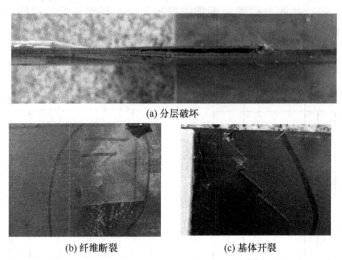

(a) 分层破坏

(b) 纤维断裂　　　　　　　　(c) 基体开裂

图 7-4　试验件压缩破坏模式

　　压缩试验包括 3 组不同的试验件，试验件 1-0-2 的载荷-应变曲线如图 7-5 所示，分别得到了试验件上部 6 个应变点的应变曲线、试验件中部 8 个应变点的应变曲线和试验件下部 6 个应变点的应变曲线。由于试验件在雷击过程中损伤较大，且雷击损伤集中在层合板中部，17、18、19 和 20 号应变测点处无法粘贴应变片，中部只测得剩余四个测点的应变值。对比上、中、下三个部分的载荷-应变曲线，当轴向压缩载荷约为 4.2kN 时各测点的应变出现了明显的变化，且未损伤侧的应变明显大于含损伤侧的应变。载荷-应变曲线中应变变化剧烈的测点在当前载荷下出现了局部失稳现象，导致曲线出现了波动。14 号测点载荷-应变曲线不符合变化规律，主要是由于该处存在严重的雷击烧蚀损伤，在载荷达到 12kN 左右便发生破坏失效，复合材料层合板在 29.6kN 左右时完全失去了承载能力。

　　三个试验件的载荷-位移曲线对比如图 7-6 所示，相应的试验数据总结如表 7-2 所示。分析结果表明，三个试验件的载荷-位移曲线大致分为两个阶段，第一阶段曲线呈台阶状，载荷随位移的变化不大，曲线较为平缓，这是试验机装配中试验件与夹具之间存在间隙所致；第二阶段曲线的斜率变化不大，近似为直线，随着施加的位移不断增加，试验件承受的载荷逐渐增大，当达到临界载荷时试验件瞬间发生破坏。压缩破坏载荷的大小与雷电流实际峰值和作用积分相关，实际峰值和实际作用积分越大，试验件的雷击损伤越大，其压缩破坏载荷越小。由于试验

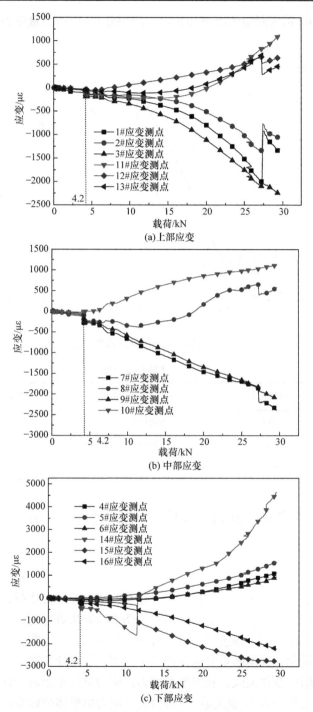

(a) 上部应变

(b) 中部应变

(c) 下部应变

图 7-5　试验件 1-0-2 载荷-应变曲线

件 1-0-1 和 1-0-2 的实际电流峰值和实际作用积分差异不大, 最终得到的压缩破坏荷载接近。

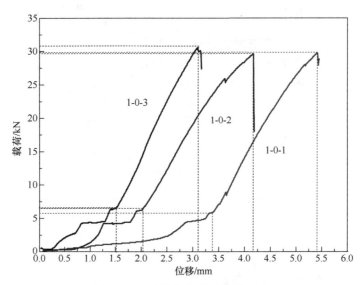

图 7-6　试验件载荷-位移曲线对比

表 7-2　试验数据总结

试件编号	实际峰值/kA	实际作用积分/A²s	压缩破坏载荷/kN
1-0-1	88.8	0.981×10^6	29.7
1-0-2	90.4	1.107×10^6	29.6
1-0-3	32.8	0.223×10^6	30.6

7.3　复合材料渐进损伤分析方法

7.3.1　应力计算

复合材料层合板结构中出现损伤后往往都能够继续承受载荷, 考虑到复合材料的这种失效模式, 工程上广泛采用渐进损伤数值方法进行复合材料层合板的损伤分析和失效强度预测。渐进损伤分析方法一般分为三步, 即应力分析、失效分析和材料属性退化, 并不断重复迭代这三个步骤, 直至计算结果满足一定的条件或者复合材料结构整体失效, 丧失承载能力。应力分析是指通过计算和转换得到复合材料层合板的应力-应变关系, 并将材料的应力由整体坐标系转换到材料主方向。在整体坐标系下, 层合板任意一个单元的应力-应变关系通常可以表示为

$$
\left\{
\begin{array}{c}
\sigma_x \\
\sigma_y \\
\sigma_z \\
\tau_{yz} \\
\tau_{zx} \\
\tau_{xy}
\end{array}
\right\}
=
\left\{
\begin{array}{cccccc}
\bar{D}_{11} & \bar{D}_{12} & \bar{D}_{13} & 0 & 0 & 0 \\
\bar{D}_{12} & \bar{D}_{22} & \bar{D}_{33} & 0 & 0 & 0 \\
\bar{D}_{31} & \bar{D}_{32} & \bar{D}_{33} & 0 & 0 & 0 \\
0 & 0 & 0 & \bar{D}_{44} & 0 & 0 \\
0 & 0 & 0 & 0 & \bar{D}_{55} & 0 \\
0 & 0 & 0 & 0 & 0 & \bar{D}_{66}
\end{array}
\right\}
\left\{
\begin{array}{c}
\varepsilon_x \\
\varepsilon_y \\
\varepsilon_z \\
\gamma_{yz} \\
\gamma_{zx} \\
\gamma_{xy}
\end{array}
\right\}
\tag{7-1}
$$

应变-位移关系为

$$
\left[
\begin{array}{c}
\varepsilon_x \\
\varepsilon_y \\
\varepsilon_z
\end{array}
\right]
=
\left[
\begin{array}{c}
\dfrac{\partial u}{\partial x} \\[2mm]
\dfrac{\partial v}{\partial y} \\[2mm]
\dfrac{\partial w}{\partial z}
\end{array}
\right]
\tag{7-2}
$$

$$
\left[
\begin{array}{c}
\gamma_{xy} \\
\gamma_{yz} \\
\gamma_{zx}
\end{array}
\right]
=
\left[
\begin{array}{c}
\dfrac{\partial v}{\partial x} + \dfrac{\partial u}{\partial y} \\[2mm]
\dfrac{\partial w}{\partial y} + \dfrac{\partial v}{\partial z} \\[2mm]
\dfrac{\partial u}{\partial z} + \dfrac{\partial w}{\partial x}
\end{array}
\right]
\tag{7-3}
$$

平衡方程可表示为

$$
\left\{
\begin{array}{l}
\dfrac{\partial \sigma_x}{\partial x} + \dfrac{\partial \tau_{xy}}{\partial y} + \dfrac{\partial \tau_{zx}}{\partial z} = 0 \\[3mm]
\dfrac{\partial \tau_{xy}}{\partial x} + \dfrac{\partial \sigma_y}{\partial y} + \dfrac{\partial \tau_{yz}}{\partial z} = 0 \\[3mm]
\dfrac{\partial \tau_{zx}}{\partial x} + \dfrac{\partial \tau_{yz}}{\partial y} + \dfrac{\partial \sigma_z}{\partial z} = 0
\end{array}
\right.
\tag{7-4}
$$

其中：$[\bar{D}]$ 为整体坐标系下的刚度矩阵，为层合板铺层角度和工程弹性常数的函数，u、v、w 分别为三个坐标方向的位移分量。通过上述 4 个公式，并且利用层合板的边界条件和铺层界面的连续性，可以求解层合板中各个单元的位移、应力和应变分量。当整体坐标系方向与材料的主轴方向不一致时，无法使用复合材料的失效准则来判断各单元是否失效，因此需要对各单元的应力分量进行坐标变换，将各单元的应力分量转换到相应的材料主方向上。

7.3.2　复合材料失效准则

复合材料的失效机理和过程复杂，失效准则也种类繁多。用于单向板的失效准则主要有最大应力准则、最大应变准则、Tsai-Wu 准则、Tsai-Hill 准则和 Hoffman 失效准则等。而复合材料往往还需考虑层间应力问题，其失效模式一般分为五种，即基体压缩失效、基体断裂失效、纤维断裂失效、纤维屈曲失效和分层失效[18]。在复合材料失效过程中，失效方程一般根据材料的失效模式来给出，即材料的失效模式与其相应失效条件的方程相对应。适用于复合材料层合板的失效准则主要有三维 Hashin 失效准则、最大应力失效准则、Edge 失效准则、Lee 失效准则和 Chang-Chang 失效准则等。本研究中采用的失效准则为三维 Hashin 准则和最大应力准则，这两个准则目前在复合材料层合板失效分析中被广泛应用。同时，考虑到研究中用雷击损伤后复合材料层合板的压缩试验作为对比，因而又采用了一种针对复合材料层合板压缩破坏的失效准则——Tserpes 准则。

1. 三维 Hashin 准则

1980 年由 Hashin 提出了三维应力状态下的失效准则[5]，失效准则具体描述如下：

拉伸分层失效：

$$\left(\frac{\sigma_{33}}{Z_T}\right)^2 + \left(\frac{\tau_{13}}{S_{13}}\right)^2 + \left(\frac{\tau_{23}}{S_{23}}\right)^2 \geqslant 1, \quad \sigma_{33} \geqslant 0 \tag{7-5}$$

压缩分层失效：

$$\left(\frac{\tau_{13}}{S_{13}}\right)^2 + \left(\frac{\tau_{23}}{S_{23}}\right)^2 \geqslant 1, \quad \sigma_{33} < 0 \tag{7-6}$$

基体断裂失效：

$$\left(\frac{\sigma_{22}+\sigma_{33}}{Y_T}\right)^2 + \frac{1}{S_{23}^2}\left(\tau_{23}^2 - \sigma_{22}\sigma_{33}\right) + \left(\frac{\tau_{12}}{S_{12}}\right)^2 + \left(\frac{\tau_{13}}{S_{13}}\right)^2 \geqslant 1, \quad \sigma_{22}+\sigma_{33} \geqslant 0 \tag{7-7}$$

基体压缩失效：

$$\frac{1}{Y_C}\left[\left(\frac{Y_C}{2S_{23}}\right)^2 - 1\right](\sigma_{22}+\sigma_{33}) + \frac{1}{S_{23}^2}\left(\tau_{23}^2 - \sigma_{22}\sigma_{33}\right) + \left(\frac{\sigma_{22}+\sigma_{33}}{2S_{23}}\right)^2 + \left(\frac{\tau_{12}}{S_{12}}\right)^2 + \left(\frac{\tau_{13}}{S_{13}}\right)^2 \geqslant 1$$

$$\sigma_{22}+\sigma_{33} < 0 \tag{7-8}$$

纤维断裂失效：

$$\left(\frac{\sigma_{11}}{X_T}\right)^2 + \left(\frac{\tau_{12}}{S_{12}}\right)^2 + \left(\frac{\tau_{13}}{S_{13}}\right)^2 \geqslant 1, \quad \sigma_{11} \geqslant 0 \tag{7-9}$$

纤维屈曲失效：

$$-\frac{\sigma_{11}}{X_C} \geqslant 1, \quad \sigma_{11} < 0 \tag{7-10}$$

2. Tserpes 准则

复合材料压缩失效过程中的破坏模式主要有四种，分别是分层、基-纤剪切失效、基体开裂和纤维断裂。Tserpes 等[19]参考前人的研究，在压缩载荷作用下提出了主要针对上述四种破坏模式的复合材料三维渐进损伤分析模型。崔海波等[20]将这四种压缩破坏模式下的三维渐进损伤分析模型和失效准则用于含孔复合材料层合板的压缩失效分析，较为精确地模拟了含孔复合材料层合板的失效过程。失效准则具体描述如下：

分层失效：

$$\left[\frac{\sigma_{33}}{Z_C}\right]^2 + \left[\frac{\sigma_{13}}{S_{13}}\right]^2 + \left[\frac{\sigma_{23}}{S_{23}}\right]^2 \geqslant 1 \tag{7-11}$$

基-纤剪切失效：

$$\left[\frac{\sigma_{11}}{X_C}\right]^2 + \left[\frac{\sigma_{12}}{S_{12}}\right]^2 + \left[\frac{\sigma_{13}}{S_{13}}\right]^2 \geqslant 1 \tag{7-12}$$

基体开裂失效：

$$\left[\frac{\sigma_{22}}{Y_C}\right]^2 + \left[\frac{\sigma_{12}}{S_{12}}\right]^2 + \left[\frac{\sigma_{23}}{S_{23}}\right]^2 \geqslant 1 \tag{7-13}$$

纤维断裂失效：

$$\frac{\sigma_{11}}{X_C} \geqslant 1 \tag{7-14}$$

3. 最大应力准则

研究中采用改进后的复合材料最大应力准则，失效准则具体描述如下：
基体拉伸破坏：

$$\frac{\sigma_{22}}{Y_T} \geqslant 1, \quad \sigma_{22} < 0 \tag{7-15}$$

基体压缩破坏：

$$\frac{\sigma_{22}}{Y_T} \geqslant 1, \quad \sigma_{22} < 0 \tag{7-16}$$

纤维拉伸破坏:

$$\frac{\sigma_{11}}{Y_T} \geqslant 1 , \quad \sigma_{11} < 0 \tag{7-17}$$

纤维屈曲破坏:

$$\frac{\sigma_{22}}{Y_C} \geqslant 1 , \quad \sigma_{11} < 0 \tag{7-18}$$

7.3.3 材料退化模式

当复合材料单元的应力满足失效准则的条件时,该单元即发生破坏,单元中的应力分布也随着单元刚度的改变而发生变化。复合材料结构产生损伤后仍然能继续承载,在对其进行渐进损伤分析时常采用材料参数逐步折减退化的方法。Puck 等[21]和 Chang 等[8,9]在复合材料结构的渐进损伤分析中都提出了参数退化的方式,Puck 等认为只要单元发生失效就将材料刚度降为 0。Chang 等则认为需要通过大量的试验结果总结得到材料刚度下降的规律,并将这些规律同单元的损伤状态结合起来,即根据材料的失效模式对满足条件单元的材料参数进行一定比例的折减,而折减系数往往是由试验或经验确定。目前国内外研究者普遍认为 TAN 等提出的参数退化方式更为成熟可靠[18,19],研究中材料的失效方式根据其失效模式而定,当单元的应力满足某一个失效准则时则对该单元相应的材料刚度系数进行折减。复合材料层合板的初始力学性能参数如表 7-3 所示,三维 Hashin 准则下的材料失效退化方式如表 7-4 所示,Tserpes 准则下的材料失效退化方式如表 7-5 所示,最大应力准则下的材料失效退化方式如表 7-6 所示。

表 7-3 复合材料 T700/3234 力学性能参数

E_{11}/GPa	$E_{22}=E_{33}$/GPa	$\nu_{12}=\nu_{13}$	ν_{23}	$G_{12}=G_{13}$/GPa	G_{23}/GPa
128	8.7	0.32	0.3	4	4
X_T/GPa	X_C/GPa	$Y_T=Z_T$/MPa	$Y_C=Z_C$/MPa	$S_{12}=S_{13}$/MPa	S_{23}/MPa
2.093	0.87	50	198	104	86

表 7-4 三维 Hashin 准则失效单元刚度折减方式

失效模式	刚度折减方式
拉伸分层失效	$E_{33}=0.01E_{33}$, $G_{13}=0.2G_{13}$, $G_{23}=0.2G_{23}$, $\nu_{13}=0.2\nu_{13}$, $\nu_{23}=0.2\nu_{23}$
压缩分层失效	$E_{33}=0.01E_{33}$, $G_{13}=0.2G_{13}$, $G_{23}=0.2G_{23}$, $\nu_{13}=0.2\nu_{13}$, $\nu_{23}=0.2\nu_{23}$
基体断裂失效	$E_{22}=0.2E_{22}$, $G_{12}=0.2G_{12}$, $G_{23}=0.2G_{23}$
基体压缩失效	$E_{22}=0.4E_{22}$, $G_{12}=0.4G_{12}$, $G_{23}=0.4G_{23}$
纤维断裂失效	$E_{11}=0.05E_{11}$
纤维屈曲失效	$E_{11}=0.1E_{11}$

表 7-5　Tserpes 准则失效单元刚度折减方式[20]

失效模式	基体开裂失效	基纤剪切失效	分层失效	纤维断裂失效
刚度折减方式	$E_{22}=0.4E_{22}$, $G_{12}=0.4G_{12}$, $G_{23}=0.4G_{23}$	$G_{12}=0$, $v_{12}=0$	$E_{11}=G_{12}=G_{23}=v_{12}=v_{23}=0$	$E_{11}=0.14E_{11}$

表 7-6　最大应力准则失效单元刚度折减方式

失效模式	基体开裂失效	基纤剪切失效	分层失效	纤维断裂失效
刚度折减方式	$E_{22}=0.2E_{22}$, $G_{12}=0.2G_{12}$, $G_{23}=0.2G_{23}$	$E_{22}=0.4E_{22}$, $G_{12}=0.4G_{12}$, $G_{23}=0.4G_{23}$	$E_{11}=0.05E_{11}$	$E_{11}=0.1E_{11}$

7.4　雷击后复合材料层合板压缩模拟分析

7.4.1　剩余强度分析方法及失效定义

建立 T700/3234 复合材料层合板的数值计算模型，几何模型尺寸、铺层顺序与轴压试验中保持一致，采用单元类型为 8 节点的三维实体单元 SOLID45。复合材料层合板的初始模型为含雷击烧蚀损伤的层合板模型，该层合板采用雷电流冲击试验中实际输出的冲击电流波形进行数值模拟，雷击电流的波形参数 T_1/T_2 为 10/350μs，电流峰值分别为 31.3kA、88.4kA 和 93.7kA，复合材料层合板烧蚀数值模拟结果如图 7-7 所示。不同温度下复合材料的损伤模式、刚度折减方法和雷击烧蚀损伤后剩余强度分析流程在文献[22]中已经作了详细的介绍，在这里不再赘述。

7.4.2　不同铺层的损伤扩展

由于不同电流峰值下雷击损伤后复合材料层合板的数值模拟过程和结果具有相似性，这里仅以电流峰值为 93.7kA 的试验件为例进行损伤扩展分析。复合材料

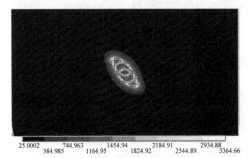

T_1/T_2=10/350(31.3kA)
(a) 电流峰值31.3kA

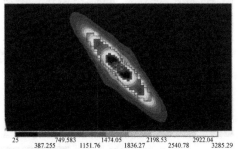

T_1/T_2=10/350(88.4kA)
(b) 电流峰值88.4kA

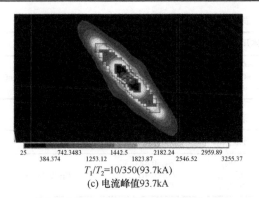

$T_1/T_2=10/350(93.7\text{kA})$

(c) 电流峰值93.7kA

图 7-7　不同电流峰值下复合材料烧蚀情况($T_1/T_2=10/350\mu\text{s}$)

层合板的铺层数较多，这里仅列举出前 8 层的损伤云图，如图 7-8～图 7-10 所示。结果可以看到：Hashin 准则、Tserpes 准则与最大应力准则下复合材料层合板在轴向压缩过程中的损伤扩展过程相似，如在第 1 层–45°铺层和第 2 层 45°铺层，应力集中首先出现在复合材料层合板固定端的铺层主方向上，沿着铺层方向逐渐向中心减小，并且应力随着时间的推移逐渐增大；雷击烧蚀损伤的区域面积较大，烧蚀损伤严重的区域基本不承力。对于第 3 层和第 4 层 0°铺层，由于固定端应力是对称的，因此应力集中主要出现于固定端边缘，并逐渐向中心递减。雷击烧蚀损伤区域面积明显减小；损伤区域周围出现了明显的应力集中。对于第 5 层–45°铺层，应力集中主要出现在沿铺层方向的固定端和烧蚀损伤区域周围。第 6 层为90°铺层，该层应力呈对称分布，但相较于其他铺层偏小，应力集中主要出现在雷

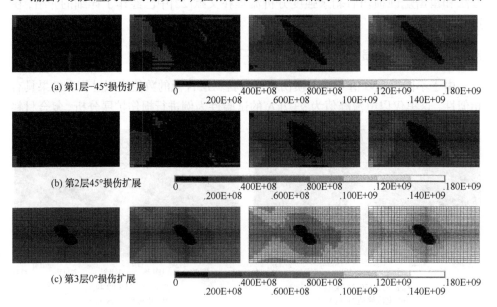

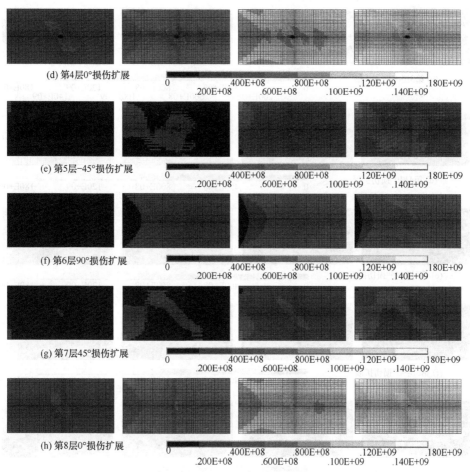

(d) 第4层0°损伤扩展

(e) 第5层-45°损伤扩展

(f) 第6层90°损伤扩展

(g) 第7层45°损伤扩展

(h) 第8层0°损伤扩展

图 7-8　Hashin 准则下的损伤扩展

击损伤区域。第 7 层 45°铺层与第 5 层相似，应力集中主要出现在沿铺层方向的固定端与烧蚀损伤区域周围。第 8 层为 0°铺层，固定端的应力对称，雷击损伤区域出现明显的应力集中。

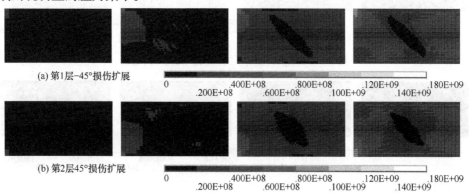

(a) 第1层-45°损伤扩展

(b) 第2层45°损伤扩展

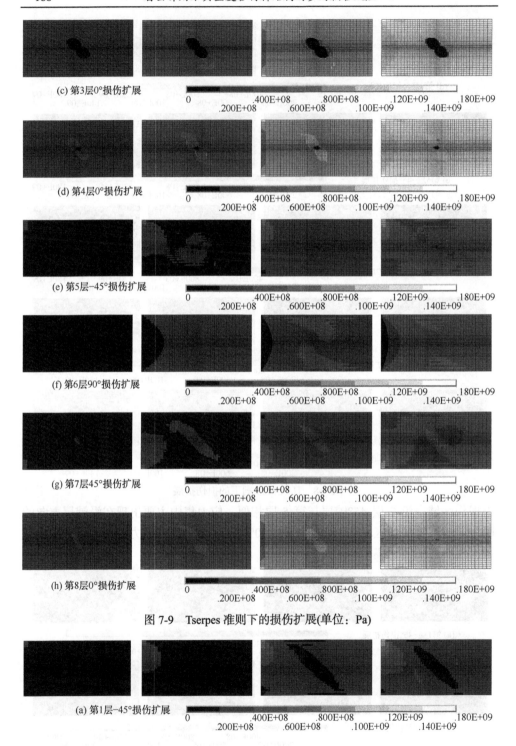

(c) 第3层0°损伤扩展

0　　　　　.400E+08　　　　　.800E+08　　　　　.120E+09　　　　　.180E+09
　　　　.200E+08　　　　　.600E+08　　　　　.100E+09　　　　　.140E+09

(d) 第4层0°损伤扩展

0　　　　　.400E+08　　　　　.800E+08　　　　　.120E+09　　　　　.180E+09
　　　　.200E+08　　　　　.600E+08　　　　　.100E+09　　　　　.140E+09

(e) 第5层-45°损伤扩展

0　　　　　.400E+08　　　　　.800E+08　　　　　.120E+09　　　　　.180E+09
　　　　.200E+08　　　　　.600E+08　　　　　.100E+09　　　　　.140E+09

(f) 第6层90°损伤扩展

0　　　　　.400E+08　　　　　.800E+08　　　　　.120E+09　　　　　.180E+09
　　　　.200E+08　　　　　.600E+08　　　　　.100E+09　　　　　.140E+09

(g) 第7层45°损伤扩展

0　　　　　.400E+08　　　　　.800E+08　　　　　.120E+09　　　　　.180E+09
　　　　.200E+08　　　　　.600E+08　　　　　.100E+09　　　　　.140E+09

(h) 第8层0°损伤扩展

0　　　　　.400E+08　　　　　.800E+08　　　　　.120E+09　　　　　.180E+09
　　　　.200E+08　　　　　.600E+08　　　　　.100E+09　　　　　.140E+09

图 7-9　Tserpes 准则下的损伤扩展(单位：Pa)

(a) 第1层-45°损伤扩展

0　　　　　.400E+08　　　　　.800E+08　　　　　.120E+09　　　　　.180E+09
　　　　.200E+08　　　　　.600E+08　　　　　.100E+09　　　　　.140E+09

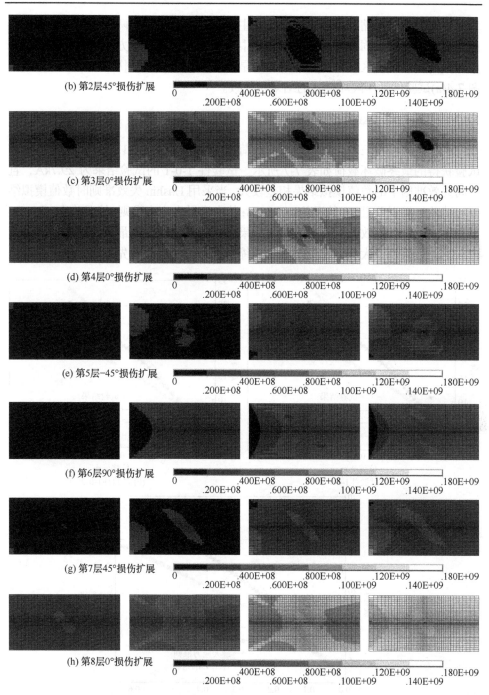

(b) 第2层45°损伤扩展

0　　　.400E+08　　.800E+08　　.120E+09　　.180E+09
.200E+08　　　.600E+08　　.100E+09　　.140E+09

(c) 第3层0°损伤扩展

0　　　.400E+08　　.800E+08　　.120E+09　　.180E+09
.200E+08　　　.600E+08　　.100E+09　　.140E+09

(d) 第4层0°损伤扩展

0　　　.400E+08　　.800E+08　　.120E+09　　.180E+09
.200E+08　　　.600E+08　　.100E+09　　.140E+09

(e) 第5层−45°损伤扩展

0　　　.400E+08　　.800E+08　　.120E+09　　.180E+09
.200E+08　　　.600E+08　　.100E+09　　.140E+09

(f) 第6层90°损伤扩展

0　　　.400E+08　　.800E+08　　.120E+09　　.180E+09
.200E+08　　　.600E+08　　.100E+09　　.140E+09

(g) 第7层45°损伤扩展

0　　　.400E+08　　.800E+08　　.120E+09　　.180E+09
.200E+08　　　.600E+08　　.100E+09　　.140E+09

(h) 第8层0°损伤扩展

0　　　.400E+08　　.800E+08　　.120E+09　　.180E+09
.200E+08　　　.600E+08　　.100E+09　　.140E+09

图 7-10　最大应力准则下的损伤扩展(单位：Pa)

综上所述，通过三种失效准则进行数值模拟得到的结果基本一致。在复合材料层合板的轴向压缩过程中，应力集中主要出现在固定端的两个角和层合板中部的雷击损伤区域。固定端两角的应力集中是造成两处沿纤维方向基体开裂的主要原因，而雷击损伤区域应力大小的差异是造成层合板分层损伤的主要原因，这与图 7-4(a)试验件轴压破坏模式的结果相一致。

7.4.3　载荷-位移曲线及破坏载荷

　　三个试验件在三种失效准则下的载荷-位移曲线如图 7-11 所示，数值模拟和试验获得的最终破坏载荷如表 7-7 所示。试验件 1-0-1 的试验结果为 29.7kA，且不同失效准则下的数值模拟结果相差较大。当采用 Hashin 失效准则时数值模拟结果与试验结果误差最小，其误差为 2.65%；其次为最大应力准则，其误差为−5.69%；当采用 Tserpes 失效准则时数值模拟结果和试验结果的误差最大，此时的误差为 12.53%。当采用最大应力准则时轴向压缩位移最大，刚度首先折减。刚度开始折

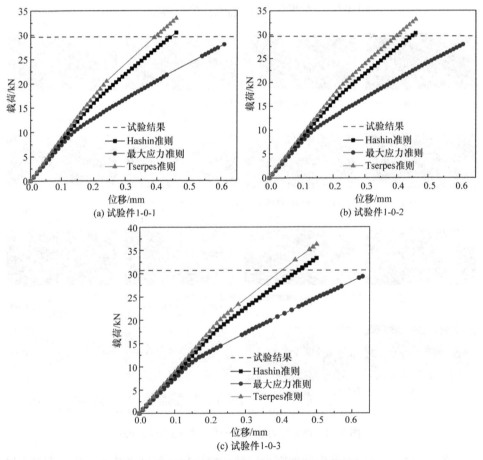

(a) 试验件1-0-1　　　　　　　　　　(b) 试验件1-0-2

(c) 试验件1-0-3

图 7-11　不同失效准则下试验件载荷-位移曲线

减时的位移为 0.14mm，且折减量非常明显。对于其他两种失效准则，当压缩位移为 0.22mm 时刚度折减非常明显。Hashin 失效准则和 Tserpes 失效准则下的载荷-位移曲线变化趋势相似，但其折减程度小于最大应力失效准则下的折减程度。从图 7-12 和表 7-8 中可以看到：试验件 1-0-2 的试验结果与试验件 1-0-1 的结果几乎相同，试验件 1-0-2 在不同失效准则下的数值模拟结果与试验件 1-0-1 的数值结果也几乎相同。

表 7-7 不同失效准则下试验件 1-0-1 的失效载荷

失效准则	失效载荷/kN	试验结果/kN	误差
Hashin 准则	30.49	29.7	2.66%
最大应力准则	28.01	29.7	−5.69%
Tserpes 准则	33.42	29.7	12.53%

表 7-8 不同失效准则下试验件 1-0-2 的失效载荷

失效准则	失效载荷/kN	试验结果/kN	误差
Hashin 准则	30.3	29.6	2.36%
最大应力准则	27.91	29.6	−5.71%
Tserpes 准则	33.18	29.6	12.09%

表 7-9 不同失效准则下试验件 1-0-3 的失效载荷

失效准则	失效载荷/kN	试验结果/kN	误差
Hashin 准则	33.30	30.6	8.82%
最大应力准则	29.33	30.6	−4.15%
Tserpes 准则	36.31	30.6	18.66%

采用 Hashin 失效准则下的数值结果和试验结果的误差最小，采用 Tserpes 失效准则下的数值结果和试验结果的误差最大。当采用最大应力失效准则时轴向压缩位移最大，最大位移为 0.61mm。刚度开始折减时的位移为 0.15mm，且折减程度相当明显。其他两种失效准则下刚度折减时的轴向压缩位移约为 0.21mm，但其折减程度不是很明显。且采用最大应力失效准则时的载荷-位移曲线变化趋势与 Hashin 和 Tserpes 失效准则下的载荷-位移曲线变化趋势也很相似。试验件 1-0-3 的试验结果大于试验件 1-0-1 和试验件 1-0-2 的结果(表 7-9)，且对于试验件 1-0-3 在不同失效准则下的数值模拟结果误差也大于试验件 1-0-1 和试验件 1-0-2 的数值模拟结果误差。与试验件 1-0-1 和试验件 1-0-2 不同的是，当采用最大应力失效准则时，试验件 1-0-3 的数值模拟结果与试验结果最接近，且此时的误差为−4.15%。

但是其最小误差仍大于试验件 1-0-1 和试验件 1-0-2 采用其他两种失效准则时的最小误差。当采用 Tserpes 失效准则时试验件 1-0-3 的数值模拟结果误差与试验结果误差最大，此时的误差为 18.66%。与试验件 1-0-1 和试验件 1-0-2 相同的是，当采用最大应力失效准则时轴向压缩位移最大，且刚度折减也首先开始发生，曲线的其他特征与试验件 1-0-1 和试验件 1-0-2 相似。

参 考 文 献

[1] 姚振华, 李亚智, 刘向东, 等. 复合材料层合板低速冲击后剩余压缩强度研究. 西北工业大学学报, 2012, 30(4): 518-523.

[2] 康军. 冲击后复合材料层合板的拉伸破坏行为研究. 南京: 南京航空航天大学硕士学位论文, 2011.

[3] 朱炜垚. 含低速冲击损伤复合材料层板剩余强度及疲劳性能研究. 南京: 南京航空航天大学博士学位论文, 2012.

[4] Tan S C. A progressive failure model for composite laminates containing openings. Journal of Composite Materials, 1991, 25(5): 556-577.

[5] Hashin Z. Failure criteria for unidirectional fiber composites. Journal of Applied Mechanics, 1980, 47(2): 329-334.

[6] Hashin Z, Rotem A. A fatigue failure criterion for fiber reinforced materials. Journal of Composite Materials, 1973, 7(4): 448-464.

[7] Hahn H T, Tsai S W. Nonlinear elastic behavior of unidirectional composite laminate. Journal of Composite Materials. 1973, 7(1):102-118.

[8] Chang F K, Chang K Y. A progressive damage model for laminated composites containing stress concentrations. Journal of Composite Materials, 1987, 21(9): 834-855.

[9] Chang F K, Chang K Y. Post-failure analysis of bolted composite joints in tension or shear-out mode failure. Journal of Composite Materials, 1987, 21(9): 809-833.

[10] Chang K Y, Llu S, Chang F K. Damage tolerance of laminated composites containing an open hole and subjected to tensile loadings. Journal of Composite Materials, 1991, 25(3): 274-301.

[11] Tan S C, Perez J. Progressive failure of laminated composites with a hole under compressive loading. Journal of Reinforced Plastics and Composites, 1993, 12(10): 1043-1057.

[12] 王丹勇, 温卫东, 崔海涛. 复合材料单钉接头三维逐渐损伤破坏分析. 复合材料学报, 2005, 22(3): 168-174.

[13] 张爽, 王栋, 郦正能, 等. 复合材料层合板机械连接结构累积损伤模型和挤压性能试验研究. 复合材料学报, 2006, 23(2): 163-168.

[14] Feraboli P, Miller M. Damage resistance and tolerance of carbon/epoxy composite coupons subjected to simulated lightning strike. Composites, Part A: Applied Science and Manufacturing, 2009, 40(6): 954-967.

[15] Kawakami H, Feraboli P. Lightning strike damage resistance and tolerance of scarf-repaired mesh-protected carbon fiber composites. Composites, Part A: Applied Science and Manufacturing, 2011, 42(9): 1247-1262.

[16] 丁宁, 赵彬, 刘志强, 等. 复合材料层合板雷击烧蚀损伤模拟. 航空学报, 2013, 34(2):

301-308.

[17] Wang F S, Ding N, Liu Z Q, et al. Ablation damage characteristic and residual strength prediction of carbon fiber/epoxy composite suffered from lightning strike. Composite Structures, 2014, 117: 222-233.

[18] 王佩艳, 王富生, 朱振涛, 等. 复合材料机械连接件的三维累积损伤研究. 机械强度, 2010, (5): 814-818.

[19] Tserpes K I, Labeas G, Papanikos P, et al. Strength prediction of bolted joints in graphite/epoxy composite laminates. Composites, Part B: Engineering, 2002, 33(7): 521-529.

[20] 崔海坡, 温卫东, 崔海涛. 含孔复合材料层合板在压缩载荷下的三维逐渐损伤. 机械工程学报, 2006, 42(8): 89-94.

[21] Puck A, Schürmann H. Failure analysis of FRP laminates by means of physically based phenomenological models. Composites Science and Technology, 2002, 62(12): 1633-1662.

[22] 王富生, 岳珠峰, 刘志强, 等. 飞机复合材料结构雷击损伤评估和防护设计. 北京: 科学出版社, 2016.

第8章 复合材料加筋壁板不同金属网防雷击性能分析

8.1 不同形式金属网

碳纤维复合材料雷击过程中的高温烧蚀和力学失效导致复合材料形成严重的损伤缺陷，复合材料结构的完整性和力学强度明显降低，对其采取有效的雷击防护显得尤为重要。一般防护措施的原理是在复合材料表面增加导电功能层，当雷电流作用时可以及时将电流导走，降低进入复合材料内部的电流强度。目前传统的雷击防护手段主要有添加导电材料保护法、网箔保护法、表面层保护法和成套电路保护法[1-3]。但随着不同防护方式的进一步应用，逐渐暴露出一些不足之处，如表面层保护法的持续防护能力不强、添加导电材料的价格昂贵等[4]。网箔保护法相比于其他防护手段，无论从制作工艺、防护效果还是经济性的角度都展现出一定的优越性，其中金属网雷击防护方式在航空、航天领域应用最为广泛[5-8]。根据制作工艺的不同，可将金属防护网分为编织金属网和延展性金属网。由于编织金属网节点处的搭接电阻较大，当雷电流作用时节点处的烧蚀情况较延展性金属网更为严重，同时编织金属网的制作工艺流程较为复杂，所以延展性金属网的应用范围更为广泛。图 8-1 给出了两种类型金属网的制作工艺。

本章将围绕金属网对碳纤维增强复合材料的雷击防护机理进行深入研究，同时比较铜网和铝网的雷击防护方式的特点和优势。通过对雷电流作用下碳纤维复合材料加筋壁板金属网防护的损伤抑制研究，可以从原理上分析金属网的防护机理，为雷电防护设计提供理论参考。另外，在防护机理研究的基础上，通过对金属网防护方式的设计优化可以综合考虑防护效果与结构增重之间的关系。经过设计优化得到最优解，结合工程实际，可以为复合材料加筋壁板的雷击防护设计提供参考。

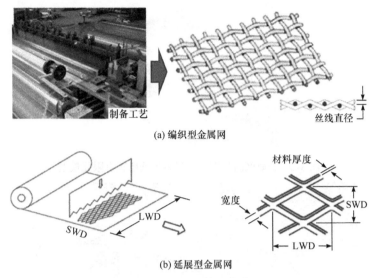

(a) 编织型金属网

(b) 延展型金属网

图 8-1　两种类型的金属网制作工艺[9]

8.2　复合材料加筋壁板金属网雷击防护机理分析

8.2.1　有限元模型及材料参数

通过对比复合材料加筋壁板基准件、铜网防护件和铝网防护件在三种雷击载荷下的损伤程度，评估金属网对复合材料结构雷击防护的有效性。在此基础上，对比分析了铜网和铝网在不同网格间距下对复合材料加筋壁板的防护效果，综合考虑不同间距下的结构增重和防护效果等因素，对两种金属网的防护效果进行了全面的评价。为了验证铜网对复合材料加筋壁板的雷击防护效果并分析其防护机理，选取雷电流波形参数为 10/350μs，将电流峰值为 31.3kA、88.4kA 和 93.7kA 的雷电流载荷作为激励源，开展复合材料加筋壁板基准件和铜网防护件的数值计算分析，得到不同载荷下的温度和电势分布，利用烧蚀深度和烧蚀面积等损伤量参数分析铜网防护件和基准件的烧蚀损伤程度。研究中设置铜网厚度为 0.2mm，金属网格间距为 3.2mm。铜网防护下复合材料加筋壁板的有限元模型如图 8-2 所示，铜网模型及其局部放大图如图 8-3 所示。由于在建模过程中金属网和复合材料加筋壁板采用不同的单元类型，因此在载荷传递时需建立接触来实现两种单元之间的电热载荷传递，通过建立接触对的方式来实现铝网与复合材料表面的电热传导。金属网防护件的边界条件与基准件的边界条件一致，铜和铝随温度变化的热电性能参数如表 8-1 所示[10-14]。

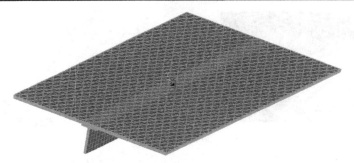

图 8-2　金属网防护下复合材料加筋壁板有限元模型

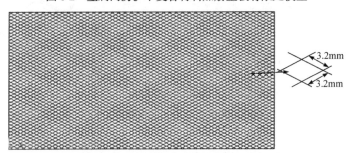

图 8-3　金属网模型及其局部放大图

表 8-1　金属铜和铝随温度变化的热、电性能参数

材料类型	温度/℃	密度/(kg/mm³)	比热 J/(kg·℃)	热导率 W/(mm·℃)	电导率 S/mm
铜	25	8.95×10⁻⁶	385	0.401	58140
	500	1.1×10⁻⁶	431	0.370	20120
	510	1.1×10⁻⁶	431	0.339	4651
	1000	1.1×10⁻⁶	490.952	0.150	3704
	1700	1.1×10⁻⁶	490.952	0.180	2404
	2600	1.1×10⁻⁶	490.952	0.180	2227
	3227	1.1×10⁻⁶	490.952	0.180	1500
	7000	1.1×10⁻⁶	490.952	0.180	1400
	7200	1.1×10⁻⁶	490.952	0.180	1400
	8000	1.1×10⁻⁶	550	0.180	1400
铝	25	2.7×10⁻⁶	940	0.270	36900
	311	2.7×10⁻⁶	1013	0.274	37100
	526	2.7×10⁻⁶	1013	0.231	17700
	1351	2.7×10⁻⁶	1013	0.107	3620
	2727	2.256×10⁻⁶	1082	0.148	1990
	3576	2.157×10⁻⁶	1082	0.151	1830
	5538	1.893×10⁻⁶	1082	0.163	1170
	6292	1.836×10⁻⁶	1138	0.168	1060
	7974	1.4×10⁻⁶	1138	0.0044	25.2

8.2.2　金属网雷击烧蚀判断准则

金属网的烧蚀随着雷电流载荷的升高会发生从正常的蒸发到相变爆炸的一个过渡。当电流载荷较小时，金属烧蚀遵循正常的蒸发机制；当电流载荷增大到一定程度，如金属被加热到临界温度的 90%，金属液滴会变成液滴和蒸汽的混合物。过热的液体密度波动会引起金属的电子散射，金属开始失去一般的特性，同时电导率急剧下降，此时的金属烧蚀变成爆炸机制[15]，金属的烧蚀损伤应理解为蒸发烧蚀和爆炸烧蚀的总和。

当导体中有交流电或交变电磁场时存在趋肤效应，导体内部的电流分布不均匀，并且主要集中在导体表面。由于金属网厚度比较小，且小于雷电流的趋肤深度，可以认为雷电流沿防护网的厚度方向是均匀分布。以铜网防护件为研究对象，根据计算结果提取铜网的瞬态温度，采用单元删除技术将超过临界值的单元删除。当雷电流附着在金属铜网上时，雷电流首先沿着铜丝的分布方向传递电流。金属铜属于各向同性材料，当电流在平面方向传递时也会在其厚度方向传递，电阻热的产生会导致铜丝的温度不断上升。当温度上升到铜网的临界温度时，铜网单元被删除，雷电流在相应路线上的电流传递中断，电阻热不再产生，温度也不再升高。其中铜的熔点为 1083℃，沸点为 2567℃，临界点为 8888℃[16]。铝网的烧蚀判断准则采取与铜网相似的方式，将达到临界温度 90% 的单元进行单元删除，其中铝的熔点为 933℃，沸点为 2793℃，临界温度为 8860℃[17]。

8.2.3　铜网雷击防护分析

在峰值电流为 93.7kA 的雷电流波作用下，铜网防护下复合材料加筋壁板烧蚀损伤的温度分布如图 8-4 所示。当雷电流施加在铜网上时，首先沿着铜丝的分布方向向四周扩展，同时在雷电流传递过程中由于电阻热的产生导致铜网的温度不断上升，当温度上升至材料的临界点时利用单元删除法对铜网单元进行删除。另外，中心区域的铜网烧蚀情况较严重，且铜网的温度从雷击附着点向四周逐渐降低。由于铜网的雷击防护原理是通过分流的方式增加雷击附着点，以此减小单个附着点的能量。铜网的网格节点处承受来自不同方向传递的雷电流，所以节点处的烧蚀情况较铜丝更为严重。考虑到金属网厚度较小，研究金属网防护下复合材料加筋壁板的雷击问题时可以忽略金属的趋肤效应。当雷电流与复合材料加筋壁板接触后开始在加筋壁板上进行传递时，碳纤维复合材料的导电和导热具有正交各向异性特点，基准件的损伤扩展行为也呈现出一定的方向性。但由于金属防护网的存在，当能量巨大的雷电流加载到铜网上时，雷电流沿着铜网在平面内传递的同时会在厚度方向传导，并在复合材料加筋壁板的表面产生多个雷击附着点，使得复合材料加筋壁板首层的雷电流传递方向也会沿着铜网丝线的分布方向。传递过程中由于电阻热的不断产生导致复合材料的温度不断上升, 造成复合材料表面和内部的树脂基体分解及碳纤维升华, 从而呈现出图 8-4 中所示的烧蚀损伤形貌。

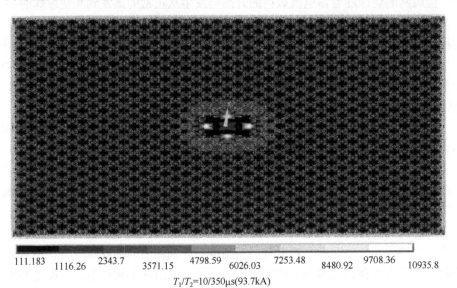

$T_1/T_2=10/350\mu s(93.7kA)$

图 8-4　电流峰值为 93.7kA 时复合材料加筋壁板温度云图(单位: ℃)

不同峰值电流下基准件和铜网防护件复合材料加筋壁板烧蚀损伤的温度分布如图 8-5 所示。研究结果表明: 基准件烧蚀损伤沿表层纤维铺层方向呈现狭长条

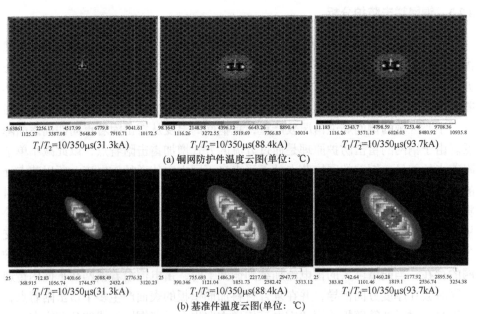

$T_1/T_2=10/350\mu s(31.3kA)$　　　　$T_1/T_2=10/350\mu s(88.4kA)$　　　　$T_1/T_2=10/350\mu s(93.7kA)$

(a) 铜网防护件温度云图(单位: ℃)

$T_1/T_2=10/350\mu s(31.3kA)$　　　　$T_1/T_2=10/350\mu s(88.4kA)$　　　　$T_1/T_2=10/350\mu s(93.7kA)$

(b) 基准件温度云图(单位: ℃)

图 8-5　三种电流峰值下铜网防护件与基准件的温度云图

扩展，中间雷电流初始附着区域的烧蚀深度较周围区域大；随着峰值电流的增大，烧蚀损伤的面积也在不断扩大。铜网防护下复合材料加筋壁板的损伤形貌，是以雷击附着点为中心，沿着铜丝的分布方向均匀地向外扩展；随着峰值电流的增大铜网防护件的烧蚀尺寸也在增大。说明铜网的存在改变了雷电流在复合材料加筋壁板的传导路径，对雷电流起到分流作用。另外，铜网防护下复合材料加筋壁板的烧蚀尺寸要明显小于未加防护时复合材料加筋壁板的烧蚀尺寸，且不同峰值电流下都符合这一规律，说明铜网对复合材料加筋壁板的雷击防护具有良好的效果。

8.2.4　不同材料金属网防护性能对比分析

金属铝具有良好的导电性和较小的密度，并且铝网可以传递较高的电荷量，具备经受多次雷击的能力，所以也成为复合材料加筋壁板常用的雷击防护材料。为了研究不同材质金属网对复合材料加筋壁板雷击防护效果的差异，以铝网和铜网作为研究对象，对比分析了相同载荷和网格间距下复合材料加筋壁板防护件的烧蚀损伤情况。复合材料加筋壁板铝网防护件的建模方法、边界条件、雷电流载荷与铜网防护件完全相同，在这里不再赘述。

在相同工况时计算得到铝网和铜网防护下复合材料加筋壁板的烧蚀损伤尺寸，对比铜网和铝网防护效果的差异，并与基准件的烧蚀尺寸进行对比，分析铜网和铝网对复合材料加筋壁板防护性能的差异。图 8-6 为电流峰值为 93.7kA 时两种金属网防护下复合材料加筋壁板烧蚀损伤的温度分布云图。可以看到：两种防护网下复合材料加筋壁板烧蚀的损伤都是沿着金属丝的分布方向扩展，且在节点处的烧蚀情况较周围区域严重，但铜网防护下复合材料加筋壁板烧蚀损伤的面积要小于铝网防护下复合材料加筋壁板的烧蚀损伤面积。一方面，由于铜的导电性和导热性等方面性能均优于铝，铜网抗雷击损伤的能力要强于铝网，当传递相同的雷电流时铝网会产生更多的电阻热，从而引起材料的温度上升更快；另一方面，由于铝网的临界温度要比铜网的临界温度低，所以当材料的温度上升到相同温度节点时铝网的单元删除数量要比铜网的多，相应复合材料加筋壁板的烧蚀情况就

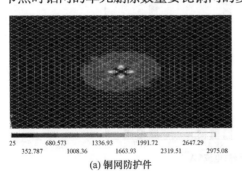
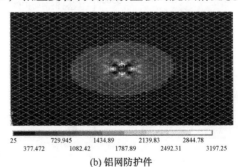

25　　680.573　　1336.93　　1991.72　　2647.29	25　　729.945　　1434.89　　2139.83　　2844.78
352.787　1008.36　1663.93　2319.51　2975.08	377.472　1082.42　1787.89　2492.31　3197.25
(a) 铜网防护件	(b) 铝网防护件

图 8-6　电流峰值为 93.7kA 时铜网和铝网防护下复合材料加筋壁板的温度云图(单位：℃)

更为严重。为了更清晰地比较相同雷击载荷下铜网和铝网烧蚀区域的大小，两种金属网烧蚀损伤后的温度分布如图 8-7 所示。铝网的烧蚀区域明显比铜网的烧蚀区域大，从局部放大图中还可以看到金属网节点处的温度较周围区域高，且温度分布从雷击附着点向四周逐渐降低。

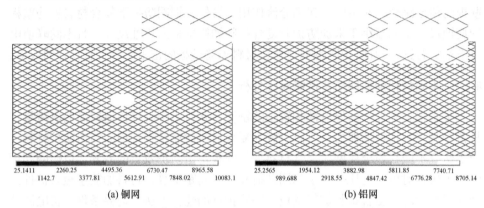

(a) 铜网　　　　　　　　　　　　　　　　　(b) 铝网

图 8-7　电流峰值为 93.7kA 时铝网和铜网的温度云图(单位：℃)

为了更直观地对比复合材料加筋壁板基准件与不同防护方式下的雷击损伤情况，计算得到了基准件、铜网防护件和铝网防护件在相同雷击载荷下的烧蚀面积和烧蚀深度，并将三种工况下复合材料加筋壁板的烧蚀损伤情况进行了系统的量化对比。图 8-8 为基准件、铜网防护件和铝网防护件在三种载荷作用下烧蚀面积的柱状图，相同载荷下复合材料加筋壁板基准件的烧蚀面积最大，铝网防护件的烧蚀面积次之，铜网防护件的烧蚀面积最小。基准件的烧蚀面积与两种材料防护件的烧蚀面积存在较大差距，说明无论是铜网防护还是铝网防护都能有效减小复合材料加筋壁板的烧蚀损伤。另外，随着雷电流载荷的增大三种工况下的烧蚀损

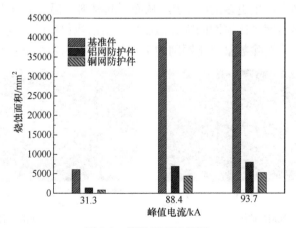

图 8-8　烧蚀面积柱状图

伤面积都在增大，但基准件的烧蚀面积始终保持最大，铜网防护件的烧蚀面积始终保持最小。

　　基准件、铜网防护件和铝网防护件在三种载荷作用下的烧蚀深度与峰值电流关系，如图 8-9 所示。可以看到：图 8-9 具有同图 8-8 相同的趋势，相同载荷下基准件的烧蚀深度最大，铝网防护件的烧蚀深度次之，铜网防护件的烧蚀深度最小，并且不同载荷作用下的烧蚀深度都满足这一规律。在相同载荷下，铜网和铝网对复合材料加筋壁板都有较好的防护效果，但铜网的防护效果要优于铝网，在相同雷电流载荷作用时能更大程度地减小复合材料加筋壁板的损伤。

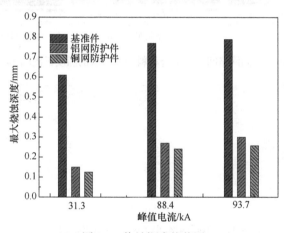

图 8-9　烧蚀深度柱状图

8.3　网格间距影响分析

8.3.1　网格间距的变化对雷击防护效果的影响分析

　　为了研究金属网格间距对复合材料雷击防护能力的影响，首先分析不同网格间距铜网的雷电防护能力，在此基础上对比分析不同网格间距铜网和铝网的雷电防护性能，分别选取网格间距为 2.5mm、4mm 和 8mm 的三种类型防护形式。图 8-10 给出了电流峰值为 93.7kA 雷电流载荷作用时三种网格间距下复合材料加筋壁板铜网防护件烧蚀后的温度分布。随着金属网格间距的增大，复合材料加筋壁板的烧蚀损伤面积也在增大。由于铜网的防护机理是通过引流的方式将巨大的雷电流分散到各个金属丝方向上，并向四周扩散，同时在复合材料加筋壁板的表面增加了电流附着点，从而减小了单个附着点的能量。随着网格间距的增大，单位面积内铜丝的覆盖率降低，对雷电流的分流能力降低，导致烧蚀损伤的尺寸增大。相同峰值电流下铜网模型的烧蚀损伤情况如图 8-11 所示，金属网的单元删除数量随着网格间距的增大而增加，铜网节点处的烧蚀情况较周围铜丝严重。说明网格间距越稀疏，单位面积内的电流附着点越少，对雷电流的分流能力减弱。铜网单个节点处承受的能量加大，导致模型单位面积内的温度上升，从而引起金属网的烧蚀。

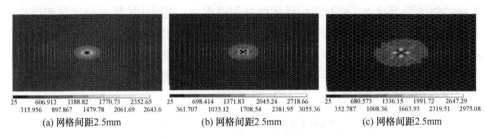

(a) 网格间距2.5mm　　　　　(b) 网格间距2.5mm　　　　　(c) 网格间距2.5mm

图 8-10　不同网格间距下复合材料加筋壁板的温度云图(单位：℃)

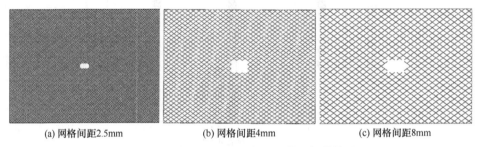

(a) 网格间距2.5mm　　　　　(b) 网格间距4mm　　　　　(c) 网格间距8mm

图 8-11　不同网格间距下铜网的烧蚀损伤情况

　　为了量化比较网格间距对复合材料加筋壁板烧蚀尺寸的影响，这里分别选取 2.5mm、3.2mm、4mm、6mm、8mm 和 10mm 六种网格间距，并建立相应的铜网防护件仿真模型。分别施加电流峰值为 31.3kA、88.4kA 和 93.7kA 的雷电流载荷，计算得到不同网格间距下复合材料加筋壁板铜网防护件的烧蚀损伤尺寸，从最大烧蚀深度和烧蚀面积定量表征网格间距对复合材料加筋壁板烧蚀损伤的影响。另外，通过建立铜网和铝网在不同网格间距下的金属网模型，定量分析了不同材料、不同网格间距等因素对复合材料加筋壁板烧蚀损伤的影响。

　　图 8-12 给出了电流峰值为 31.3kA、88.4kA 和 93.7kA 的雷电流载荷作用时，六种网格间距下复合材料加筋壁板铜网防护件的烧蚀面积与网格间距的关系曲线。当金属网格间距一定时，随着峰值电流的增大，复合材料加筋壁板的烧蚀面积逐渐增加；当雷电流载荷一定时，复合材料加筋壁板的烧蚀面积与网格间距呈递增趋势，且在不同载荷作用下的三条曲线均满足这一规律。由此说明随着网格间距的增大，复合材料加筋壁板单位面积内的铜丝覆盖率减小，雷电流传递附着点减少，导致铜网对雷电流的分流作用降低，对复合材料加筋壁板的雷电防护能力减小，从而验证了上述关于铜网防护机理分析的正确性。

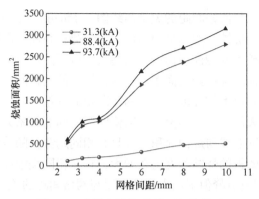

图 8-12　网格间距与烧蚀面积的关系

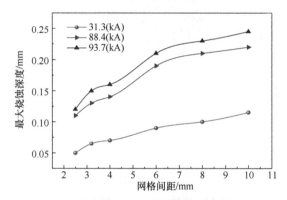

图 8-13　网格间距与最大烧蚀深度的关系

　　另外，随着网格间距的增大，复合材料加筋壁板的烧蚀面积都在增大，但曲线的斜率随着网格间距的增大发生了变化。在网格间距为 4mm 时，三条曲线斜率发生了较大的转折，说明虽然金属网的网格间距越小对复合材料加筋壁板的防护效果越好，但对复合材料加筋壁板烧蚀损伤减小的程度有所降低，后续将进一步研究在满足复合材料加筋壁板防护要求下的最佳间距。为了更全面分析网格间距对复合材料烧蚀损伤的影响，针对电流峰值为 31.3kA、88.4kA 和 93.7kA 的雷电流载荷，得到了六种网格间距下复合材料加筋壁板铜网防护件的最大烧蚀深度与网格间距的关系曲线如图 8-13 所示。复合材料加筋壁板的最大烧蚀深度随着网格间距增大而增大，这与图 8-12 具有相似的变化规律。综合分析烧蚀面积、最大烧蚀深度与网格间距的关系曲线图，可以得到：随着网格间距的细化可以减小雷电流对复合材料加筋壁板的烧蚀损伤；但随着曲线斜率的变化，网格间距的变化对复合材料加筋壁板烧蚀损伤减小的程度有所降低，在实际工程应用中需要合理设置铜网的网格间距。

　　此外，本节也对比分析了铜和铝两种防护网在不同网格间距下对复合材料加筋壁板的雷击防护效果，图 8-14 给出了铜网防护件和铝网防护件在三种电流峰值载荷作用下烧蚀面积与网格间距的关系曲线图。分析可知：随着网格间距的增大，复合材料加筋壁板的烧蚀面积都呈现出增大的趋势；在同一网格间距下，铝网防护下复合材料加筋壁板的烧蚀损伤面积始终大于铜网防护下的烧蚀损伤面积。而当复合材料加筋壁板的烧蚀损伤面积一定时，铝网的网格间距要比铜网的网格间距小，且不同电流峰值下的烧蚀面积和网格间距的关系曲线均满足以上规律。复合材料加筋壁板最大烧蚀深度和金属网网格间距之间的关系如图 8-15 所示，从中发现，最大烧蚀深度曲线与烧蚀面积曲线具有相同趋势，随着金属网格间距的增大，复合材料加筋壁板的烧蚀深度也在增大，且在相同烧蚀深度时铝网的网格间距要比铜网小。不同电流峰值下最大烧蚀深度与网格间距的关系都满足以上规律。

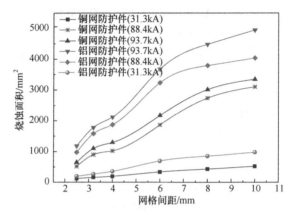

图 8-14　烧蚀面积与网格间距的关系

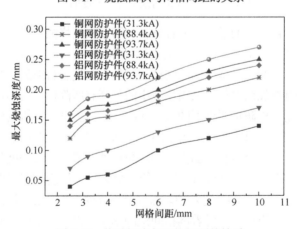

图 8-15　烧蚀深度与网格间距的关系

　　基于以上分析，无论是铜网还是铝网防护，复合材料加筋壁板的烧蚀深度和烧蚀面积都随着金属网格间距的增大呈现出增大的趋势；且当雷电流载荷和网格间距一定时，铝网防护件的烧蚀尺寸始终大于铜网防护件。说明当雷电流载荷和网格间距相同时，铜网对复合材料加筋壁板的雷击防护效果要优于铝网。

8.3.2　网格间距的变化对结构增重的影响分析

通过定量研究网格间距对复合材料加筋壁板雷击防护效果的影响规律，发现较小的网格间距能有效提高金属网雷击防护能力。但网格间距的减小意味着单位面积内金属网覆盖率增大，相应的金属网防护结构重量也随之增加。然而，结构减重是飞机结构设计必须考虑的一个重要因素，结构重量的增加会导致飞机效能的降低，需要尽可能减小飞机结构重量。针对金属防护网引起的结构增重问题，结合铝网和铜网的六种网格间距对复合材料加筋壁板的防护效果及结构增重进行详细的对比分析。综合分析两种防护件的最大烧蚀深度、烧蚀面积以及网格间距变化引起的重量变化，对比研究两种材料在雷电防护性能上的利弊。当电流峰值为 31.3kA、88.4kA 和 93.7kA 的雷电流载荷作用时，计算得到网格间距为 2.5mm、3.2mm、4mm、6mm、8mm 和 10mm 的金属防护网下复合材料加筋壁板烧蚀损伤面积与金属网结构增重之间的关系如图 8-16 所示。随着网格结构重量增加，复合材料加筋壁板烧蚀面积减小。相同网格间距下，铝网的结构增重要比铜网小很多，但相应复合材料加筋壁板的烧蚀面积要比铜对应的加筋壁板烧蚀面积大。原因是铜的热导率和电导率比铝大，相同载荷作用时能起到更好的雷击防护效果。另一方面，由于铜的密度比铝大很多，所以相同网格间距的铜网引起的结构增重比铝大很多。分析图中曲线斜率的变化可知：当结构增重超过一定值后，曲线的斜率逐渐变缓，意味着对复合材料烧蚀面积减小的程度有所降低。曲线斜率拐点所对应的网格间距为 4mm，可以认为 4mm 左右网格间距的金属网综合防护性能较好。

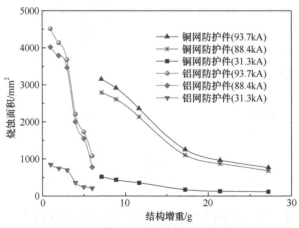

图 8-16　烧蚀面积与结构增重的关系

为了更深入地研究不同间距网格的结构增重对雷击防护效果的影响，当电流峰值为 31.3kA、88.4kA 和 93.7kA 的雷电流载荷作用时，图 8-17 为网格间距为 2.5mm、

3.2mm、4mm、6mm、8mm 和 10mm 的金属防护网对复合材料加筋壁板结构增重与烧蚀深度之间的关系曲线图。随着网格重量的增加，复合材料加筋壁板的烧蚀深度也呈现减小的趋势，但曲线的斜率随着结构重量的增加也有变缓的趋势。分析烧蚀面积与结构增重的关系曲线图以及烧蚀深度与结构增重的关系曲线图，可以看到最佳的网格间距为 4mm。当网格间距大于 4mm 时，烧蚀面积和烧蚀深度都在迅速增加；当网格间距小于 4mm 时，烧蚀深度和烧蚀面积的曲线都有明显的变缓。所以针对本章选取的六种网格间距下的防护网，在满足防护效果的前提下，选用网格间距为 4mm 的金属网能最大程度上降低防护层对复合材料加筋壁板的结构增重。对比分析铜网和铝网的优缺点可以得到：由于铜的导电率和临界温度值都比铝高，因此在防护效果上要比铝好。而铜的密度为 8950kg/m³，铝的密度为 2700kg/m³，当网格间距相同时铜的结构增重要远大于铝，因此结构增重情况要大于铝。但由于碳纤维复合材料结构与铝会发生化学腐蚀，因此在使用铝网防护时通常需在铝网与复合材料之间添加一层玻璃布，这样铝结构增重的优势就不再明显。因此，综合考虑两种材料防护效果和结构增重的因素，铜网的性价比更高，应用范围也更广泛。由于飞机不同部位遭受雷击的概率大小不同，所以对防护效果的要求也不同。如雷达罩需要同时考虑透波性能和雷击防护性能等，所以需要选择相对稀疏的网格间距。而飞机油箱等部位遭受的雷击概率较大，故需要设置网格间距较密的金属防护网。综合以上分析，在进行雷击防护设计时需要结合不同方式的防护效果及结构增重情况合理选取，力求使其防护效果和结构增重同时实现最优化。

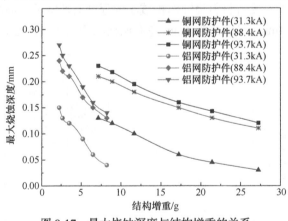

图 8-17　最大烧蚀深度与结构增重的关系

8.4　复合材料加筋壁板防雷击设计优化

8.4.1　设计优化方法

复合材料的结构设计优化能够通过数值模拟、优化分析等途径改善结构的整体性能，节省生产成本，以满足结构设计需求等。复合材料加筋壁板的雷击损伤程度与纤维铺层方向、铺层厚度以及防护层厚度等诸多因素有关，通过反复的雷击试验对其进行结构设计，不仅成本较大，而且具有一定的盲目性。本节对飞机复合材料加筋壁板的防雷击优化问题展开研究，首先从复合材料加筋壁板和铜网防护层两方面入手，选取铺层厚度、铺层顺序和防护层厚度等变量，进行了复合材料加筋壁板铜网防护件的防雷击设计优化。在此基础上对复合材料加筋壁板无防护基准件进行了防雷击设计优化，对比优化前后的烧蚀结果和结构重量验证了优化方法的有效性。针对复合材料加筋壁板的雷击防护问题，需要运用合理的优化算法，满足多变量、多目标设计优化问题的计算，进而实现对复合材料加筋壁板雷击防护的综合优化。优化的主要目的是在满足雷击防护要求的前提下，使总体结构增重最小，从而达到结构减重的要求。通过选取iSiGHT 作为优化设计平台，集成 ANSYS 软件建立复合材料加筋壁板的优化模型，定义设计变量及优化目标等，通过合理的优化分析流程实现多次循环优化，直至获得最佳结果。

复合材料的设计优化旨在通过改变一个或多个设计变量来提高材料的性能。目前关于复合材料的优化包括结构安全系数优化设计、结构可靠性优化设计和结构鲁棒优化设计等，但无论是哪种优化方式都需要首先选取高效实用、精确的优化算法，通过对模型进行多次优化迭代以达到最终的优化目标[18]，所以优化算法的选取是进行优化设计的前提条件。iSiGHT 在各类商业优化软件中最具代表性，被广泛应用于航空、航天、兵器等多个领域。用户能够以 iSiGHT 作为优化平台集成和管理多种分析软件，根据优化问题的特点结合多种算法形成综合满足结构设计的优化策略，从而缩短优化周期，降低设计成本。iSiGHT 能够自动识别仿真流程中的结果文件进行多方案比较和优化，并且优化过程中的目标函数、约束条件和设计变量的变化历程能够以可视化的方式直观地显示出来[19,20]。

无论是哪种优化方式，选取合理的优化算法对优化结果有着至关重要的影响。iSiGHT 优化设计平台包含了全局优化算法和局部优化算法等多种优化算法，其中全局优化算法有多岛遗传优化算法、自动优化专家算法、进化算法、自适应模拟退火法、粒子群优化。全局优化算法特点是适应性强，只评价设计点，不计算任何函数的梯度，具有全局性，能求解全局最优解，避免了集中在局部区域的搜索，但全局探索法的计算量比较大。数值优化算法有序列二次规划法、修正可行方向法、广义下降梯度法、多功能优化系统技术、混合整型序列二次规划。局部优化算法的特点是能够有效探索初始设计点周围局部区域，如果设计空间是连续单峰的形态，能够沿最快下降方向快速探索，特定条件下能够从数学上证明其收敛性。但局部优化算法非常依赖初始设计点，有可能落入局部最优解。当变量数增加时求解梯度的计算迭代急剧增加，如果无法求得解析的梯度公式，则需要采用有限差分算法求解梯度。

8.4.2 铜网防护件的设计优化

针对雷电流作用下复合材料加筋壁板铜网防护件的设计优化问题,通过参数化建立铜网防护下复合材料加筋壁板的雷击分析模型。加筋壁板的长度和宽度保持不变,主要对其他的尺寸参数进行优化,在保证复合材料加筋壁板满足雷击防护要求的前提下实现结构质量最小化。

一般多参数、多目标最优化问题可描述为[21,22]:

目标函数:　　　　$F\big(f(X_1),f(X_2),f(X_3),\cdots,f(X_n)\big)$　　　　　(8-1)

约束条件:　$g_j(X)<0(j=1,2,3,\cdots m)$或$h_j(X)=0(j=m+1,\cdots,n)$　(8-2)

设计变量:　　　　$X=\{x_1,x_2,x_3,\cdots,x_n\}^{\top}$　　　　　　　(8-3)

1. 设计变量的选取

设计变量是指在优化过程中不断变化、通过一系列优化流程最终确定并应用在材料实际设计中的参数。设计变量选取是优化流程中的关键,设计变量X的个数代表设计空间维数。设计变量越多,相应的空间维数也越多,找到满足要求的最优解所需的计算量也就越大,所以在实际优化过程中通常选取影响较大的参数作为设计变量。研究中所采取的优化模型包含复合材料加筋壁板的基准件和金属网防护层两部分,由于复合材料加筋壁板的平面尺寸是固定的,所以可以通过优化复合材料的铺层厚度提高复合材料加筋壁板防雷击效果。复合材料的雷击烧蚀与铺层角度相关,还可以通过改变加筋壁板的铺层顺序来优化雷击防护性能。复合材料加筋壁板的铺层为对称布置,为减少设计变量的个数和缩短计算时间,只选取一半的铺层角度进行优化设计。另外,通过优化金属防护网的厚度也能起到对复合材料加筋壁板防雷击优化的效果。优化变量的文本写入如图8-18所示,初值选取与变量说明如表8-2所示。

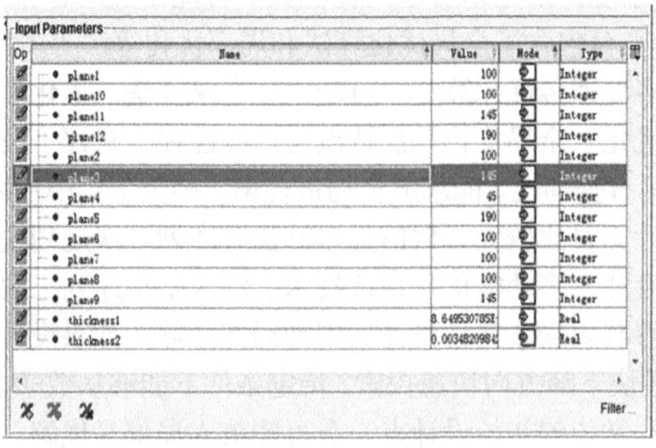

图 8-18　优化变量的写入

表 8-2　设计变量的初值与变化范围

设计变量	变量描述	初始值	变化范围
Thickness 1	加筋壁板总厚度	0.0036	{0.00348,0.00372}
Thickness 2	铜网防护层厚度	0.0002	{0.0001,0.0003}
Plane 1	面板层第一层铺层角度	45°	{±45°, 0°, 90°}
Plane 2	面板层第二层铺层角度	0°	{±45°, 0°, 90°}
Plane 3	面板层第三层铺层角度	−45°	{±45°, 0°, 90°}
Plane 4	面板层第四层铺层角度	90°	{±45°, 0°, 90°}
Plane 5	面板层第五层铺层角度	−45°	{±45°, 0°, 90°}
Plane 6	面板层第六层铺层角度	0°	{±45°, 0°, 90°}
Plane 7	面板层第七层铺层角度	45°	{±45°, 0°, 90°}
Plane 8	面板层第八层铺层角度	0°	{±45°, 0°, 90°}
Plane 9	面板层第九层铺层角度	45°	{±45°, 0°, 90°}
Plane 10	面板层第十层铺层角度	90°	{±45°, 0°, 90°}
Plane 11	面板层第十一层铺层角度	−45°	{±45°, 0°, 90°}
Plane 12	面板层第十二层铺层角度	0°	{±45°, 0°, 90°}

2. 约束条件的选取

约束条件的设置要结合优化模型的实际情况进行选择，针对实际加工中的设计要求进行约束。关于铺层厚度的约束，根据工程实际经验，复合材料加筋壁板单层厚度的变化范围一般介于 0.145～0.155mm 之间，所以在优化铺层厚度时设置总厚度取值范围在 3.48mm<h<3.72mm，设置铺层角度的范围在{0°, ±45°, 90°}之间变化。

3. 优化算法的选取

由于优化设计变量较多，且铺层角度为离散型设计变量，导致求解梯度的计算迭代急剧增加，容易陷入局部最优解。传统的梯度算法不能满足优化的要求，而全局优化方法为离散型变量的优化提供了新的解决方法。这里选取全局优化方法中的多岛遗传算法，它具有比传统遗传算法更优良的全局求解能力和计算效率，通过改变种群规模数及交叉变异的概率能够有效提高算法的精度。多岛遗传优化算法的种群规模、变异概率等参数设置如图 8-19 所示。

4. 目标函数的选取

目标函数可以是一个，也可以是多个，当优化目标不唯一时需要考虑多目标

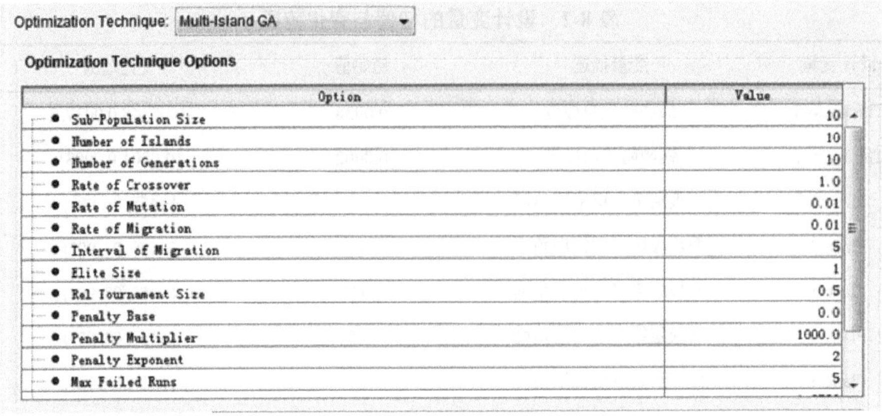

图 8-19　优化算法的参数设置

优化策略。考虑到对复合材料加筋壁板优化的主要目的是在满足雷击防护要求的前提下尽量减轻结构总重量，所以将复合材料加筋壁板雷击后的烧蚀体积和结构重量作为目标函数。

$$
\begin{cases}
\min\{mass\} \\
\min\{Ablation\ Volume\}
\end{cases}
\tag{8-4}
$$

其中：mass 表示结构总重量，Ablation Volume 表示烧蚀体积。

5. 优化流程和 iSIGHT 集成过程

优化过程的具体流程如下：首先，利用 ANSYS 软件的 APDL 语言建立复合材料加筋壁板的参数化初始模型，将复合材料加筋壁板的铺层厚度、铺层方向和金属网防护层厚度作为设计变量，编写批处理脚本文件并调用 ANSYS 进行计算，获得初始烧蚀体积和结构重量。为了保证优化流程顺利实现编写脚本文件删除计算过程中产生的临时文件和其他无用的文本。其次，利用 iSIGHT 优化软件并结合有限元分析结果对设计变量进行自动修改，根据新的参数变量重新调用 ANSYS 软件进行计算分析。最后，按照此方法进行多次循环，最终根据优化目标得到满足约束条件的最优参数。

优化时的输入文件为 ANSYS 软件运行的命令流文本，其中包含整个有限元模型的尺寸参数、铺层方式和材料属性等信息。编写调用 ANSYS 软件的批处理文件，运用 iSIGHT 优化平台并通过编译的批处理文件调用有限元软件进行计算，输出文件为运行得到的复合材料加筋壁板烧蚀体积和结构重量，设计优化的流程图如图 8-20 所示。iSIGHT 集成 ANSYS 软件的优化过程如图 8-21 所示，该优化过程包括了一个 Simcode 组件和一个 Optimization 组件。在优化过程中首先通过 Simcode 组件解析输入文件 input.txt 和输出文件 massout.txt、ablationvolu.txt，再读取调用 ANSYS 软件的批处理文件.bat。输入文本和输出文本的解析情况分别如图 8-22 和图 8-23 所示。

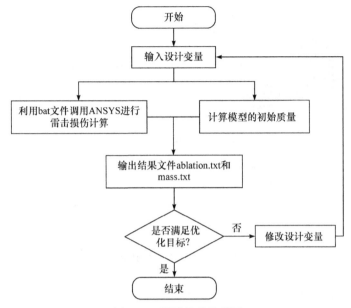

图 8-20　设计优化流程图

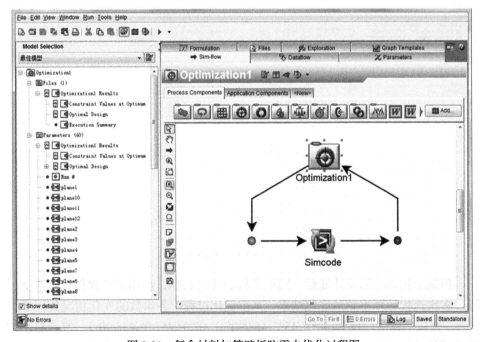

图 8-21　复合材料加筋壁板防雷击优化过程图

图 8-22　输入文本解析

图 8-23　输出文件解析

　　根据上述选定的设计变量、约束条件和优化目标，利用多岛遗传优化算法，经过多次迭代计算得到最优化结果，其中优化过程中各参数的变化情况如图 8-24 所示。优化后铺层角度为[0°/0°/45°/−45°/90°/0°/0°/0°/45°/0°/45°/90°]s，复合材料加筋壁板的单层厚度为 0.1451mm，防护层厚度为 0.29mm。优化前后各变量的变化对比如表 8-3 所示。为了验证优化结果的有效性，将优化后的铺层角度、铺层厚度及防护层厚度等参数回带入初始命令流文件中，通过 ANSYS 软件仿真分析得出优化后的烧蚀损伤温度分布云图，并输出烧蚀体积和结构重量等参数。优化前后的损伤对比如图 8-25 所示，可以看到优化后的烧蚀尺寸明显小于优化前。另外，经过计算优化前后的烧蚀体积和结构重量可以看到：优化后的烧蚀体积减少了 440mm³，结构重量减小了 26.93g。分析以上优化结果可以看到复合材料加筋壁板

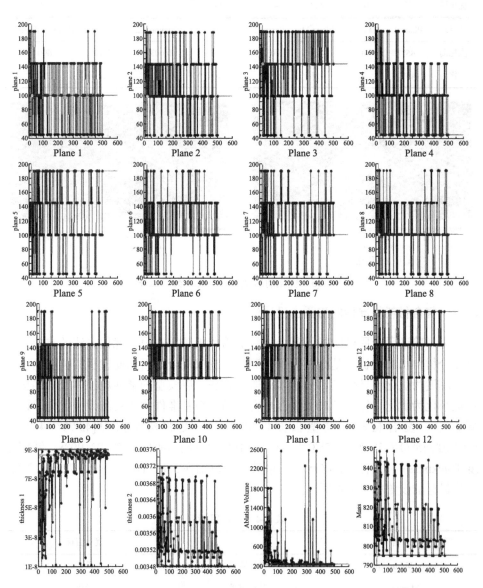

图 8-24　优化过程中各参数的变化

的单层厚度与初始值相比减小了，而防护层厚度增加了，但通过改变设计参数后最终的烧蚀体积与结构重量都明显下降。

表 8-3　优化前后结果对比

变量	Plane 1	Plane 2	Plane 3	Plane 4	Plane 5	Plane 6	Plane 7	Plane 8
优化前	45°	0°	−45°	90°	−45°	0°	45°	0°
优化后	0°	0°	45°	−45°	90°	0°	0°	0°

变量	Plane 9	Plane 10	Plane 11	Plane 12	Thickness 1	Thickness 2	Mass	Ablation Volume
优化前	45°	90°	−45°	0°	4×10^{-8}	0.0036	822.12	690
优化后	45°	0°	45°	90°	8.65×10^{-8}	0.00348	795.19	250

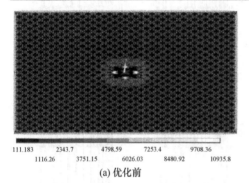

111.183　　2343.7　　4798.59　　7253.4　　9708.36
　　1116.26　　3751.15　　6026.03　　8480.92　　10935.8

(a) 优化前

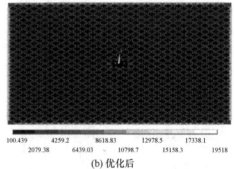

100.439　　4259.2　　8618.83　　12978.5　　17338.1
　　2079.38　　6439.03　　10798.7　　15158.3　　19518

(b) 优化后

图 8-25　优化前后烧蚀损伤温度分布云图

8.4.3　复合材料基准件的防雷击设计优化

　　为了验证无金属网防护下复合材料加筋壁板防雷击设计优化方法的有效性，以复合材料加筋壁板的基准件为研究对象，选取复合材料加筋壁板的铺层角度和铺层厚度为优化设计变量，采用多岛遗传算法，以模型的整体烧蚀体积和结构重量最小化为优化目标，开展了复合材料加筋壁板基准件的防雷击设计优化。设计变量中，复合材料加筋壁板面板层铺层角度的初始值为[45°/0°/−45°/90°/−45°/0°/45°/0°/45°/90°/−45°/0°]s，铺层角度的变化范围为{±45°, 0°, 90°}，铺层厚度 Thickness 的初始值为 3.6mm，约束其变化范围在 3.48<Thickness<3.72mm 之间，优化目标的设置如表 8-4 所示。

表 8-4　优化目标

变量名	描述	优化目标
Ablation Volume/mm³	烧蚀体积	最小
Mass/g	结构重量	最小

　　根据上述设定的设计变量、优化算法、约束条件和优化目标等，经过多次迭代优化计算得到了最优解。为了更直观地体现优化效果，将优化后的铺层角度和铺层厚度等参数回代入初始命令流文件中，通过仿真分析得到优化后基准件烧蚀损伤的温度分布、烧蚀体积和结构重量等结果。优化前后的损伤对比如图8-26和表8-5所示，优化后的烧蚀尺寸明显小于优化前的结果。优化后由于铺层角度的改变导致雷电流的传递方向发生了改变，所以复合材料的损伤扩展方向也发生了改变，主要沿顶层纤维铺层方向扩展。另外，结合计算优化前后的烧蚀体积和结构重量，得到优化后的烧蚀体积减小了432.25mm³，结构重量减小了18.39g。复合材料加筋壁板的单层厚度与初始值相比减小了，铺层方向中0°铺层的比例增加了。但通过改变铺层厚度和铺层角度后最终的烧蚀体积与结构重量都明显下降，说明关于复合材料加筋壁板防雷击优化的方法合理有效。

表8-5　优化前后结果对比

变量	Plane 1	Plane 2	Plane 3	Plane 4	Plane 5	Plane 6	Plane 7	Plane 8
优化前	45°	0°	−45°	90°	−45°	0°	45°	0°
优化后	0°	0°	90°	90°	45°	0°	0°	90°

变量	Plane 9	Plane 10	Plane 11	Plane 12	Thickness	Mass	Ablation Volume
优化前	45°	90°	−45°	0°	0.0036	796.64	3115.16
优化后	0°	−45°	45°	−45°	0.00348	778.25	2682.91

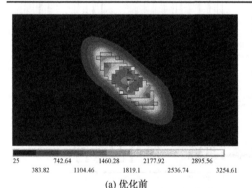 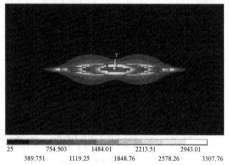

25　　　742.64　　　1460.28　　　2177.92　　　2895.56
　383.82　　　1104.46　　　1819.1　　　2536.74　　　3254.61
(a) 优化前

25　　　754.503　　　1484.01　　　2213.51　　　2943.01
　389.751　　　1119.25　　　1848.76　　　2578.26　　　3307.76
(b) 优化后

图8-26　优化前后烧蚀损伤温度分布云图

　　优化过程中各参数的变化情况如图8-27所示。对比分析基准件和铜网防护件的优化结果，可以看到：优化后的参数变量与优化前相比都能有效减小烧蚀尺寸和结构重量，但铜网防护件的优化结果要优于基准件的优化结果。另外，由于在仿真模拟和优化分析中对结构模型和优化变量进行了合理的简化，且在雷击烧蚀分析过程中只考虑了电-热耦合效应，没有考虑雷电流冲击的力学性能，所以优化后的结果参数还需要结合复合材料结构设计的一般工程设计原则或经验进行适当的修改，才能更好地应用于工程实际中。

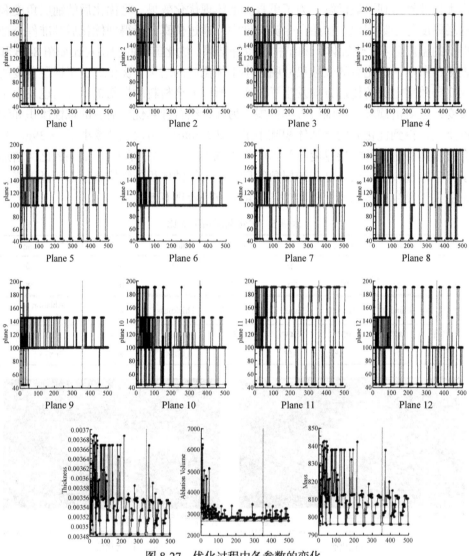

图 8-27　优化过程中各参数的变化

参 考 文 献

[1] 姜恺悦, 张卫东, 邱华, 等. 飞机抗雷击复合材料的研究进展. 黏结, 2017, (11):60-63.

[2] Han J H, Zhang H, Chen M J, et al. The combination of carbon nanotube buckypaper and insulating adhesive for lightning strike protection of the carbon fiber/epoxy laminates. Carbon, 2015, 94:101-103.

[3] 朱健健, 李梦. 航空复合材料结构雷击损伤与雷击防护的研究进展. 材料导报, 2015, 29(17):

37-42.

[4] 张祥林, 黄文俊, 胡仁伟, 等. 飞行器复合材料结构雷击防护研究进展. 高科技纤维与应用, 2017, 42(4): 8-14.

[5] 王富生, 岳珠峰, 刘志强, 等. 飞机复合材料结构雷击损伤评估和防护设计. 北京: 科学出版社, 2016.

[6] Fanucci J P. Thermal response of radiantly heated kevlar and graphite/epoxy composites. Journal of Composite Materials, 1987, 21(2): 129-139.

[7] Griffis C A, Nemes J A, Stonesifer F R, et al. Degradation in strength of laminated composites subjected to intense heating and mechanical Loading. Journal of Composite Materials, 1986, 20(3): 216-235.

[8] Ogasawara T, Hirano Y, Yoshimura A. Coupled thermal-electrical analysis for carbon fiber/epoxy composites exposed to simulated lightning current. Composites, Part A: Applied Science and Manufacturing, 2010, 41(8): 973-981.

[9] Gagné, Martin, Therriault D. Lightning strike protection of composites. Progress in Aerospace Sciences, 2014, 64:1-16.

[10] Gragossian A, Tavassoli S H, Shokri B. Laser ablation of aluminum from normal evaporation to phase explosion. Journal of Applied Physics, 2009, 105(10): 103304.

[11] Hind S, Robitaille F. Measurement, modeling, and variability of thermal conductivity for structural polymer composites. Polymer Composites, 2010, 31(5): 847-857.

[12] 付尚琛, 石立华, 周颖慧, 等. 喷铝涂层碳纤维增强树脂基复合材料抗雷击性能实验及仿真. 复合材料学报, 2018, 35(10): 2730-2744.

[13] Gagné M, Therriault D. Lightning strike protection of composites. Progress in Aerospace Sciences, 2014, 64: 1-16.

[14] Wang F S, Zhang Y, Ma X T, et al. Lightning ablation suppression of aircraft carbon/epoxy composite laminates by metal mesh. Journal of Materials Science and Technology, 2019, 11(35): 2693-2704.

[15] Gragossian A, Tavassoli S H, Shokri B. Laser ablation of aluminum from normal evaporation to phase explosion. Journal of Applied Physics, 2009, 105(10): 103304.

[16] Gagné, Martin, Therriault D. Lightning strike protection of composites. Progress in Aerospace Sciences, 2014, 64:1-16.

[17] Wang F S, Ji Y Y, Yu X S, et al. Ablation damage assessment of aircraft carbon fiber/epoxy composite and its protection structures suffered from lightning strike. Composite Structures, 2016, 145: 226-241.

[18] 王晓军, 马雨嘉, 王磊, 等. 飞行器复合材料结构优化设计研究进展. 中国科学: 物理学力学天文学, 2018, 48(1): 26-41.

[19] 赖宇阳, 姜欣. iSIGHT 参数优化理论与实例详解. 北京: 北京航空航天大学出版社, 2012.

[20] 王伟, 杨伟, 常楠. 大展弦比飞翼结构形状、尺寸综合优化设计. 强度与环境, 2007, 34(5): 49-57.

[21] 韩旭, 雷磊, 袁伟, 等. 基于等效模型的帽型复合材料加筋壁板优化设计. 材料工程, 2009, (s2): 173-178.

[22] Luo Y, Kang Z, Luo Z, et al. Continuum topology optimization with non-probabilistic reliability constraints based on multi-ellipsoid convex model. Structural & Multidisciplinary Optimization, 2009, 39(3): 297-310.

第9章 复合材料加筋壁板汽化反冲和剩余强度分析

9.1 雷击汽化反冲效应

  雷电流直接附着在复合材料结构表面时产生的焦耳热会以热传导和热辐射的形式迅速导入到复合材料结构内部。复合材料表面能量的迅速沉积最直接的表现形式就是雷电附着区附近温度的急剧上升，高温的作用下熔点较低的环氧树脂基体率先被熔化和分解。环氧树脂热解产生的气体导致复合材料结构内部压力的急剧上升，极易产生类似于气体喷射的内爆现象，进而对复合材料结构产生冲击效应，这种反向冲击效应称为雷击作用下的汽化反冲效应。因此，分析雷击作用下复合材料结构的直接效应损伤时，汽化反冲效应作为另一种重要的损伤效应应该考虑在内，从而能更全面地分析复合材料结构遭受雷击时的损伤行为。但是，目前对雷击作用下复合材料汽化反冲效应研究较少，对其形成机理还没有清晰的认识。为了更加直接地反映复合材料在雷电流作用下的损伤行为，需要对其汽化反冲效应进行研究，在充分了解复合材料雷击损伤机理的基础上针对相应的问题提出行之有效的防雷击设计方法，对飞机结构设计具有重要意义。

  本章从汽化反冲效应的角度研究了复合材料加筋壁板在雷击作用下的动态损伤行为。首先，建立了复合材料加筋壁板无防护基准件和铜网防护件的三维有限元模型,分析了复合材料加筋壁板基准件和铜网防护件在雷击作用下的损伤特征。其次，集成电热耦合和显式动力学方法建立了雷击作用下复合材料加筋壁板的汽化反冲计算模型，对比分析了复合材料加筋壁板基准件和铜网防护件在汽化反冲作用下的动态损伤特征。最后，采用 ANSYS/LS-DYNA 完全重启动方法研究了复合材料加筋壁板汽化反冲后的剩余强度，并与复合材料加筋壁板无防护基准件的雷击后剩余强度进行对比,进一步评估了铜网对复合材料加筋壁板的防雷击效果。本章的研究成果可以应用到复合材料结构遭受雷击强热力冲击作用下的动态损伤响应分析和安全性能预测。

9.2 铜网防护复合材料雷击烧蚀特征

9.2.1 铜网防护件有限元模型

  复合材料加筋壁板表面铺设的防护网为菱形孔延展性铜网，在制作铜网防护件时采用共固化工艺将其铺设在复合材料加筋壁板表面。铜网厚度为 0.102mm，网孔对角线长度 LDW=2.032mm，宽度为 SDW=1.83mm，网孔密度为 71 目/cm²，铜网几何模型如图 9-1(a)所示。由于铜网网孔密度较大，研究过程中为了减少计算量，且避免计算过程中的不收敛现象，在本章中暂不考虑铜网力学、电学和热学性能参数随温度的变化，而复合材料性能参数与第 5 章中完全相同。在评估铜网对复合材料加筋壁板的防雷击效果之前，需要研究复合材料加筋壁板无防护基准件的雷击损伤行为。复合材料加筋壁板仍然选择实体单元，采用 LINK68 电热耦合线单元建立铜网结构的有限元模型[1,2]。复合材料加筋壁板铜网防护件的有限元模型如图 9-1(b)所示，整个有限元模型共有 312037 个单元和 282239 个节点，其中铜网共有 229957 个单元和 192630 个节点。研究中将 A+B 组合电流一次放电连续施加在复合材料加筋壁板表面，A 和 B 电流波形分量如图 9-2 所示。A 波持续时间为 414μs，作用积分为 2.2×10⁶A²s；B 波持续时间为 4.98ms，包含的电荷量为 10.8C。

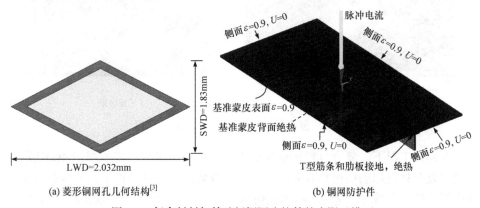

(a) 菱形铜网孔几何结构[3]　　(b) 铜网防护件

图 9-1　复合材料加筋壁板铜网防护件的有限元模型

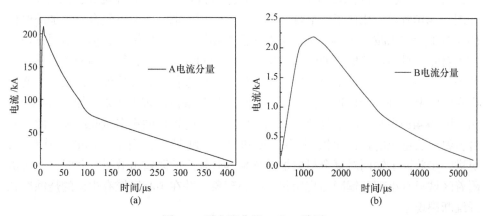

图 9-2　雷电流分量 A 和 B 波形

9.2.2　铜网防护件雷击烧蚀计算与试验结果对比

复合材料加筋壁板基准件在 A+B 组合电流波形作用下的损伤云图如图 9-3(a)所示，在此工况下复合材料加筋壁板损伤比较严重，雷电流附着区附近共有 4 层单元被删除，失效单元的体积为 1545mm³。单元删除以后附着区附近的损伤轮廓呈扇形向两侧展开，扇形区域沿–45°方向分布，损伤区域尺寸约为 121mm×52mm，失效单元删除以后附着区残骸附近最高温度为 3220.3℃。图 9-3(b)为相同雷电流载荷作用下雷击试验后复合材料加筋壁板基准件损伤形貌，复合材料加筋壁板中心区域出现严重的雷击损伤，纤维断裂现象非常明显，在附着区断裂的碳纤维非常蓬松，并在附着区域出现明显的烧蚀坑，雷击损伤区域尺寸约为 110mm ×100mm。

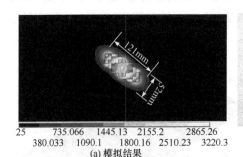

25　　735.066　　1445.13　　2155.2　　2865.26
　380.033　　1090.1　　1800.16　　2510.23　　3220.3

(a) 模拟结果　　　　　　　　　　　　　(b) 试验结果

图 9-3　复合材料加筋壁板基准件损伤形貌

在相同工况下，复合材料加筋壁板铜网防护件的损伤形貌如图 9-4(a)所示，铜网对复合材料加筋壁板具有明显的防雷击效果。在铜网防护下，复合材料加筋壁板删除的单元数量、损伤面积和损伤深度明显减小。单元删除仅出现在前 2 层，且共有 22 个复合材料单元被删除，此时复合材料失效单元的体积仅为 57.3mm³，如图 9-4(b)所示。相比于基准件的单元删除体积，铜网防护下复合材料加筋壁板的失效单元体积减小了 96.3%，雷击损伤主要集中在表面铜网，损伤情况体现了铜网对复合材料加筋壁板的防护效果。由于铜的各向同性特征，铜网的损伤轮廓几乎呈对称分布，由此说明雷电流主要沿着铜网进行传导，导致雷击损伤主要集中在铜网上，进一步体现了铜网对复合材料加筋壁板的防护效果，如图 9-4(c)所示。图 9-4(d)为此工况下复合材料加筋壁板铜网防护件的雷击试验结果，此时复合材料加筋壁板的损伤面积、损伤深度和起毛程度明显小于图 9-3(b)的损伤程度，更进一步验证了铜网对复合材料加筋壁板具有较好的防雷击效果。此时，在雷击附着区域只有小部分铜网出现熔化、断裂现象，并在中心区域有少许的烧蚀坑和纤维断裂现象。

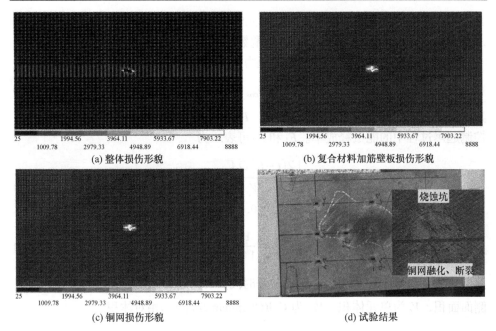

(a) 整体损伤形貌 (b) 复合材料加筋壁板损伤形貌

(c) 铜网损伤形貌 (d) 试验结果

图 9-4　复合材料加筋壁板铜网防护件损伤形貌

9.3　汽化反冲效应分析

9.3.1　汽化反冲分析方法

雷击作用下复合材料加筋壁板的汽化反冲效应分析包括电热耦合分析模块和汽化反冲分析模块，如图 9-5 所示。在电热耦合分析模块中对复合材料加筋壁板开展雷击作用下的电热耦合效应研究，进而获得复合材料加筋壁板的温度分布，并根据复合材料加筋壁板的温度分布选取汽化反冲单元。在汽化反冲分析模块中，对复合材料单元、汽化反冲单元、铜网单元的材料属性和单元类型进行修正和替换。即采用显式动力学单元 SOLID164 替换初始定义的电热耦合单元，利用显式动力学单元 LINK160 替换铜网初始的电热耦合单元，汽化反冲区域初始的复合材料模型替换为 JWL(Jones-Wilkins-Lee)物态方程描述的高爆材料模型，同时设置汽化反冲单元的初始起爆速度和起爆时间。JWL 物态方程可定义如下：

$$p = A\left(1 - \frac{\omega}{R_1 V}\right)e^{-R_1 V} + B\left(1 - \frac{\omega}{R_2 V}\right)e^{-R_2 V} + \frac{\omega E_0}{V} \tag{9-1}$$

其中：p 为高爆单元的压力，V 为各单元的初始相对体积，E_0 为每个单元的初始起爆能量，A、B、R_1、R_2 和 ω 为材料常数。

对于高爆材料单元，在各时刻的压力定义如下：

$$p = F p_{eos}\left(V, E_0\right) \tag{9-2}$$

其中：p_{eos} 为式(9-1)中物态方程的压力，$F=\max(F_1, F_2)$ 为高爆过程中的燃烧分数，控制起爆过程中的能量释放率。F_1 和 F_2 可表示为

$$F_1 = \begin{cases} \dfrac{2\left(t - t_1\right) D A_{e_{\max}}}{3 V_e}, & t > t_1 \\ 0, & t > t_1 \end{cases} \tag{9-3}$$

$$F_2 = \frac{1 - V}{1 - V_{\mathrm{CJ}}} \tag{9-4}$$

其中：t 为当前时间，t_1 为各单元的起爆时间，D 为起爆速度，$A_{e_{\max}}$ 为单元的最大侧面面积，V_e 为单元体积，V_{CJ} 为 C-J(Chapman-Jouguet)相对体积。

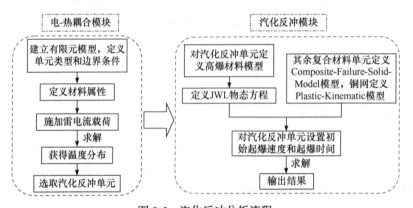

图 9-5　汽化反冲分析流程

对于汽化反冲单元以外的复合材料区域，采用 059# Composite-Failure-Solid-Model 本构模型描述其在汽化反冲效应下的损伤行为，059#本构模型定义如下：

$$f = \frac{4\left[\sigma_1 - \dfrac{X_T - X_C}{2}\right]^2}{\left(X_T + X_C\right)^2} + \frac{4\left[\sigma_2 - \dfrac{Y_T - Y_C}{2}\right]^2}{\left(Y_T + Y_C\right)^2} + \frac{4\left[\sigma_3 - \dfrac{Z_T - Z_C}{2}\right]^2}{\left(Z_T + Z_C\right)^2} + \frac{\sigma_{12}^2}{S_{12}^2} + \frac{\sigma_{13}^2}{S_{13}^2} + \frac{\sigma_{23}^2}{S_{23}^2} - 1$$

$$\tag{9-5}$$

其中：X_T 和 X_C 分别为纵向拉伸和压缩强度，Y_T 和 Y_C 分别为横向拉伸和压缩强度。Z_T 和 Z_C 分别为法向拉伸和压缩强度，S_{12} 为平面内剪切强度，S_{13} 和 S_{23} 为横向剪

切强度，f 为椭圆方程。

根据式(9-5)，屈服方程可由复合材料的强度参数和应力参数建立，如果 $f > 0$ 则单元进入塑性变形状态。此时若持续施加外部载荷，则单元将会继续变形，并且单元刚度将会减小。研究中根据复合材料的最大失效应变定义单元失效，在 ANSYS/LS-DYNA 的关键字文件中设置最大失效应变为 0.5。如果单元的等效应变大于其最大失效应变，则单元将会失效，并且将失效单元删除。对于铜网采用 003# Plastic-Kinematic 本构模型描述其损伤行为，同样通过铜网的失效应变定义其失效。铜网的失效应变定义为 0.35，屈服强度为 369MPa，高爆模型、JWL 物态方程和 059#本构模型的相关参数如表 9-1 所示。

表 9-1　高爆模型、JWL 物态方程和 059#本构模型参数[4-7]

D/(m/s)	P_{CJ}/GPa	A/GPa	B/GPa	R_1	R_2
6718	18.5	540.9	9.4	4.5	1.1
ω	E_0/kJ	X_C/MPa	X_T/MPa	Y_C/MPa	Y_T/MPa
0.35	8×10^6	1281	1708	192	34
Z_C/MPa	Z_T/MPa	S_{12}/MPa	S_{23}/MPa	S_{13}/MPa	
280	52	128	96	128	

9.3.2　汽化反冲有限元模型

在电热耦合分析模块中，温度超过 3316℃的复合材料单元不定义为失效，而是将其选择为汽化反冲单元。图 9-6 为复合材料加筋壁板基准件和铜网防护件的汽化反冲有限元模型，汽化反冲单元集中在雷击区域，汽化反冲单元以外的区域为非汽化反冲单元。由于在电热耦合分析过程中，铜网失效不具有汽化反冲效应特征，因此在汽化反冲有限元模型中将烧蚀的铜网单元删除。复合材料加筋壁板四周施加固定约束边界，在 LS-PrePost 中将关键字文件修改完成后输出，并提交到 LS-DYNA 求解器进行求解。研究中同样考虑了复合材料加筋壁板在汽化反冲作用下的分层损伤，建立黏结域模型分析复合材料分层损伤。目前常用的方法包括在层间建立黏结域单元，或采用黏结域接触。若在各铺层间建立黏结域单元，需在复合材料各相邻铺层之间建立一个黏结域层，即在相邻层间建立厚度为各单层厚度 1/20～1/10 的薄层以反映复合材料层间的界面特征。但是，建立黏结域单元将会明显增加层间的复杂性，也会增加复合材料属性定义的复杂性。此外，建立黏结域单元将会使有限元模型网格数量大幅增加，从而增加计算时间，也极易导致计算过程中的不收敛性。若在层间采用黏结域接触的方式则可较好地避免以上问题的出现，并且也能较好地模拟复合材料的分层损伤。采用黏结域接触的方法只需在层-层接触面定义黏结域接触属性，且计算速度较快，因此，在本章中采用黏结域接触的方法模拟复合材料加筋壁板在汽化反冲作用下的分层损伤，即在关键字文件中定义 Contact-Automatic-One-Way-Surface-To-Surface-Tiebreak 关键字引入黏结域模型，以模拟复合材料加筋壁板在汽化反冲作用下的分层损伤，Tiebreak 失效准则定义如下：

$$\left(\frac{|\sigma_n|}{\text{NFLS}}\right)^2+\left(\frac{|\sigma_s|}{\text{SFLS}}\right)^2 \geqslant 1 \qquad (9\text{-}6)$$

其中：σ_n 为法向应力，σ_s 为切向应力；NFLS 为法向失效强度，NFLS=30MPa；SFLS 为切向失效强度，SFLS=60MPa[8-10]。

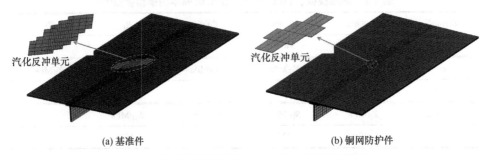

(a) 基准件　　　　　　　　　　　　　　　　　(b) 铜网防护件

图 9-6　复合材料加筋壁板的汽化反冲有限元模型

9.3.3　计算结果分析

复合材料加筋壁板基准件汽化反冲后各层等效应力云图如图 9-7 所示，相比于只考虑复合材料的烧蚀损伤，考虑汽化反冲效应后明显增加了复合材料加筋壁板的损伤程度，同时加重了复合材料加筋壁板前 4 层的雷击损伤，在此工况下总共造成了复合材料加筋壁板前 8 层出现了单元失效现象。随着深度的增加，复合材料加筋壁板各层损伤程度逐渐减轻。此外，考虑到汽化反冲效应后的雷击附着区损伤面积明显增大，且汽化反冲造成的损伤在宽度方向上增加比较明显，汽化反冲后的损伤区域面积更加接近于试验结果。比如考虑汽化反冲效应后复合材料加筋壁板表观最大损伤面积尺寸约为 128mm×73mm，与试验结果的误差约为15%，进一步证明了考虑汽化反冲效应后复合材料加筋壁板的损伤程度可更加贴近于试验结果。

汽化反冲效应结束后第 1 层的最大等效应力为 451.1MPa，第 2 层的最大等效应力下降到 198.6MPa，但第 3 层的最大等效应力又上升到 332.4MPa，第 4 层的最大等效应力继续上升到 829.4MPa，由此可以说明：在汽化反冲作用下前 4 层的最大等效应力表现出先下降而后上升的振荡现象。但第 5 层的最大等效应力下降到 351.2MPa，第 6 层的最大等效应力持续下降到 304.6MPa。此时，可以发现：

第 6 层汽化反冲单元边缘附近出现单元删除现象,而在其中心区域的单元并未失效,同样在第 7 层和第 8 层也出现了相似的结果,在之前的研究中也发现同样的结果[5]。从第 9 层开始各层不再出现单元失效,只是在汽化反冲单元区域出现应力集中现象。从第 10 层开始各层的最大等效应力明显小于前 8 层的最大等效应力,这是由于受到铺层方向的影响,复合材料各层间的阻抗比较大,冲击波在传播的过程中不断被吸收和耗散,导致其内部各层的等效应力较小。图 9-7(y)为 T 型筋条的等效应力云图,可以看到 T 型筋条的等效应力相对较小,其最大等效应力仅为 188.7MPa,且 T 型筋条没有出现单元删除现象。图 9-7(z)为汽化反冲单元的等效应力云图,此时汽化反冲单元的等效应力很小,仅为 12Pa,但汽化反冲单元的体积明显膨胀,并在汽化反冲结束后体积达到最大。

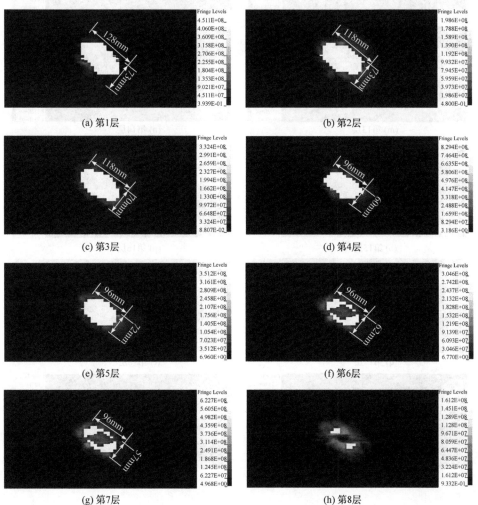

(a) 第1层　　　　　　　　　　　　　　　(b) 第2层

(c) 第3层　　　　　　　　　　　　　　　(d) 第4层

(e) 第5层　　　　　　　　　　　　　　　(f) 第6层

(g) 第7层　　　　　　　　　　　　　　　(h) 第8层

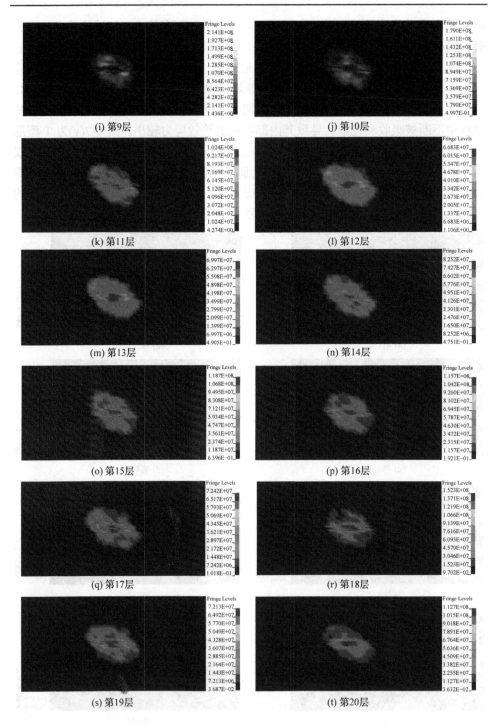

(i) 第9层　　　　　　　　　　　　　　　(j) 第10层

(k) 第11层　　　　　　　　　　　　　　(l) 第12层

(m) 第13层　　　　　　　　　　　　　　(n) 第14层

(o) 第15层　　　　　　　　　　　　　　(p) 第16层

(q) 第17层　　　　　　　　　　　　　　(r) 第18层

(s) 第19层　　　　　　　　　　　　　　(t) 第20层

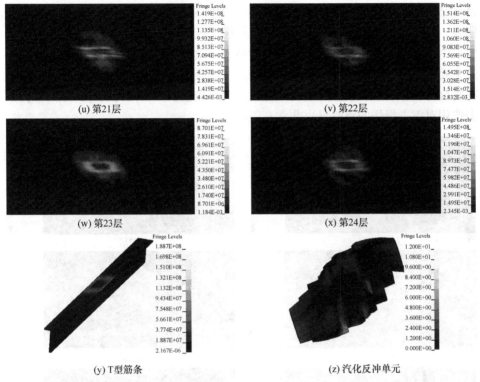

(u) 第21层　　　　　　　　　　　　　(v) 第22层

(w) 第23层　　　　　　　　　　　　　(x) 第24层

(y) T型筋条　　　　　　　　　　　　(z) 汽化反冲单元

图9-7　复合材料加筋壁板基准件的等效应力云图(单位：Pa)

对于复合材料加筋壁板铜网防护件，汽化反冲后各层等效应力云图如图9-8所示，考虑汽化反冲效应后的复合材料加筋壁板损伤增加了3层，但由于在此工况下汽化反冲单元数量较少，复合材料加筋壁板各层损伤增加幅度非常有限，而且造成的雷击损伤也主要集中在附着点附近，该现象与图9-4(d)的试验结果非常相似。汽化反冲后第 1 层的最大等效应力为 132.1MPa，第 2 层的最大等效应力上升到290.4MPa，第 3 层的最大等效应力上升到339.9MPa，第4层的最大等效应力继续上升到660.3MPa，但第5层的最大等效应力却突然下降到328.6MPa。说明前5层随着深度的增加，各层的等效应力呈现上升而后又下降的趋势。从第6层开始各层不再出现单元删除，只是在汽化反冲单元区域出现了应力集中现象，且第6层的最大等效应力相对较小，总体上小于前5层的最大等效应力，此时第6层的最大等效应力为123.8MPa。从第 7 层一直到内部各层的等效应力也表现出下降、上升而后又下降的反复振荡现象，但从第7层以后各层等效应力相对小于前6层的等效应力。

此外，由于复合材料的各向异性特征，各层的等效应力分布也表现出各向异性特征，但由于汽化反冲单元的高爆效应，使各层的等效应力偏移了其纤维铺层方向。图9-8(y)为 T 型筋条的等效应力云图，其最大等效应力为 115.3MPa。同样，计算结束后汽化反冲单元的压力也很小，仅为 6Pa，但汽化反冲单元的体积膨胀明显，如图 9-8(z)所示。对于复合材料加筋壁板铜网防护件，汽化反冲后各层等效应力均相对小于无防护基准件各层的最大等效应力。这是由于雷击过程中雷电流主要在铜网表面传导，在复合材料加筋壁板表面传导的雷电流相对较少，因此在复合材料加筋壁板表面产生的汽化反冲单元数量较少，汽化反冲产生的热力冲击作用对雷击损伤的贡献量也非常有限。

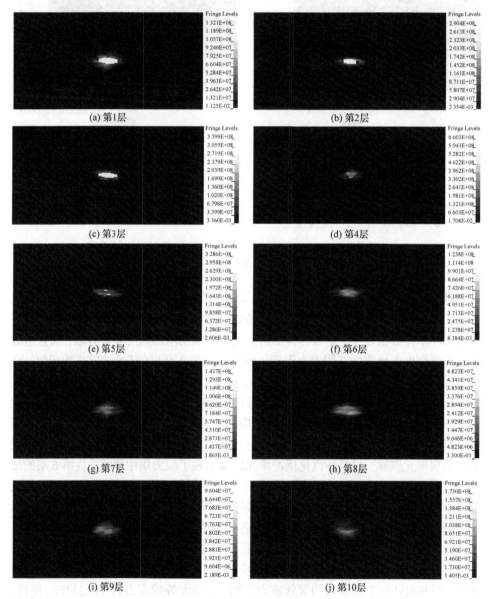

(a) 第1层　　　　　　　　　　　　　　　　　(b) 第2层

(c) 第3层　　　　　　　　　　　　　　　　　(d) 第4层

(e) 第5层　　　　　　　　　　　　　　　　　(f) 第6层

(g) 第7层　　　　　　　　　　　　　　　　　(h) 第8层

(i) 第9层　　　　　　　　　　　　　　　　　(j) 第10层

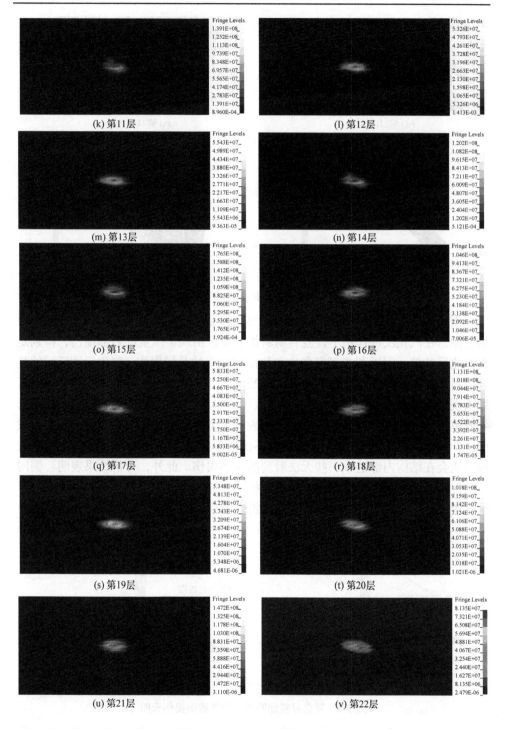

(k) 第11层

(l) 第12层

(m) 第13层

(n) 第14层

(o) 第15层

(p) 第16层

(q) 第17层

(r) 第18层

(s) 第19层

(t) 第20层

(u) 第21层

(v) 第22层

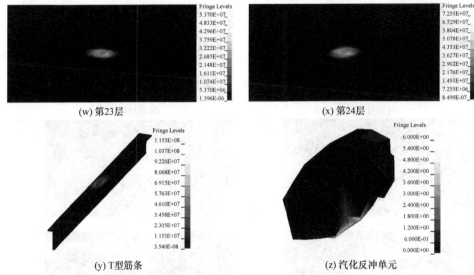

(w) 第23层　　　　　　　　　　　　　　　　(x) 第24层

(y) T型筋条　　　　　　　　　　　　　(z) 汽化反冲单元

图 9-8　复合材料加筋壁板铜网防护件的等效应力云图(单位：Pa)

图 9-9 为汽化反冲结束后复合材料加筋壁板基准件和铜网防护件的横截面损伤云图，在汽化反冲作用下，复合材料加筋壁板出现了严重的内部损伤，特别是在汽化反冲单元附近和 T 型筋条内部均出现严重的分层损伤。汽化反冲区域的复合材料加筋壁板损伤轮廓很不规则，且凹坑内部也不平整，在失效单元的边缘区域出现明显的鼓包、翘起和撕裂现象。该现象在无防护基准件中表现得尤为明显，失效单元附近的鼓包、翘起和撕裂现象表明雷击过程中发生了碳纤维的断裂和拔出。基于以上分析可知：汽化反冲效应不仅会造成复合材料基准蒙皮的外部损伤，也可能会在结构内部造成一些无法看到的内部损伤。此外，分析结果表明：铜网防护件的横截面损伤程度明显小于无防护基准件的损伤程度，从而进一步证明了铜网对复合材料加筋壁板具有较好的防雷击效果。

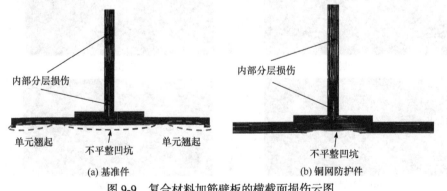

(a) 基准件　　　　　　　　　　　　　　(b) 铜网防护件

图 9-9　复合材料加筋壁板的横截面损伤云图

图 9-10 为雷击过程中各个时刻汽化反冲单元和复合材料加筋壁板的压力变

化曲线，可以明显看到：不管是无防护基准件，还是铜网防护件，汽化反冲开始时刻的汽化反冲单元压力急剧上升，此时基准件汽化反冲单元的最大压力为 7.512×10^9N，而铜网防护件汽化反冲单元的最大压力为 3.737×10^8N，明显小于基准件汽化反冲单元的最大压力。此后，随着汽化反冲的进行，汽化反冲单元的压力开始迅速下降，且下降率逐渐减小，并最终趋于平衡。计算结束后基准件汽化反冲单元的最大压力为 5.186×10^7N，而铜网防护件汽化反冲单元的最大压力为 3.608×10^7N，也明显小于基准件汽化反冲单元的最大压力。相较于汽化反冲单元的压力变化，复合材料加筋壁板的整体压力变化相对较为复杂，基准件和铜网防护件的整体压力在前 10 个载荷步内出现明显的振荡现象。汽化反冲开始时刻，复合材料加筋壁板的压力相对较高，基准件的最大压力为 7.153×10^8N，而铜网防护件的最大压力为 3.737×10^8N，同样铜网防护件的最大压力小于基准件的最大压力。

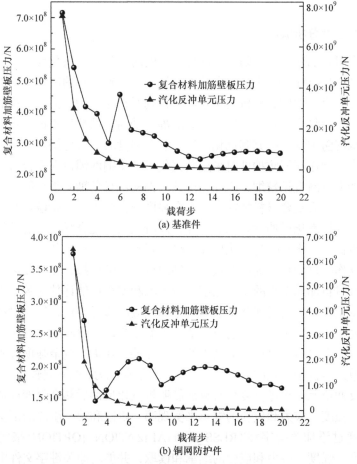

图 9-10　复合材料加筋壁板和汽化反冲单元压力变化

此后，随着汽化反冲的进行，复合材料加筋壁板的压力迅速下降，基准件的最大压力在第 13 个载荷步下降到了最小值，该时刻的最大压力为 2.493×10^{8}N。但从第 6 个载荷步开始，基准件的压力表现出一定的振荡现象，但是振荡幅度相对较小。特别是在第 14～20 个载荷步之间，复合材料加筋壁板的压力变化很小，说明此时汽化反冲单元产生的冲击压力在复合材料加筋壁板内部传播相对稳定。对于铜网防护件，其整体压力变化趋势与汽化反冲单元的压力变化趋势类似，压力在第 3 个载荷步时下降到最低，此时的最大压力为 1.486×10^{8}N。第 4～10 载荷步之间，铜网防护件的压力变化幅度也很明显。从第 10 个载荷步一直到计算结束，复合材料加筋壁板内部压力振荡相比于开始时刻明显减小，说明汽化反冲单元产生的冲击压力在复合材料加筋壁板内部传播相对稳定，对复合材料加筋壁板造成的冲击损伤相对较小。

9.4　剩余强度分析

9.4.1　剩余强度分析流程

对复合材料加筋壁板无防护基准件和铜网防护件完成汽化反冲损伤分析后，采用 ANSYS/LS-DYNA 完全重启动方法把显式求解得到的汽化反冲损伤数据传递到准静态剩余强度仿真分析模型中，以达到对汽化反冲后损伤数据的保留，进而对汽化反冲后复合材料加筋壁板开展准静态轴向压缩数值模拟。对于复合材料加筋壁板铜网防护件，研究其汽化反冲后剩余强度时不考虑铜网对剩余强度的贡献。这是由于制作铜网防护件时采用共固化工艺将铜网铺设在复合材料加筋壁板表面，再加上铜网直径较细，因此，可认为铜网不具备轴向承载能力。

对汽化反冲后复合材料加筋壁板剩余强度分析分为两个阶段：第一阶段是复合材料加筋壁板汽化反冲动态响应研究，此阶段获得复合材料加筋壁板汽化反冲后的损伤数据，并将其作为汽化反冲后剩余强度分析的初始状态；第二阶段对含汽化反冲损伤的复合材料加筋壁板进行轴向压缩数值模拟，此阶段可对汽化反冲损伤后复合材料加筋壁板的剩余强度进行预测和安全性能评估。数值模拟中根据轴向压缩试验在复合材料加筋壁板四周施加相应的边界条件，复合材料加筋壁板一端施加完全固定约束，另一端施加轴向压缩载荷，加载速率为 1mm/min，同时在复合材料加筋壁板两侧边施加简支约束。此外，在进行剩余强度分析时，认为汽化反冲单元等价于失效的复合材料，不具有承载能力，在开展轴向压缩分析时，删除汽化反冲单元。在进行复合材料加筋壁板汽化反冲后剩余强度评估时，必须通过刚度、强度、应力和应变的继承来实现第一阶段和第二阶段的衔接。在关键字文件中通过添加关键字 *STRESS_INITIALIZATION_{OPTION} 来实现初始损伤模型刚度、强度、应力和应变的继承和读取，并能对原关键字文件中所有位置进行数据初始化。汽化反冲后剩余强度分析流程如图 9-11 所示，复合材料加筋壁板基准件和铜网防护件剩余强度有限元模型如图 9-12 所示。

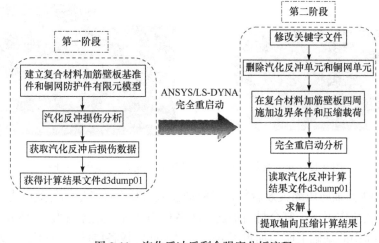

图 9-11　汽化反冲后剩余强度分析流程

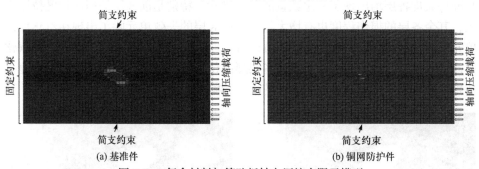

(a) 基准件　　　　　　　　　　　　　(b) 铜网防护件

图 9-12　复合材料加筋壁板轴向压缩有限元模型

9.4.2　计算结果分析

图 9-13 为复合材料加筋壁板无防护基准件轴向压缩失效后的整体等效应力
云图,压缩过程中复合材料加筋壁板变形比较严重,中心区域出现了明显的翘起、
鼓包和屈曲损伤,且中心翘起和屈曲区域主要沿着汽化反冲单元方向分布。此外,
轴向压缩过程中两侧也几乎对称出现了两处屈曲位置,如图 9-13(a)所示。轴向压
缩失效后复合材料加筋壁板基准件最大等效应力为 1.519GPa,且最大等效应力出
现在第 15 层的左侧屈曲位置附近。图 9-13(b)为其反面整体等效应力云图,T 型
筋条也出现了明显的屈曲损伤,特别是在中心区域和右侧屈曲位置处 T 型筋条扭
曲现象最为严重,在该区域直接导致 T 型筋条与基准蒙皮脱黏,且该区域 T 型筋
条也出现了明显的分层损伤。这是由于该区域的复合材料失效单元数量较多,且
在雷击过程中该区域温度较高,导致该区域的承载刚度和强度明显降低。相反,
虽然左侧屈曲位置也出现了较为明显的扭曲变形,但左侧区域 T 型筋条和基准蒙

皮脱黏现象并不严重，且 T 型筋条损伤也相对较轻。

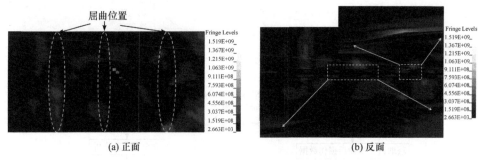

图 9-13　复合材料加筋壁板基准件等效应力云图(单位：Pa)

图 9-14 为轴向压缩失效后复合材料加筋壁板基准件各层的等效应力云图，在轴向压缩载荷作用下，复合材料加筋壁板各层损伤程度差异较大，且轴向压缩载荷在原有损伤的基础上明显加重了复合材料加筋壁板各层的损伤程度，复合材料基准件蒙皮各层均出现了一定数量的单元删除，特别是前 8 层的损伤程度持续扩大，其余各层的损伤程度也有增大趋势。前 8 层的失效单元除了出现在汽化反冲单元附近，也出现在右侧的屈曲位置附近。此外，虽然从第 9 层以后各层的汽化反冲区域没有出现单元删除，但在各层屈曲位置区域的单元删除现象较为明显，特别是右侧加载区域屈曲位置附近的单元删除最为严重，如第 3 层、第 9 层、第

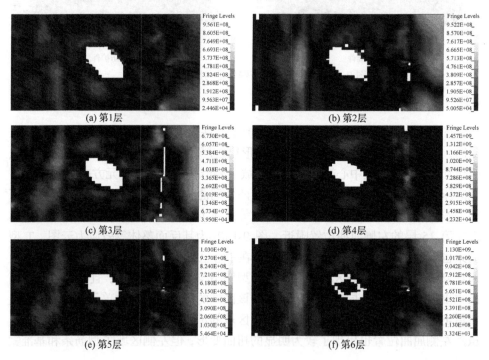

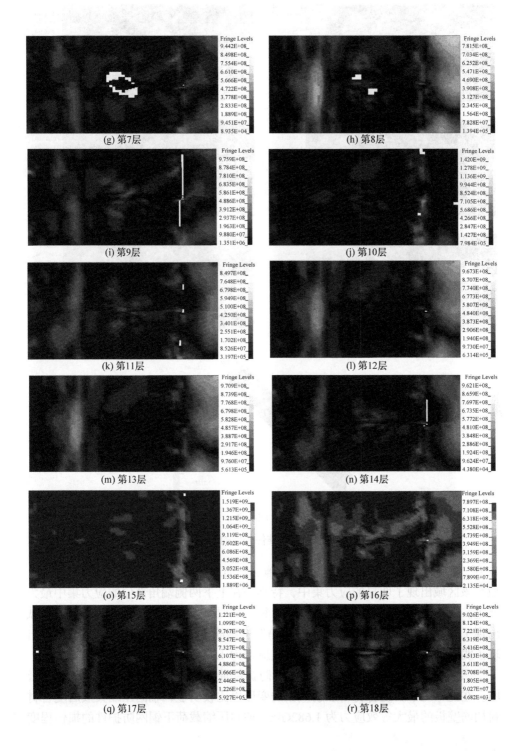

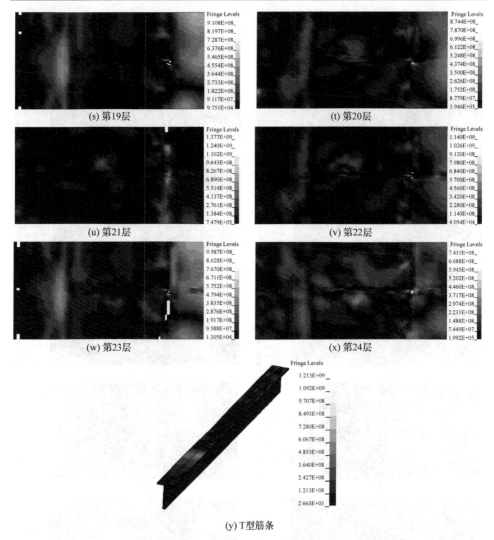

(s) 第19层　　　　　　　　　　　　　(t) 第20层

(u) 第21层　　　　　　　　　　　　　(v) 第22层

(w) 第23层　　　　　　　　　　　　　(x) 第24层

(y) T型筋条

图 9-14　复合材料加筋壁板基准件各层的等效应力云图(单位：Pa)

11 层、第 14 层和第 23 层。虽然在右侧施加轴向压缩载荷区域没有出现单元删除，但在该区域出现了明显的应力集中，特别是在上下两侧端角部位的应力集中最为严重。但在右侧固定端约束区域，应力集中相对不太明显，只是有些层在该区域出现了一定数量的单元删除。图 9-14(y)为 T 型筋条等效应力云图，T 型筋条也出现了明显的扭曲和屈曲损伤，最大等效应力为 1.213GPa。

图 9-15 为复合材料加筋壁板铜网防护件轴向压缩失效后的整体等效应力云图。在此工况下，复合材料加筋壁板的变形也比较明显，轴向压缩失效后复合材料加筋壁板的最大等效应力为 1.682GPa，轴向压缩载荷下铜网防护件的损伤程度

明显小于基准件的损伤程度。同样，在复合材料加筋壁板中心区域和两侧边也出现了明显的屈曲损伤，但屈曲变形程度相对小于基准件的变形程度。图 9-15(b)为复合材料加筋壁板铜网防护件反面的等效应力云图，T 型筋条也出现了明显的屈曲损伤。此外，虽然在此工况下中心汽化反冲单元附近的屈曲现象也比较严重，但 T 型筋条与基准蒙皮的脱黏区域却出现在两侧屈曲位置附近，而非汽化反冲区域，T 型筋条分层现象也比较严重。

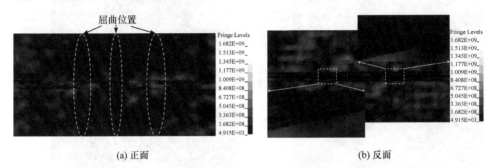

(a) 正面　　　　　　　　　　　　　　　　　　(b) 反面

图 9-15　复合材料加筋壁板铜网防护件的等效应力云图(单位：Pa)

图 9-16 为轴向压缩失效后复合材料加筋壁板各层的等效应力云图，轴向压缩载荷同样也加重了复合材料加筋壁板各层的损伤程度，特别是中心汽化反冲单元附近区域的单元删除在原有基础上有加重趋势。在轴向压缩载荷作用下，复合材料加筋壁板前 5 层的损伤程度也持续扩大。但由于此工况下的汽化反冲单元数量较少，汽化反冲效应对复合材料造成的损伤也较为有限。因此，轴向压缩载荷虽然加重了汽化反冲区域的损伤程度，但增加程度非常有限。与基准件相比，尽管此区域汽化反冲过程中的失效单元数目较少，而雷击过程中该区域的温度相对较高，导致该区域的承载能力明显减小。对于复合材料基准蒙皮，除了第 12、13、

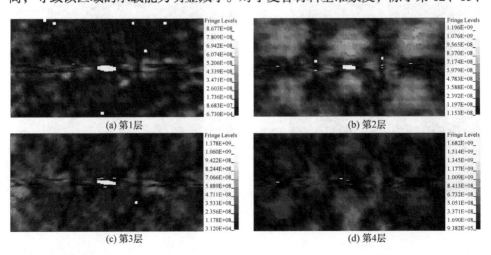

(a) 第1层　　　　　　　　　　　　　　　　　　(b) 第2层

(c) 第3层　　　　　　　　　　　　　　　　　　(d) 第4层

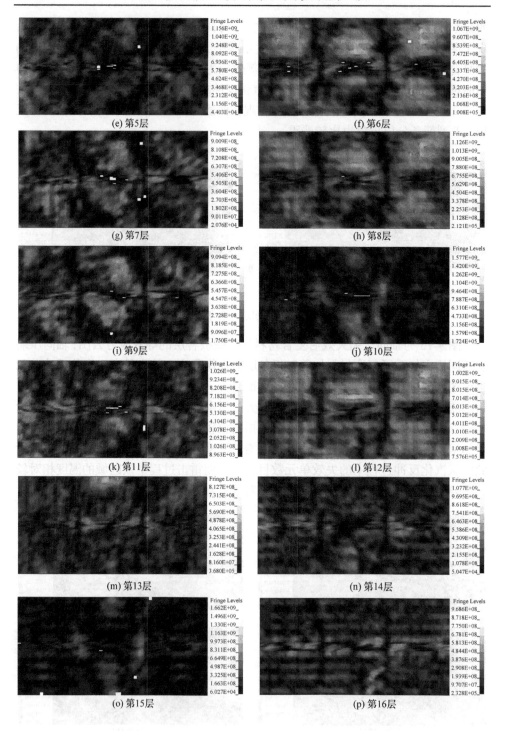

(e) 第5层

(f) 第6层

(g) 第7层

(h) 第8层

(i) 第9层

(j) 第10层

(k) 第11层

(l) 第12层

(m) 第13层

(n) 第14层

(o) 第15层

(p) 第16层

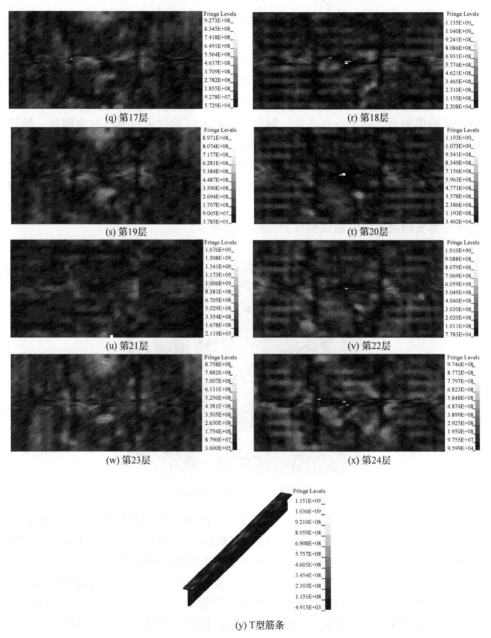

(q) 第17层　　　　　　　　　　　　　(r) 第18层

(s) 第19层　　　　　　　　　　　　　(t) 第20层

(u) 第21层　　　　　　　　　　　　　(v) 第22层

(w) 第23层　　　　　　　　　　　　　(x) 第24层

(y) T型筋条

图 9-16　复合材料加筋壁板铜网防护件各层的等效应力云图(单位：Pa)

14、16、19 和 23 层这 6 层外，其余各层均出现明显的单元删除现象。此外，此工况下复合材料加筋壁板各层的等效应力相对小于基准件各层的等效应力，这也说明铜网对复合材料加筋壁板具有较好的防护效果。图 9-16(y)为 T 型筋条的等效应力云图，T型筋条屈曲和变形损伤比较明显，最大等效应力为 1.151GPa，小于基准件 T型筋条的最大等效应力。

　　为了验证本章剩余强度分析方法的正确性，这里开展了复合材料加筋壁板基准件和铜网防护件雷击后的轴向压缩剩余强度试验，剩余强度试验装置如图 9-17 所示。试验件通过螺栓与定制夹具装配连接，随后将试验夹具与试验件一并与安装在试验机平台上的下压头连接。轴向压缩前对试验件进行形心对中调整，使其中轴线方向与加载方向平行，确保压缩载荷通过试验件的形心，保证试验件仅承受轴向压缩载荷，避免产生附加弯矩而改变试验件的轴向压缩条件。试验过程中试验件底端采用固定约束设置，顶面施加轴向压缩位移载荷，加载速率为 1mm/min。为了减小试验件的弯曲变形，在复合材料加筋壁板两侧边采用活动刀口施加简支约束，以限制试验件的面外弯曲变形。

图 9-17　轴向压缩试验装置

　　对于复合材料加筋壁板无防护基准件和铜网防护件，其轴向压缩载荷-位移试验和数值模拟结果如图 9-18 所示。试验件载荷-位移曲线表现出线性关系，直至压缩失效，即试验件的轴向压缩载荷基本上随着压缩位移的增加而线性增加。对于基准件，当轴向压缩位移为 1.65mm 时，复合材料加筋壁板开始出现第一次压缩断裂，导致在此处的轴向压缩载荷出现小幅度下降，并在此时出现明显的材料断裂声。此时轴向压缩载荷的下降幅度较小，然后又继续上升，说明复合材料加筋壁板并未完全失效，而是表现出渐进损伤形式，且仍具有较大的轴向承载能力，此时轴向压缩载荷为 148kN。当轴向压缩位移为 2.36mm 时，复合材料加筋壁板达到完全失效载荷，此时轴向压缩失效载荷为 173.4kN。达到失效载荷后，复合材料加筋壁板的承载能力并不是瞬间下降，而是先缓慢下降之后再瞬间下降，如图 9-18(a)所示。相较于试验结果，数值模拟中轴向压缩载荷随着压缩位移的增加而线性增加。数值模拟结果的失效位移为 3.1mm，失效载荷为 200.4kN，可以发现数值模拟结果大于试验结果，失效强度误差为 15.57%。

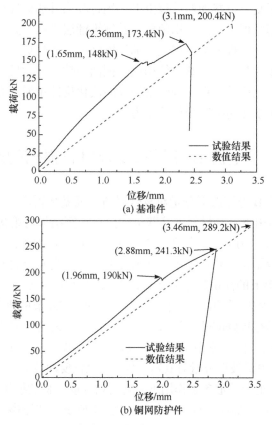

图 9-18　复合材料加筋壁板载荷-位移曲线

　　对于铜网防护件，其轴向压缩载荷也基本上随着轴向压缩位移的增加而呈现线性变化趋势。在试验过程中，当轴向压缩位移为 1.96mm 时，试验件开始出现第一次压缩断裂损伤，且轴向压缩载荷出现小幅度的下降，其下降和振荡幅度也小于基准件的振荡幅度。当轴向压缩载荷为 190kN 时，试件开始出现局部破坏。当轴向压缩位移为 2.88mm 时，试验件达到完全失效载荷，此时轴向压缩失效载荷为 241.3kN。此后，随着轴向压缩位移的持续增加，复合材料加筋壁板的承载能力迅速下降。在数值模拟中，轴向压缩位移为 3.46mm 时达到失效载荷，此时轴向压缩失效载荷为 289.2kN，如图 9-18(b)所示，同样可以发现数值模拟结果也大于试验结果，失效强度误差为 19.85%。

　　通过对基准件和铜网防护件的雷击损伤情况比较，铜网对复合材料加筋壁板具有较好的防雷击性能，复合材料加筋壁板表面铺设铜网可明显提高其抗雷击能力。在相同雷电流载荷下，铜网防护件雷击损伤主要集中在表面铜网，复合材料加筋壁板的损伤相对较轻，但无防护基准件的雷击损伤程度较为严重。此外，汽化反冲效应改变了复合材料加筋壁板由电热耦合和焦耳热效应产生的损伤形式，导致复合材料加筋壁板各层的损伤偏离了其纤维铺层方向，且汽化反冲效应明显加重了复合材料加筋壁板的损伤程度。铺设铜网可以明显提高复合材料加筋壁板雷击后的剩余强度，与无防护基准件相比，铜网防护件汽化反冲后剩余强度提高了 40%左右，且汽化反冲过程中铜网防护件的汽化反冲单元压力和复合材料加筋壁板压力均明显小于无防护基准件的压力。

9.5　雷电流 B 分量对复合材料损伤的影响

为了评估后续 B 电流波形分量对复合材料加筋壁板雷击损伤特征的影响，在 A 电流波形单独作用下复合材料加筋壁板的损伤计算结果与第 9.2 节至第 9.4 节中 A+B 组合电流波形作用下的损伤数据进行对比，即可获得后续 B 电流波形分量对复合材料加筋壁板雷击损伤的影响。单独施加 A 电流波形后的损伤数据与施加 A+B 组合电流波形下的损伤数据的差异，即可认为是后续 B 电流波形分量对复合材料加筋壁板损伤响应的贡献量。通过第 9.2 节至第 9.4 节的研究可知，铜网对复合材料加筋壁板具有较好的防护效果，且铜网防护下复合材料加筋壁板的汽化反冲效应相对不明显。因此，本节的研究中以复合材料加筋壁板无防护基准件为研究对象，分析后续 B 电流波形分量对其雷击损伤、汽化反冲效应和汽化反冲后剩余强度的影响作用。A 电流波形单独作用下复合材料加筋壁板的损伤形貌如图 9-19 所示，此工况下复合材料加筋壁板的损伤体积为 1179mm³，损伤深度为 0.5mm。A+B

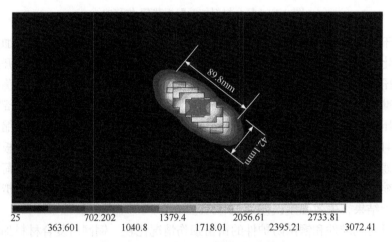

图 9-19　复合材料加筋壁板损伤轮廓

组合电流波形作用下复合材料加筋壁板失效单元的体积比 A 电流波形单独作用下失效单元的体积增加了约 31%。在损伤体积方面，后续 B 电流波形分量对复合材料加筋壁板雷击损伤的贡献量约为 31%。此工况下附着区的损伤尺寸约为 89.8mm×42.1mm，与 9.2 节中 A+B 组合电流波形作用下的损伤尺寸相比，继续施加后续 B 电流波形后复合材料加筋壁板长度方向的损伤尺寸增加了约 34.7%，宽度方向损伤尺寸增加了约 23.5%，总损伤面积增加了约 66.4%。

采用与 9.3 节相同的方法获得了 A 电流波形单独作用下复合材料加筋壁板汽化反冲后的损伤云图，如图 9-20 所示。此时汽化反冲效应也加重了复合材料加筋壁板前 4 层的雷击损伤，考虑汽化反冲效应后复合材料加筋壁板的表观损伤尺寸约为 117mm×62.7mm。图 9-7 中 A+B 组合电流波形作用下汽化反冲后复合材料加筋壁板的损伤尺寸约为 128mm×73mm，继续施加后续 B 电流波形分量后的汽化

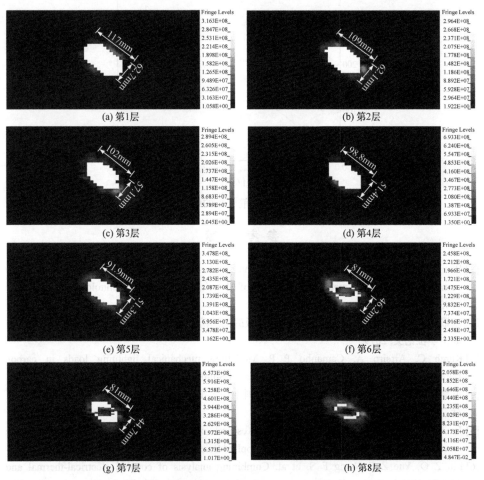

图 9-20 复合材料加筋壁板基准蒙皮前 8 层的等效应力云图

反冲损伤尺寸增加了约 27.37%。通过对比两种工况下基准蒙皮其余各层的损伤尺寸，可以发现：施加后续 B 电流波形分量后，基准蒙皮的第 3、5、6 和 7 层的损伤尺寸差异较大，后续 B 电流波形分量对该 4 层损伤尺寸的贡献量均在 40%～60%之间，进一步证明后续 B 电流波形分量对复合材料加筋壁板的雷击损伤具有较大的影响。A 电流波形单独作用下复合材料加筋壁板汽化反冲后的载荷-位移曲线如图 9-21 所示，可以看到：在此工况下的轴向压缩失效位移约为 3.5mm，轴向压缩失效载荷为 326.5kN。通过与第 9.4 节中基准件在 A+B 组合电流波形下的失效载荷进行对比可以发现：施加后续 B 电流波形分量后，复合材料加筋壁板汽化反冲后的剩余强度降低了 126.1kN。即在剩余强度方面，考虑到后续 B 电流波形分量后降低了约 38.62%。

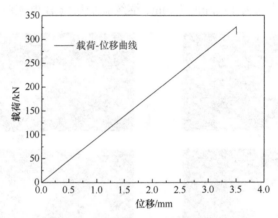

图 9-21　复合材料加筋壁板的载荷-位移曲线

参 考 文 献

[1] Wang F S, Zhang Y, Ma X T, et al. Lightning ablation suppression of aircraft carbon/epoxy composite laminates by metal mesh. Journal of Materials Science and Technology, 2019, 11(35): 2693-2704.

[2] 张耀. 雷电流作用下飞机复合材料加筋壁板的铜网防护及其设计优化. 西安: 西北工业大学硕士学位论文, 2019.

[3] Karch C, Arteiro A, Camanho P P. Modelling mechanical lightning loads in carbon fibre-reinforced polymers. International Journal of Solids and Structures, 2019, 162: 217-243.

[4] 王富生, 岳珠峰, 刘志强, 等. 飞机复合材料结构雷击损伤评估和防护设计. 北京: 科学出版社, 2016.

[5] Jia S Q, Wang F S, Huang W C, et al. Research on blow-off impulse effect of composite reinforced panel subject to lightning strike. Applied Sciences-Basel, 2019, 9(6): 1-18.

[6] Liu Z Q, Yue Z F, Wang F S, et al. Combining analysis of coupled electrical-thermal and BLOW-OFF impulse effects on composite laminate induced by lightning strike. Applied

Composite Materials, 2015, 22(2): 189-207.

[7] 刘志强. 雷电环境下复合材料层合板电-磁-热-结构耦合效应研究. 西安：西北工业大学博士学位论文, 2014.

[8] Harper P W, Hallett S R. A fatigue degradation law for cohesive interface elements- Development and application to composite materials. International Journal of Fatigue, 2010, 32(11): 1774-1787.

[9] Li Y, Wang F S, Jia S Q, et al. Numerical and experimental investigation of static four-point bending response of honeycomb sandwich structure: Failure modes and the effect of structural parameters. Fibers and Polymers, 2021, 22(6): 1718-1730.

[10] Jia S Q, Wang F S, Zhou J J, et al. Study on the mechanical performances of carbon fiber/epoxy composite material subjected to dynamical compression and high temperature loads. Composite Structures, 2021, 258: 113421.

第10章 复合材料连接结构汽化反冲
和铝网防雷击分析

10.1 含螺栓复合材料结构

由于装配的需要，在飞机机身存在大量螺栓，雷击过程中螺栓的存在会提高雷电流附着的概率[1]。当雷电流附着在螺栓表面时，可能会在螺栓部位诱发短间隙放电。此外，螺栓较好的导电性可为雷电流的传导提供导电通路，特别是燃油系统中螺栓的存在会对其安全性带来巨大威胁。相关研究显示：对于飞机燃油系统，雷击过程中向油箱内部仅传导 1A 电流的电弧或超过 200μJ 的电火花就足以引爆燃油蒸汽[2-5]。而真实雷击传导的雷电流均在千安培量级，造成的危害将更加严重。因此，含螺栓复合材料连接结构的防雷击设计需要引起重视，开展含螺栓复合材料连接结构的雷击损伤研究是飞机机身和燃油箱系统防雷设计的关键。

目前，关于含螺栓复合材料结构雷击过程中的雷电流传导机理、分析模型和损伤评估方法，国内外学者也进行了相关研究。如 Feraboli 等[6,7]研究了雷击作用下螺栓对 HTA/7714A 复合材料损伤的影响，对于不含螺栓的试验件损伤深度仅限于表面前 2~4 层，而含螺栓试验件的损伤更深。Kirchdoerfer 等[8]研究了装配间隙对含螺栓复合材料层合板损伤行为的影响，建立了包含高非线性和高温效应的流体结构计算模型，研究发现：螺栓腔室内的压力在雷击开始阶段迅速增加，但随着雷击的持续而逐渐下降，并趋于平衡。Katunin 等[9]通过试验研究了含铝螺栓 PANI/环氧树脂和 CFRP 复合材料结构的雷击损伤特性，发现 PANI/环氧树脂复合材料对通过铝螺栓的雷击放电具有很强的阻力作用。Todoroki 等[10]研究了电流峰值对复合材料损伤行为的影响，在螺栓表面施加大脉冲雷电流会导致树脂表面和螺栓孔损坏，并在螺栓电流传导周围出现明显的基体开裂和分层损伤。相比于金属涂层、铺设防护薄膜和添加导电颗粒等雷击防护形式，金属网防护具有质量较轻、导电性较好、密度较低等优势，且在使用过程中的损伤修补方式较其他防护形式简单快捷，在飞机复合材料连接部位也大量存在。赵毅[11]认为飞机结构设计中的螺栓部位利用铜网或铝网进行防雷击是可行的，并通过试验证实了金属网对螺栓连接件雷击防护的有效性。

总体而言，国内外碳纤维复合材料连接件在雷击烧蚀和汽化反冲联合作用下的失效性能研究较少，本章针对含螺栓复合材料典型连接结构以及铝网防护下的复合材料连接结构开展雷击损伤研究。

10.2　复合材料典型连接结构和有限元模型

10.2.1　复合材料连接件

含螺栓复合材料典型连接结构的几何尺寸如图 10-1 所示，其中两块大小为 200mm×200mm×3.36mm 的碳纤维复合材料平板通过 12 个螺栓与尺寸为 68.5mm× 200mm×3.36mm 的连接底板进行连接，在两块复合材料板连接部位存在 0.5mm

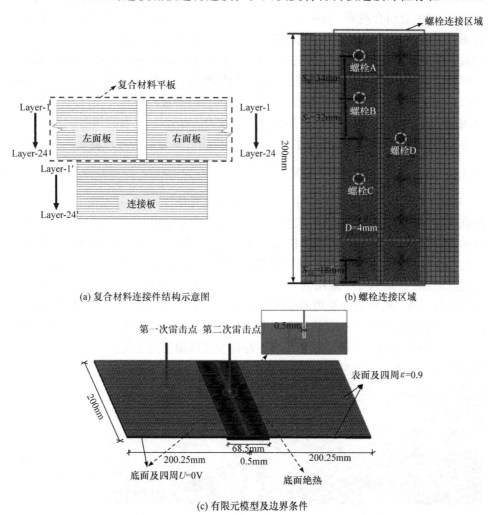

(a) 复合材料连接件结构示意图　　(b) 螺栓连接区域

(c) 有限元模型及边界条件

图 10-1　复合材料连接基准件的有限元模型

的间隙。碳纤维增强复合材层合板的单层厚度为 0.14mm，铺层顺序为[45°/–45°/0°/–45°/0°/45°/0°/90°/–45°/0°/45°/90°]$_s$。螺栓的材料为 1Cr18Ni9Ti，半径为 4mm，长度为 6.72mm，螺栓的材料参数列于表 10-1，连接区域螺栓布置如图 10-1(b)所示。

表 10-1　螺栓材料参数

ρ/(kg/m³)	E/GPa	v	τ/GPa	σ/MPa	R/($\Omega \cdot$ m)	C/[J/(kg · ℃)]	K/(W/[m · ℃)]
2164	206	0.3	59	400	5×10^{-7}	450	50

　　为了研究复合材料连接件不同部位发生 2 次雷击附着的损伤情况，选择 D+B+C 雷电流组合波形。其中第一次雷击点位于复合材料左面板的中心位置，主要研究复合材料平板的雷击损伤特性；第二次雷击点位于复合材料连接板的中心位置，主要研究连接区域的雷击损伤特性，如图 10-1(c)所示。采用映射划分的方式对模型进行网格划分，控制模型中较长边的网格划分精度，对于螺栓连接区域则根据临边长度自动划分为合适的大小。复合材料平板四周和底面以及搭接区域下表面的电势为 U=0V，板件边界的热流密度为 0W/m²，上表面和侧面为热辐射边界。采用热传导第三类边界条件，并规定其热辐射率为 ε=0.9，环境温度为 25℃。

10.2.2　铝网防护下复合材料连接件

　　复合材料连接件表面铺设的防护网为菱形孔延展型铝网，其厚度为 0.102mm，网孔对角线长度为 2.032mm，宽度为 1.83mm，网孔密度为 71 目/cm²，如图 10-2 所示。为了全面验证铝网对复合材料连接件的雷击防护效果，并分析其防护机理，在与基准件相同条件下开展铝网防护的复合材料连接件雷击损伤分析。由于铝网金属丝较细、直径较小，采用具有电热耦合能力的 Link68 单元进行铝网建模。铝网防护件尺寸、网格划分及边界条件与基准件完全相同，有限元模型如图 10-3 所示。考虑到连接件中存在螺栓和金属网，为避免计算过程中的不收敛，在本章中同样也暂不考虑铝网力学、电学和热学性能参数随温度的变化。

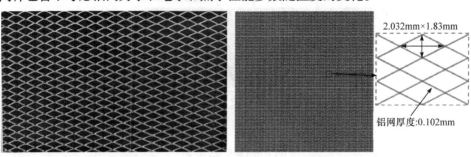

(a) 延展型铝网　　　　　　　　　　　　　(b) 延展型铝网有限元模型

图 10-2　延展型铝网结构形式及有限元模型

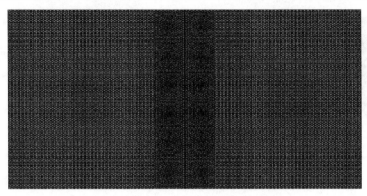

图 10-3　复合材料连接件铝网防护件有限元模型

10.3　基准件雷击损伤分析

10.3.1　第一次雷击烧蚀损伤与汽化反冲分析

组合雷电流波形的电流峰值、持续时间和作用积分都高于单个雷电流分量，由此造成的损伤效应也更剧烈。第一次雷击作用下复合材料连接基准件的温度分布如图 10-4(a)所示，此时复合材料左面板损伤严重，最高温度出现在雷击附着点处。雷电流附着区有大量单元的温度超过了 3316℃，材料发生烧蚀破坏。第一次雷击的烧蚀单元损伤形态近似为平行四边形如图 10-4(b)所示。烧蚀尺寸约为 29.09mm×200mm，烧蚀体积达到了 16282mm³。失效区域以扇形形式向外扩展至复合材料板边缘，扇形的长轴方向与表层纤维+45°方向一致。由于复合材料左面板与右面板通过连接板相连，并未直接接触，对向右传导的电流有一定的阻断作用，因此复合材料右面板没有出现明显的雷击损伤。

图 10-4 (c)为复合材料连接基准件第一次雷击下典型层的温度云图。第一次雷击的烧蚀损伤形貌受到第 1 层复合材料铺层方向的影响，当雷电流作用在复合材料表面时，迅速沿着首层铺层+45°方向传递，并扩展至对角线边缘，电导率最大的纤维方向形成了雷电流传导路径。电流沿复合材料厚度方向依然具有一定的传导能力，受层间温度传导的影响，其他各层的温度均沿+45°方向分布。雷电流对第 1 层复合材料造成严重的损坏，温度高于 3316℃的单元多达 1048 个，接近第 1 层左面板单元数量的四分之一。由于复合材料在厚度方向的电导率和热导率比其他两个方向小得多，因此当雷电流传递到第 13 层时烧蚀损伤虽然扩展至板件边缘，但损伤单元数量已经下降到了 552 个，复合材料的损伤程度随着板件厚度的增加而逐渐降低。到复合材料第 20 层时，该层仅有 6 个单元被删除，而第 21～24 层在雷击附着点周围温度低于材料的烧蚀温度。在此工况下，雷击烧蚀损伤集

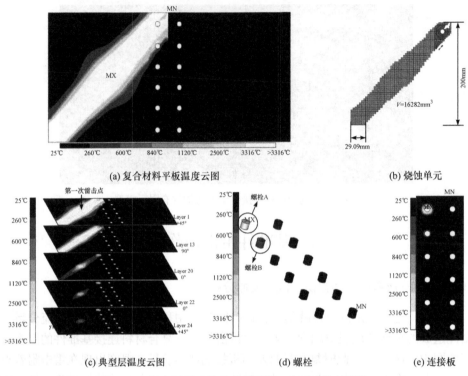

(a) 复合材料平板温度云图　　　　　　　　　　　　　(b) 烧蚀单元

(c) 典型层温度云图　　　　　(d) 螺栓　　　　　(e) 连接板

图 10-4　复合材料连接基准件的第一次雷击烧蚀损伤

中在复合材料平板第 1~20 层，烧蚀深度为 2.8mm。第 21~24 层雷击附着点周围的温度较低，但在 A 螺栓孔附近局部温度大于 3316℃，说明传导至螺栓内部的雷电流仍具有破坏复合材料的能力，并且会造成复合材料连接件厚度方向的烧蚀损伤。B 螺栓孔处也存在一定的温度上升，但温度较低，没有造成单元烧蚀破坏。

　　图 10-4(d)为螺栓的温度云图，处于电流传导路径上的 A 螺栓温度最高。与 A 螺栓距离较近的 B 螺栓受到传导电流的影响，温度高于其他螺栓，但低于 A 螺栓。图 10-4(e)为连接板温度云图，A、B 螺栓孔受到螺栓中传导电流的影响，发生温度上升，但连接板的整体温度较低。由于连接板其他区域没有直接受到雷击作用，其整体烧蚀损伤较小。

　　进一步开展雷击汽化反冲计算，获得第一次雷击复合材料连接件平板典型层的等效应力，如图 10-5(a)所示。复合材料的雷击汽化反冲主要由材料汽化引起，汽化反冲导致高温区域及其周围的材料发生膨胀和挤压，由此产生的应力集中在雷击烧蚀损伤单元周围。随着汽化反冲效应的持续发展，汽化反冲单元周围的复合材料不断失效而被删除。汽化反冲效应在一定程度上加重了复合材料平板的损伤程度，如第 1 层复合材料左面板受到汽化反冲作用影响，失效单元已扩展至 B 螺栓处。但在烧蚀计算中该处单元只是出现了温度上升，并未失效。第 3 层汽化

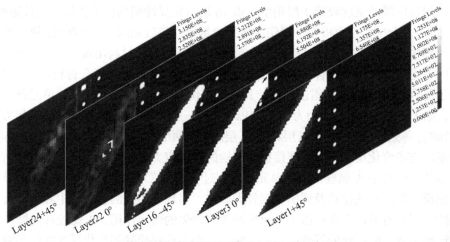

(a) 复合材料平板典型层的等效应力云图(单位：Pa)

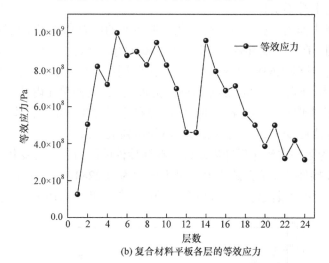

(b) 复合材料平板各层的等效应力

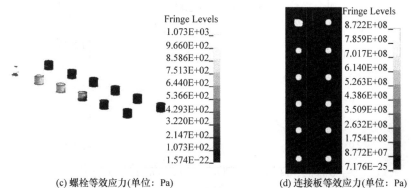

(c) 螺栓等效应力(单位：Pa)　　　　　(d) 连接板等效应力(单位：Pa)

图 10-5　复合材料连接件基准件第一次雷击汽化反冲产生的应力分布

反冲损伤区域的宽度较第 1 层稍窄，第 16 层汽化反冲损伤已不扩展至板件边缘，第 22 层复合材料左面板雷击损伤区域有少量单元失效删除。可以看到：第一次雷击计算中，若只考虑复合材料的烧蚀损伤，有 20 层复合材料出现了烧蚀破坏；当同时考虑雷击作用下复合材料的汽化反冲效应时，则有 22 层复合材料破坏，即增加了复合材料平板 2 层雷击损伤，其整体损伤深度为 3.08mm。失效单元删除以后，第 1 层的最大等效应力为 125.3MPa，且前三层的应力线性上升。受到铺层方向的影响，等效应力曲线在第 5 层和第 14 层出现了两个明显的应力峰值，如图 10-5(b) 所示。雷击汽化反冲作用下连接板和螺栓的等效应力分布如图 10-5(c) 和 (d) 所示，雷击烧蚀计算中 A 螺栓周围的单元温度超过了 3316℃，发生烧蚀破坏，从而导致汽化反冲计算时该螺栓及周围受到较大影响，出现了明显的应力集中和单元失效删除。同时也可以看到：由于汽化反冲效应产生的爆压作用，A 螺栓在内爆结束后已经失效，B 螺栓的等效应力相对较大；而右排螺栓受到汽化反冲效应影响较小，等效应力上升不明显。

第一次雷击作用下整个基准件汽化反冲单元的压力和体积变化如图 10-6 所示，可以看到：在汽化反冲效应开始时刻 $t=0.098\mu s$，汽化反冲单元内部压力迅速上升，压力峰值达到 $1.63\times10^{10}N$；随后压力迅速下降，$0.6\mu s$ 时压力值为 $5.25\times10^{9}N$，与开始时刻相比下降了 67%。随着时间的推进，汽化反冲单元内部压力逐渐减小，下降趋势也相对平缓。但汽化反冲单元压力和体积的变化相反，体积随内爆效应的持续而逐渐膨胀变大，并在结束时刻体积达到最大值。

图 10-7 为第一次汽化反冲后复合材料连接件的压力和形态变化。$0.098\mu s$ 时刻复合材料连接件的压力急剧上升，最大压力为 $1.22\times10^{9}N$，小于汽化反冲单元的压力。由于开始阶段汽化反冲效应产生的压力与强冲击力还来不及向外部传播，

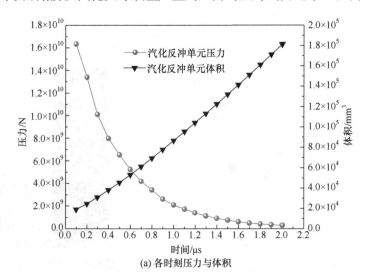

(a) 各时刻压力与体积

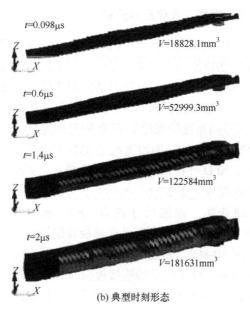

(b) 典型时刻形态

图 10-6　第一次雷击作用下汽化反冲单元的压力和体积变化

因此复合材料板的失效单元较少，汽化反冲失效区最宽处为 51.91mm。在 0.098μs 到 0.4μs 时刻之间，复合材料连接件的压力衰减幅度非常大，0.4μs 时其压力仅有 $4.7 \times 10^8 \text{N}$，此后连接件的压力变化逐渐趋于平缓。当 $t=2\mu s$ 时，汽化反冲效应结束，此时复合材料连接件的损伤程度达到最大，汽化反冲区域大量单元失效删除，失效区域最宽处为 66.59mm，但此刻复合材料连接件的压力相对较小，仅为 $3.63 \times 10^8 \text{N}$。

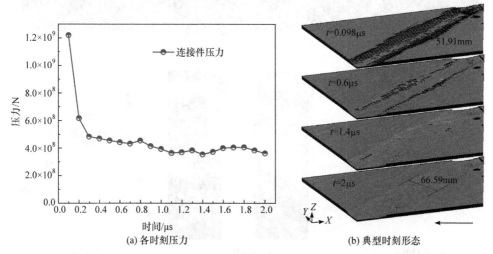

(a) 各时刻压力　　　　　　(b) 典型时刻形态

图 10-7　第一次雷击汽化反冲后复合材料连接件的压力和形态变化

10.3.2 第二次雷击烧蚀损伤与汽化反冲分析

在第一次雷击损伤的基础之上，继续研究复合材料连接件在第二次雷击作用下的烧蚀和汽化反冲损伤特征。图 10-8 为复合材料连接基准件第二次雷击烧蚀损伤。由于第二次雷击点位于复合材料连接板搭接间隙处，因此无法从外部看到完整的雷击烧蚀损伤形态。第二次雷击点位于复合材料连接板首层中心，首层铺层方向为+45°，因此沿该方向布置的螺栓 C 和 D 附近的复合材料单元有明显的温度上升，并且在这两个螺栓外包围一圈温度超过 3316℃ 的单元。说明受到电流传导热效应的影响，螺栓 C 和 D 外存在一圈烧蚀失效单元，从而会导致螺栓周围出现明显的松动间隙。提取温度大于 3316℃ 的单元，可以明显看到 C、D 两个螺栓孔周围的单元已经烧蚀破坏。烧蚀尺寸约为 28.35mm×59.01mm，烧蚀体积为 4275.53mm³，如图 10-8(b)所示。雷电流沿连接板首层铺层方向迅速扩展，但未扩展到连接板边缘，如图 10-8(c)。温度最高点在雷击附着点处，基准件第二次雷击点的烧蚀形状近似椭圆形。此工况下的连接板损伤非常严重，雷击附着区有大量单元出现了烧蚀破坏。图 10-8(d)为螺栓的温度云图，其烧蚀情况与第一次雷击不同。受到雷击点位置的影响，螺栓 C 和 D 处于电流传导路径上，因此其温度较高，而其他位置的螺栓温度较低。

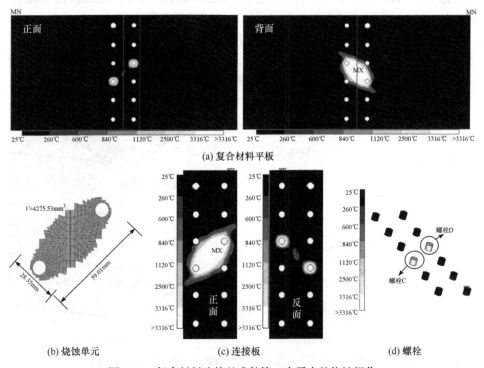

图 10-8　复合材料连接基准件第二次雷击的烧蚀损伤

图 10-9 为复合材料连接基准件第二次雷击下典型层的温度云图。雷电流作用下，复合材料平板 7~24 层均出现了烧蚀破坏，共 18 层烧蚀损伤，烧蚀深度为 2.52mm，1~6 层复合材料平板仅在 C、D 螺栓孔处存在烧蚀单元。与第一次雷击烧蚀形态不同的是，第二次雷击烧蚀形状接近椭圆形，其主要原因是第二次雷击点位于复合材料平板与连接板表面之间的搭接缝隙中。受连接板宽度的限制，当雷电流沿传导路径传导至螺栓 C 和 D 时，螺栓的电导率大于复合材料的电导率，传导的雷电流大部分会沿螺栓轴向传导，而不是继续沿复合材料纤维方向传导，所以此次雷击造成复合材料连接板的损伤没有贯穿板的+45°方向。连接板的雷电流附着区共有 19 层复合材料板发生烧蚀破坏，烧蚀深度为 2.66mm，各层烧蚀损伤面积随着损伤深度的增加而逐渐减小，C、D 螺栓孔处的烧蚀单元贯穿了整个连接板。连接板的损伤深度稍大于复合材料平板的损伤深度，原因是连接板第 19 层的烧蚀损伤基本只存在于雷电流附着点处的小面积区域，而与之对应的复合材料板第 19 层处为搭接缝隙，因此连接板的损伤深度稍大于复合材料板的损伤深度。

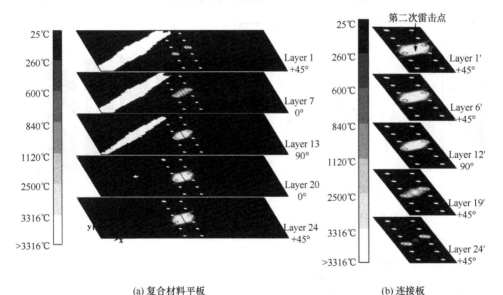

(a) 复合材料平板　　　　　　　　(b) 连接板

图 10-9　复合材料连接基准件第二次雷击典型层的温度分布

图 10-10 为基准件第二次雷击汽化反冲计算结束后复合材料平板、连接板和螺栓的等效应力情况。复合材料平板 1~3 层 C 和 D 螺栓孔的损伤比其他螺栓孔严重，4~24 层复合材料平板的汽化反冲损伤距雷击点越近，损伤范围越大，如图 10-7(a)所示。第 1 层复合材料平板失效单元删除后的最大等效应力为 721.5MPa，但第 2 层的最大等效应力为 532.9MPa，各层复合材料平板最大等效应力呈现出振荡变化的状态，如图 10-7(b)所示。连接板 1~21 层均出现汽化反冲损伤，且损伤

面积距雷击点越远损伤面积越小,而 C 和 D 螺栓孔处的损伤贯穿了连接板厚度方向,如图 10-7(c)所示。同样,连接板各层等效应力也反映出剧烈的振荡,如图 10-7(d)所示。在此工况下,汽化反冲效应加重了复合材料的雷击损伤。当只考虑雷击烧

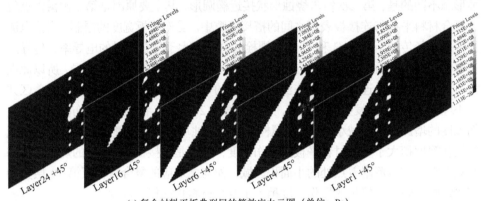

(a) 复合材料平板典型层的等效应力云图(单位:Pa)

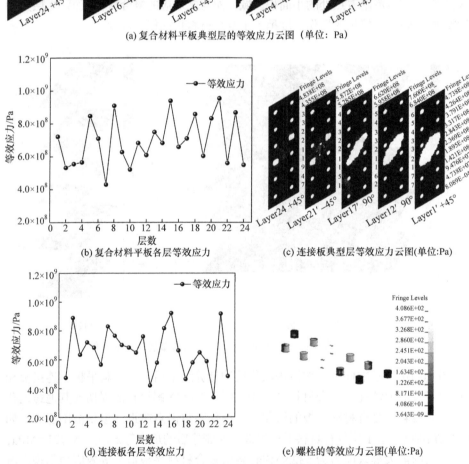

(b) 复合材料平板各层等效应力

(c) 连接板典型层等效应力云图(单位:Pa)

(d) 连接板各层等效应力

(e) 螺栓的等效应力云图(单位:Pa)

图 10-10　复合材料连接基准件第二次雷击汽化反冲产生的应力

蚀破坏时，有 18 层复合材料平板出现了烧蚀损伤，连接板有 19 层损伤。当同时考虑雷击作用下复合材料的汽化反冲效应时,复合材料平板和连接板均有 21 层损伤。可以认为雷电流作用下复合材料平板和连接板均有 21 层雷击损伤，损伤深度均为 2.94mm。图 10-7(e)为螺栓的等效应力云图，此时螺栓 C 和 D 已完全失效，失效单元删除后螺栓的最大等效应力为 408.6Pa,且最大等效应力出现在汽化反冲单元附近的螺栓上，其余螺栓的等效应力相对较小。

　　图 10-11 为基准件第二次汽化反冲单元的压力和体积变化。汽化反冲效应开始时刻，汽化反冲单元的压力瞬间急剧上升，压力峰值达 1.484×10^{10}N。随着时间的持续，汽化反冲单元内部热解气体逐渐增加，汽化反冲单元体积不断膨胀，但内部压力逐渐减小；在 0.6μs 时刻，压力峰值降至 1.075×10^{10}N；在结束时刻，汽化反冲单元的压力最小，但体积达到最大。可以看到：汽化反冲单元在第一个载荷步下压力值迅速上升，前四个载荷步的压力呈振荡状态，与第一次汽化反冲单元前四个载荷步的压力持续下降不同。第二次雷击点位于搭接间隙处，汽化反冲效应产生的爆轰波在向上层传播过程中由于复合材料平板缝隙的存在使其具有不连续性，因此在前四个载荷步出现了压力振荡。但从整体来看，汽化反冲单元的压力依然呈不断下降的趋势。

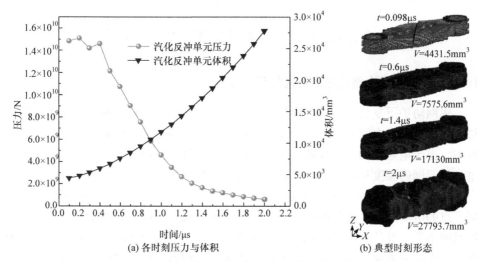

(a) 各时刻压力与体积　　　　　　　(b) 典型时刻形态

图 10-11　第二次汽化反冲单元的压力和体积变化

　　图 10-12 为第二次汽化反冲后复合材料连接件的压力和形态变化。汽化反冲效应开始时刻，复合材料连接件的最大压力为 8.85×10^8N，此时失效单元较少，连接板汽化反冲失效区域的最宽处为 28.35mm。随着汽化反冲效应的进行，复合材料连接件的压力逐渐趋于平缓。汽化反冲效应结束后，复合材料连接件的损伤程度达到最大，在汽化反冲区域形成严重的雷击损伤。与开始时刻相比，汽化反

冲失效区宽度为 34.06mm，失效区宽度增加了 5.71mm，但此时复合材料连接件的压力相对较小。

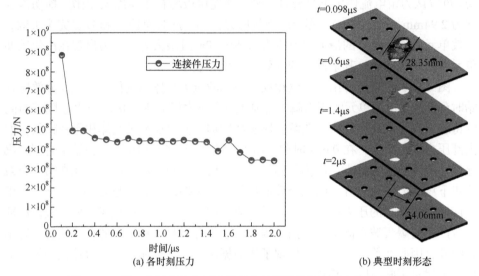

(a) 各时刻压力　　　　　　　　　　(b) 典型时刻形态

图 10-12　第二次雷击汽化反冲后复合材料连接件的压力和形态变化

10.4　铝网防护复合材料连接件雷击损伤分析

10.4.1　第一次雷击烧蚀损伤与汽化反冲分析

铝网防护下复合材料连接件的第一次雷击损伤如图 10-13 所示。当雷电流施加在铝网上时，电流首先沿着铝丝的分布方向朝四周扩散。同时在雷电流传递过程中，由于电阻热的产生导致铝网的温度不断上升，铝网中心区域的烧蚀情况严重，且铝网的温度从雷击附着点向四周逐渐降低。铝网的雷击防护原理是：利用金属电导率较大且各向同性特点，通过分流的方式快速传导电流，从而减小雷击附着点的电流能量。在铝网的网格节点处会承受来自不同方向的传递电流，所以铝网网格节点处的烧蚀情况较铝丝更为严重。由于铝网分散电流的原因，会导致多个较大的电流聚积点。当电流附着点或电流聚积点处的铝网被烧蚀破坏后，电流便开始在复合材料板上传递。在铝网防护件中，第一次雷击下复合材料平板的烧蚀形态与首层铺层方向相关性较小。当能量巨大的雷电流施加到铝网节点上时，雷电流沿着铝网在平面内和铝网厚度方向上传导。铝网分散后的电流在复合材料平板表面上产生多个电流聚积点，聚积电流在复合材料平板首层沿铝网丝线方向传导，因此复合材料表面铺设铝网可以改变雷电流的传导路径。铝网防护件第一次雷击共有 3 块烧蚀区域，各烧蚀区域的面积较小，总烧蚀体积为 108.64mm³。

与基准件相比，第一次雷击时铝网防护效果显著。

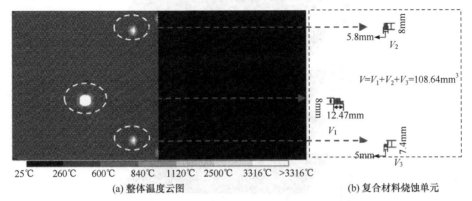

$$V = V_1 + V_2 + V_3 = 108.64\text{mm}^3$$

(a) 整体温度云图　　　　　　　　　　　(b) 复合材料烧蚀单元

图 10-13　铝网防护复合材料连接件第一次雷击的整体损伤

　　图 10-14 为铝网防护复合材料连接件第一次雷击下各部件的温度云图。在此工况下，铝网烧蚀损伤非常严重，左侧铝网绝大部分发生了雷击烧蚀损伤，反映出金属铝网对雷电流向各方向传递的引导作用，有效避免在雷击附着点附近产生严重损伤。复合材料平板的烧蚀损伤主要存在于左面板雷击附着点附近，如图 10-14(b)所示。螺栓连接区域有 4 块面积较小、损伤较轻的高温区域，表明铝网防护下复合材料板上可能会有多个雷电流聚积点的特点。铝网防护件的烧蚀形态与基准件有很大不同，复合材料左面板的损伤面积大大减小，只在雷电流附着点处有小面积扩散，保持了较好的完整性。复合材料平板各层温度分布如图 10-14(c)所示，雷电流附着点处 1～10 层复合材料单元温度超过了 3316℃，烧蚀深度为 1.4mm，雷击烧蚀损伤深度较基准件减小了 50%。由于铝网分散了大部分雷电流，铝网防护复合材料连接件雷击损伤主要集中在雷电流附着点附近，呈现出以雷击点为中心向外扩散成近似圆形的区域，表明铝网防护下复合材料铺层方向对雷击烧蚀形状的影响较小。第 11 层以后，雷击附着点处的温度逐渐降低，第 17 层以后复合材料面板的温度接近常温。由于连接板、连接板铝网和螺栓距雷击点较远，因此均没有发生温度上升，如图 10-14(d)～(f)所示。

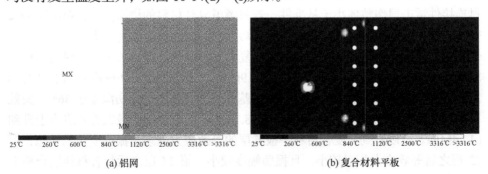

(a) 铝网　　　　　　　　　　　　　　(b) 复合材料平板

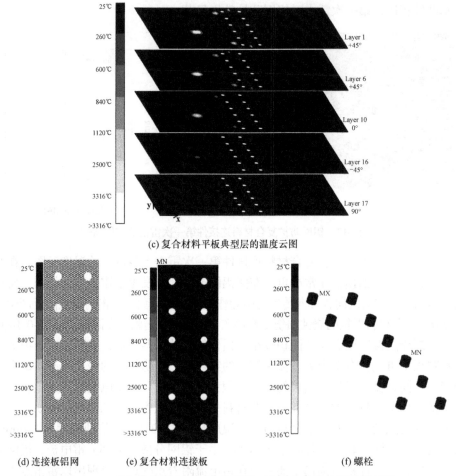

(c) 复合材料平板典型层的温度云图

(d) 连接板铝网   (e) 复合材料连接板   (f) 螺栓

图 10-14　铝网防护复合材料连接件第一次雷击各部件的温度云图

铝网防护复合材料连接件第一次汽化反冲分析计算结束后，获得了其等效应力如图 10-15 所示。汽化反冲效应增加了铝网防护复合材料连接件的雷击损伤程度，但由于铝网具有较好的抗雷击烧蚀能力，使得在后续计算中铝网防护复合材料连接件雷击损伤整体小于基准件。若只考虑复合材料的烧蚀损伤，铝网防护复合材料连接件有 10 层复合材料出现了单元烧蚀失效。而当同时考虑雷击作用下复合材料的汽化反冲效应时，则有 14 层复合材料损伤，即增加了复合材料平板 4 层的雷击损伤，整体雷击损伤深度为 1.96mm。考虑汽化反冲效应的基准件共有 22 层损伤，铝网防护复合材料连接件比基准件的整体雷击损伤深度小 36%。失效单元删除后，第 1 层最大等效应力为 588.7MPa，但第 2 层的最大等效应力上升到 614.4MPa。可以看到：复合材料平板各层的等效应力呈现出振荡变化的状态，第 12 层之后等效应力相对较小，且振荡幅度较小。第 14 层之后复合材料层合板上不再出现单元失效，只是在汽化反冲单元区域出现应力集中。铝网防护件中，由于各层初始损伤状态和铺层方向不同。使得每层对冲击能量的吸收不同，汽化反冲失效区域的复合材料等效应力具有明显的方向性，其应力方向与铺层方向一致。图 10-15(c)为螺栓的等效应力，只有左排螺栓的两个边螺栓有应力变化，其他螺栓没有受到汽化反冲效应的影响。复合材料连接板的最大等效应力明显小于复合

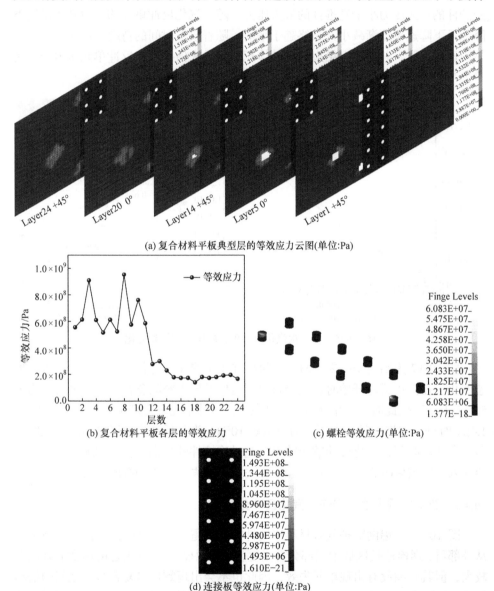

(a) 复合材料平板典型层的等效应力云图(单位:Pa)

(b) 复合材料平板各层的等效应力　　　　(c) 螺栓等效应力(单位:Pa)

(d) 连接板等效应力(单位:Pa)

图 10-15　第一次汽化反冲后复合材料平板的等效应力

材料平板的等效应力，如图 10-15(d)所示，连接板未出现单元失效删除，这是由于汽化反冲单元距连接板位置较远，内爆过程中产生的冲击波在传播过程中衰减较大，因此不足以导致连接板产生单元失效。

图 10-16 为铝网防护件第一次汽化反冲单元的压力和形态变化。汽化反冲效应开始时刻，汽化反冲单元内部压力迅速上升，压力峰值达到 1.2×10^{10}N，但铝网防护件的最大压力小于基准件的最大压力。随后汽化反冲单元的压力开始迅速下降，且下降速率逐渐减小并最终趋于平衡。随着放电时间的持续，汽化反冲单元体积逐渐膨胀，并在内爆结束时刻其体积达到最大值，汽化反冲单元压力的变化趋势与体积变化相反。

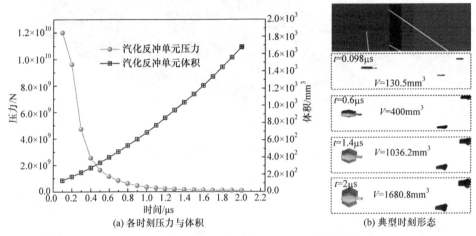

(a) 各时刻压力与体积　　　　　　(b) 典型时刻形态

图 10-16　第一次汽化反冲单元的压力和体积变化

图 10-17 为铝网防护复合材料连接件在雷击汽化反冲作用下产生的压力和形态变化。在汽化反冲开始时，复合材料连接件的压力瞬间急剧上升，最大压力为 5.937×10^8N，但此时失效单元较少，仅在汽化反冲单元附近产生一定的应力集中；$1.4\mu s$ 时刻，连接件的最大压力为 3.166×10^8N，汽化反冲失效区域出现一定的鼓包；在 $2\mu s$ 时刻，汽化反冲效应结束，此时连接件的损伤程度达到最大。在雷电流注入时间结束时，三个汽化反冲单元失效区域失效面积均有所扩展。

10.4.2　第二次雷击烧蚀损伤与汽化反冲分析

图 10-18 为铝网防护复合材料连接件第二次雷击时各部件的烧蚀损伤情况。从外部看，螺栓连接区域中间部分有温度上升，螺栓 C 和 D 附近的温度上升范围较大，但其外围没有出现单元失效，因此也不会出现螺栓与复合材料之间的松动间隙。烧蚀单元的尺寸为 22.46mm×43.28mm，烧蚀体积为 1053.1mm³，铝网防护件烧蚀体积比基准件减少了 75.37%。虽然雷电流施加在连接板铝网上，但由于电

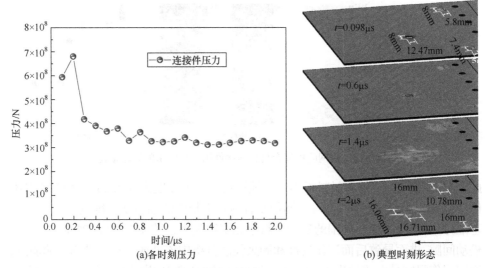

(a)各时刻压力　　　　　　　　　　　　　(b) 典型时刻形态

图 10-17　第一次汽化反冲后复合材料连接件的压力和形态变化

流的传导作用，复合材料平板的螺栓连接区域出现了与连接板相似的雷击损伤。连接板和复合材料平板的烧蚀形状近似为椭圆形，与基准件形状相似，但烧蚀单元的数量少于基准件，且雷击烧蚀范围比基准件稍小，主要分布在螺栓 C 和 D 之间。图 10-18(c)为连接板铝网的温度云图，当雷电流施加在铝网上时，首先沿铝丝的分布方向朝四周扩散，雷击中心区域的铝网烧蚀情况较严重，且铝网的温度从雷击附着点向四周逐渐降低。铝网的烧蚀损伤主要分布在中心区域，没有扩展到整个铝网。第二次雷击作用下尽管铝网的存在分散了部分雷电流，但其防护效果不如第一次雷击的明显，导致在第二次雷击下复合材料的烧蚀形状依然受到首层铺层方向的影响。这主要是因为连接板铝网面积较小，分散电流的能力有限，分散后的电流仍可以沿复合材料首层铺层方向传导。第二次雷击作用下，距雷击点较近的螺栓均受到影响，出现了温度上升现象，但其程度不如基准件严重。

图 10-19 为铝网防护复合材料连接件第二次雷击下典型层的温度云图。在此工况下，复合材料平板 16~24 层出现了单元烧蚀现象，第 15 层仅有少量单元出现温度上升现象,距雷击点较远的第 1 层复合材料平板上几乎没有出现温度上升。

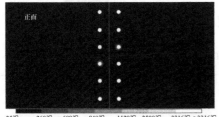
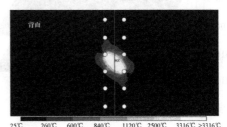

(a)复合材料平板

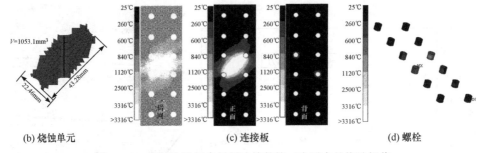

(b) 烧蚀单元　　　　　　　　　(c) 连接板　　　　　　　　　(d) 螺栓

图 10-18　铝网防护复合材料连接件第二次雷击的烧蚀损伤

此工况下共有 9 层复合材料板出现烧蚀损伤，烧蚀深度为 1.26mm。相对于基准件 18 层烧蚀破坏来说，铺设铝网使复合材料平板的烧蚀损伤深度减小了 50%。基准件中螺栓 C 和 D 外围的复合材料单元烧蚀失效，致使 C 和 D 螺栓孔出现了松动间隙，进而导致后面汽化反冲和剩余强度分析中该处成为整个结构的薄弱点，后继损伤很容易在该处出现。铝网防护件中螺栓 C 和 D 周围虽然存在一定的温度上升，但未达到复合材料的烧蚀破坏状态，在后续分析中该处的损伤较基准件小很多，同时也验证了铝网对复合材料抗雷击性能的增强作用。连接板雷电流附着区共有 9 层复合材料板被破坏，烧蚀深度为 1.26mm。与基准件连接板的 19 层破坏相比，铝网防护下连接板的烧蚀损伤层数减少了 10 层。第 10 层后连接板上仅出现了温度上升现象，13 层后仅在 C 和 D 螺栓孔处出现了轻微的温度上升。连接板上的 C 和 D 螺栓外围没有出现松动间隙，但由于连接板铝网面积较小，防护能力有限，因此防护件的烧蚀损伤形态与基准件大致相同。

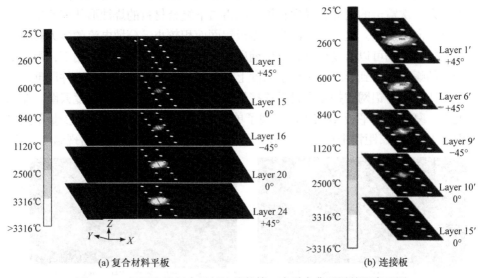

(a) 复合材料平板　　　　　　　　　　　　(b) 连接板

图 10-19　铝网防护复合材料连接件第二次雷击典型层的温度云图

图 10-20 为铝网防护复合材料连接件第二次汽化反冲计算结束后复合材料平板的等效应力。当只考虑复合材料的烧蚀损伤时，复合材料平板和连接板有 9 层出现了烧蚀破坏。而当同时考虑复合材料的汽化反冲效应时，复合材料板和连接板均有 14 层破坏，雷击损伤深度均为 1.96mm。与基准件 21 层雷击损伤相比，铝网防护件的整体雷击损伤层数减少了 7 层。铝网防护件第二次汽化反冲计算完成后，复合材料平板 1~10 层没有单元失效删除现象，但在雷击损伤区域出现了应力集中。复合材料平板第 11 层出现因汽化反冲损伤发生的单元失效删除，且越靠近雷击点，失效单元数量越多，损伤面积越大。与基准件损伤状态不同的是：由于铝网的雷击防护作用，此工况下的 C 和 D 螺栓孔较为完整，没有出现单元失效删除。图 10-20 (c)为连接板的等效应力，连接板汽化反冲损伤出现在 1~14 层，第 14 层之后连接板仅在雷击损伤区域发生了应力集中。可以看到：与铝网防护件第一次汽化反冲分析相比，第二次汽化反冲计算结束后的应力集中主要出现在雷击损伤区域外围，等效应力的方向特征并不明显。这是因为第一次雷击的铝网防护效果较好，雷击烧蚀方向与首层铺层方向相关性较小，因此汽化反冲效应后各

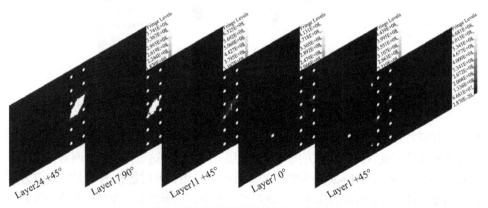

(a) 复合材料平板典型层的等效应力云图(单位:Pa)

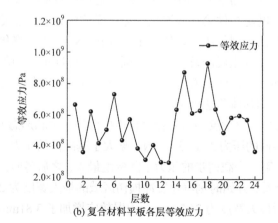

(b) 复合材料平板各层等效应力

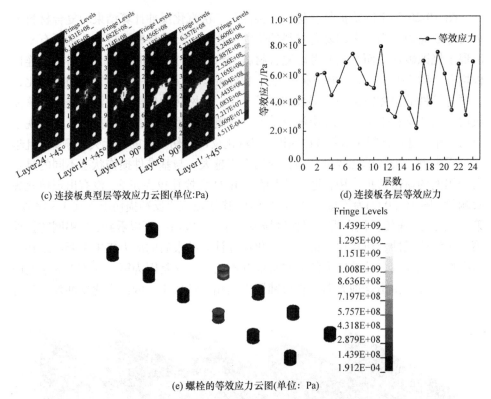

(c) 连接板典型层等效应力云图(单位:Pa) (d) 连接板各层等效应力

(e) 螺栓的等效应力云图(单位: Pa)

图 10-20　铝网防护复合材料连接件第二次雷击汽化反冲产生的应力

层的等效应力方向与铺层方向相同。第二次雷击的烧蚀形态受到首层铺层方向的影响，汽化反冲计算完成后各层应力方向与首层铺层方向相同，这也体现了铝网对整体雷击损伤形态的影响。图 10-20(e)为螺栓的等效应力云图，此时螺栓的最大等效应力为 1.439GPa，且最大等效应力出现在汽化反冲单元附近的螺栓上，而其余螺栓的等效应力相对较小。此外，由于铝网的防护作用，此工况下螺栓尚未出现单元删除现象。

图 10-21 为铝网防护件第二次汽化反冲单元的压力和形态变化。第二次汽化反冲单元在爆炸开始时刻的压力峰值为 $1.377×10^{10}$N，整体上汽化反冲单元的压力呈现下降的趋势。在汽化反冲效应开始时刻，汽化反冲单元内部压力较大，但没有产生大量的热解气体；而随着汽化反冲效应的持续，汽化反冲单元的体积逐渐膨胀，并在结束时刻其体积达到最大值。

图 10-22 为第二次汽化反冲后复合材料连接件的压力和形态变化。汽化反冲效应开始时刻，连接件的压力为 $1.13×10^9$N，略大于基准件的压力。复合材料连接件压力呈下降趋势，第一个载荷步的压力下降幅度最大，之后各时刻压力下降幅度较小。从损伤形态上看，开始时刻汽化反冲损伤区域的最大宽度为 22.46mm，汽化反冲效应计算结束后最大宽度为 26.27mm，内爆效应增加了 3.81mm 的损伤宽度，但

铝网防护件汽化反冲效应后的损伤宽度小于基准件，验证了铝网的雷击防护能力。

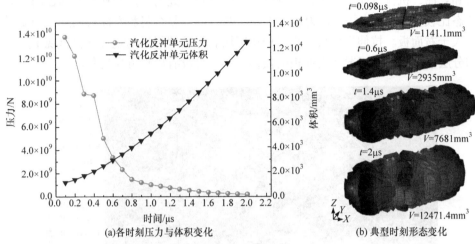

(a)各时刻压力与体积变化   (b) 典型时刻形态变化

图 10-21 第二次汽化反冲单元的压力和体积变化

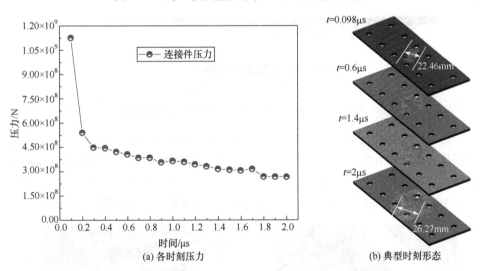

(a) 各时刻压力   (b) 典型时刻形态

图 10-22 第二次汽化反冲后复合材料连接件的压力和形态变化

10.5 雷击损伤后剩余强度分析

10.5.1 基准件第一次雷击后剩余强度分析

基准件第一次雷击损伤后进行轴向拉伸模拟，得到了其拉伸失效后的整体等效应力云图，如图 10-23 所示。第一次雷击点位于复合材料左面板，且造成了严重的雷击损伤，导致该区域的刚度、强度明显下降。初始雷击损伤区域的复合材料受到拉伸载荷作用后出现明显的网格畸变现象，复合材料板沿+45°方向向下弯折和卷曲，机械载荷作用下该区域变形非常严重。此时，复合材料左面板的应力状态比较复杂，最大等效应力达到1.184GPa，并且复合材料左面板的应力和变形均大于右面板。拉伸失效后，雷击损伤区域和加载端附近的复合材料出现了严重的分层损伤，但此工况下右面板的损伤较小，且没有出现分层现象。

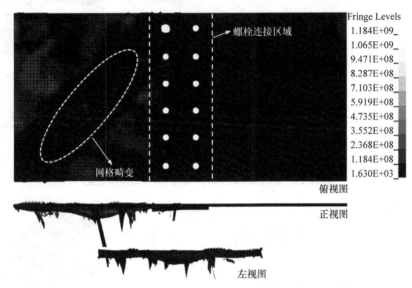

图 10-23　基准件第一次雷击后拉伸失效时的等效应力云图(单位：Pa)

图 10-24 为拉伸后复合材料平板典型层的等效应力云图。复合材料平板的拉伸损伤主要集中在左面板雷击损伤部位，说明拉伸破坏首先发生在初始损伤区域，并加重了初始损伤。在拉伸载荷作用下，雷击损伤区域存在较大的应力，计算过程中不断有单元失效失去承载能力而被删除，导致初始雷击损伤区域不断扩大。

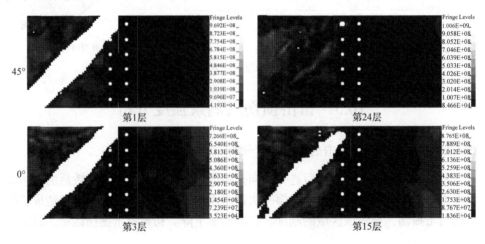

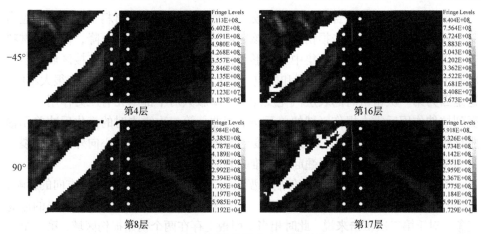

图 10-24　典型层的等效应力云图(单位：Pa)

在此工况下左面板等效应力较大且应力状态复杂；右面板固定端部位出现应力集中现象且受到铺层方向的影响，该处的等效应力具有明显的方向特征，如+45°铺层应力集中主要出现在右面板右上角，–45°铺层应力集中主要出现在右面板右下角，0°铺层应力集中则出现在整个固定端处。

10.5.2　基准件第二次雷击后剩余强度分析

图 10-25 为基准件第二次雷击后拉伸失效时的整体等效应力云图。轴向拉伸载荷作用下复合材料连接件的整体损伤明显加重，在初始雷击损伤区域和右侧固定端附近出现了明显的应力集中现象，轴向拉伸失效后复合材料连接件的最大等效应力为 1.618GPa。由于第二次雷击点位于连接板中心，拉伸载荷作用下的中心

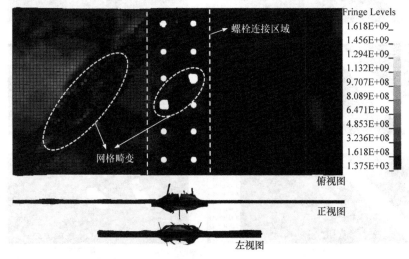

图 10-25　基准件第二次雷击后拉伸失效时的等效应力云图(单位：Pa)

雷击损伤区域和左侧复合材料面板损伤均增加，而右侧复合材料平板损伤和应力集中较轻。说明初始雷击损伤会导致该区域的承载刚度和强度下降，使复合材料连接件发生较为严重的应力集中和变形。拉伸载荷作用下的螺栓连接区域复合材料发生了明显的纤维翘起、断裂和鼓包，损伤形态与第一次雷击情况有很大不同。这是因为第一次雷击时的表层汽化反冲单元膨胀只对下部单元有压力作用，因此受到拉伸作用后雷击损伤区域的单元向下弯曲。第二次雷击时的汽化反冲单元膨胀导致螺栓连接区域撑起一个鼓包，受到拉伸作用后鼓包从中心向外不断撕裂，从而使鼓包中心的复合材料翘起和纤维断裂。

图 10-26 为复合材料平板拉伸后典型层的等效应力云图。受到铺层方向的影响，各层的损伤程度和等效应力差异明显，且复合材料平板等效应力表现出明显的振荡现象。对于第二次雷击来说，此时相当于面板上存在两个初始损伤区域，第一个损伤区域仅位于左面板上，第二个损伤区域位于螺栓连接区域。当连接件承受拉伸载荷时，单元失效同时从两个损伤区域开始发生。虽然左面板上的雷击损伤受拉伸载

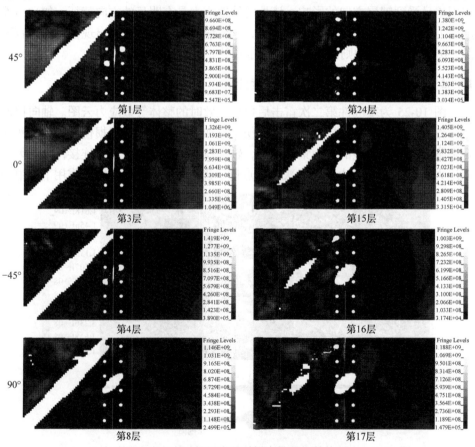

图 10-26　典型层的等效应力云图(单位：Pa)

荷作用后损伤面积变大,但其程度不如第一次雷击后剩余强度计算中的严重。同时,由于右面板没有直接受到雷击作用,因此在轴向拉伸时没有单元失效删除,但在右面板固定端处出现了应力集中。从典型层应力状态上可以看到:由于初始雷击损伤使得左面板各层内部进行应力重分配,因此左面板应力状态较为复杂,且没有明显规律。对于右面板固定端处的应力集中,0°和90°方向的铺层特征较为明显,如0°铺层在固定端处有较大的等效应力,而90°铺层的–45°对角线上有一条"应力带"。

10.5.3　铝网防护件第一次雷击后剩余强度分析

图 10-27 为铝网防护复合材料连接件第一次雷击后拉伸失效时的整体等效应力云图。轴向拉伸载荷作用下的连接件出现了明显的拉伸变形,但变形程度小于基准件。轴向拉伸失效后连接件的最大等效应力为 1.705GPa,大于基准件雷击后拉伸失效的等效应力。由于基准件第一次雷击时的损伤范围较大,且损伤严重,因此基准件受到拉伸作用后左面板变形严重。而在铝网防护件中,由于铝网的防雷击作用使得复合材料连接件的雷击损伤程度降低,因此受到拉伸载荷作用后产生的网格畸变范围和程度较小,说明铝网防护件的整体变形减小。铝网防护件中左面板的应力大于右面板,且此时左排螺栓孔也产生了较大的应力。轴向拉伸作用加重了复合材料蒙皮鼓包和隆起的趋势,加载端和雷击损伤部位的复合材料出现了分层。由于单搭接结构具有不对称性,拉伸载荷下产生偏心作用导致螺栓处出现附加弯矩,引起复合材料层合板的面外变形,从而使结构出现二次弯曲效应。

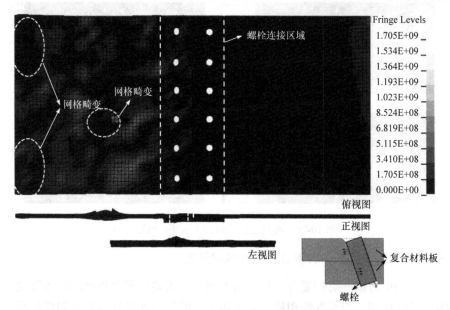

图 10-27　铝网防护件第一次雷击后拉伸失效时的等效应力云图(单位:Pa)

在此工况下，连接件左排螺栓发生倾斜，说明此时结构出现了二次弯曲效应。

图 10-28 为拉伸后复合材料平板典型层的等效应力云图。轴向拉伸载荷作用下，加载端和左面板有少量单元删除发生，说明在加载过程中不断有单元因强度不足而失去承载能力，进而被删除。同时，受到各层铺层方向的影响，不同铺层方向复合材料平板损伤程度也有较大差别，90°方向的铺层易在雷击损伤区域出现拉伸损伤，其他方向的铺层在雷击损伤区域有少量单元失效。拉伸失效后各层的等效应力相差较大，表现出明显的振荡现象。在此工况下，右面板没有单元删除发生，但在右面板固定端处存在应力集中，且与铺层方向相关。

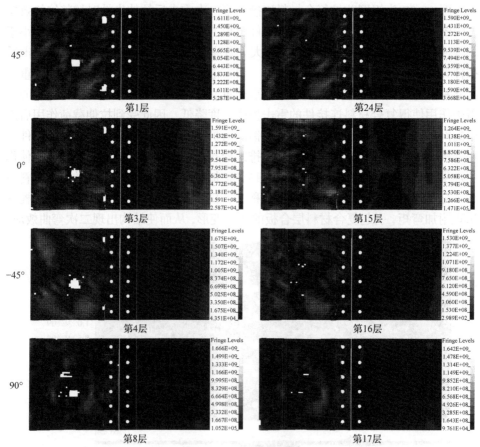

图 10-28　典型层的等效应力云图(单位：Pa)

10.5.4　铝网防护件第二次雷击后剩余强度分析

图 10-29 为铝网防护复合材料连接件第二次雷击后剩余强度的整体等效应力云图，可以看到：与基准件相比，铝网防护件的螺栓连接区域鼓包和翘起程度明显减小，连接板铝网起到了较好的雷击防护效果，从而提升了复合材料连接件雷

击损伤后的力学性能。轴向拉伸载荷作用下的连接件损伤相对严重，拉伸失效后连接件的最大等效应力为 1.761GPa，稍大于基准件雷击后的拉伸等效应力。在轴向拉伸载荷作用下，左面板和螺栓连接区域的损伤明显加重，而右侧复合材料平板的变形和应力集中较轻，说明机械载荷作用下雷击损伤区域的拉伸损伤比较严重。拉伸作用下加载端处出现了轻微变形和分层，左排螺栓出现了二次弯曲。

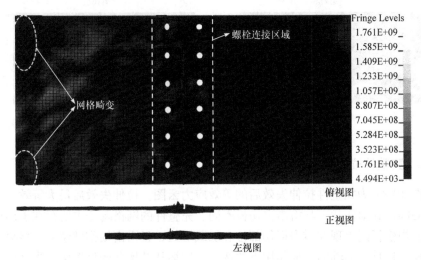

图 10-29　铝网防护件第二次雷击后拉伸失效时的等效应力云图(单位：Pa)

图 10-30 为拉伸后复合材料平板典型层的等效应力云图。此工况下第 8 层(90°)复合材料左面板出现了明显的拉伸损伤，其他层有少量单元失效删除。同时可以看到：第 1 层和第 4 层复合材料左面板的应力方向与铺层方向一致，但第 24 层和第 16 层左面板的应力状态较为分散和复杂。这是因为第 24 层和第 16 层雷击损伤相对严重，而初始损伤会改变结构内部的应力状态，结构内部发生了应力重分布。

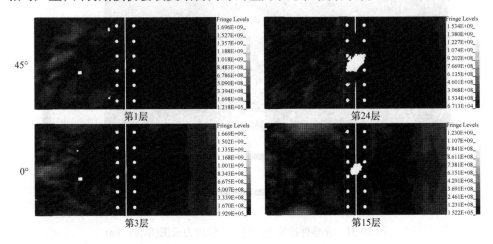

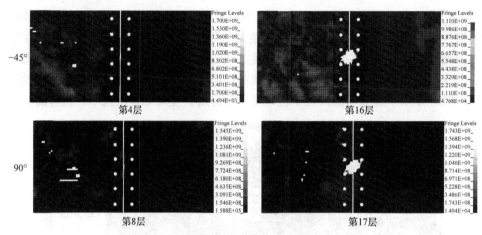

图 10-30　典型层的等效应力云图(单位：Pa)

10.5.5　完整件拉伸失效时的损伤特征

图 10-31 为完整件拉伸失效后的等效应力云图。拉伸失效后最大等效应力为 1.714GPa，其损伤状态与雷击损伤板不同。完整件的网格畸变主要存在于加载端处，而损伤板则出现在雷击损伤部位和加载端处，且雷击损伤部位的网格畸变更为严重，这是因为轴向拉伸作用下的变形和破坏从结构薄弱处发生。当结构中存在初始损伤时，初始损伤部位一般是结构的薄弱处；当结构中无初始损伤时，拉伸破坏则从加载端、固定端及应力集中部位发生。正视图和左视图可以看到：完整件分层现象主要发生在加载端处，而损伤板则主要发生在雷击损伤部位。造成

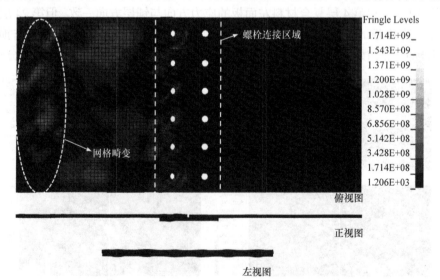

图 10-31　完整件拉伸失效时的等效应力云图(单位：Pa)

此差异的主要原因是雷击损伤的汽化反冲效应已经使复合材料结构出现了分层损伤，在拉伸载荷作用下分层会继续加重，因此损伤板的分层现象在雷击损伤部位更为明显。另外从整体上来看：完整件和铝网防护件都出现了二次弯曲效应，左排螺栓发生了整体倾斜，导致左排螺栓左侧的复合材料板顶部发生了凹陷，连接板底部有轻微的凸起；左排螺栓右侧复合材料板发生凸起，连接板底部有轻微的凹陷。

　　图 10-32 为完整件拉伸后典型层的等效应力云图。在拉伸载荷作用下，完整件各层损伤形式与雷击损伤件有较大区别，说明雷击作用产生的损伤使得结构内部发生了改变，因此对复合材料连接件的剩余强度有很大影响。完整件各层损伤状态不一，且应力差距较大，应力形态受铺层方向及相邻层的影响较大。在此工况下，左面板均有较大的应力集中，且不同铺层方向表现出不同的形式。如 0°铺层的左面板下方有较大范围的应力集中，且加载端附近失效单元较多；而 90°铺层左面板应力

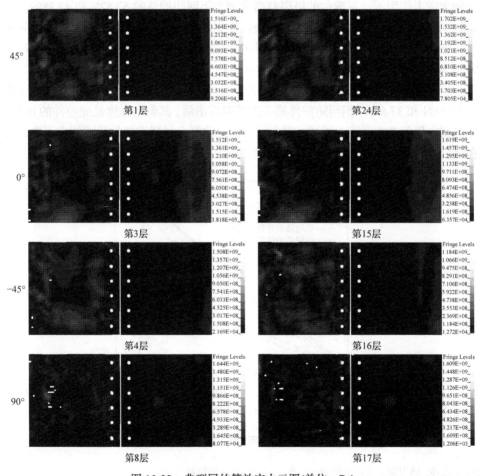

图 10-32　典型层的等效应力云图(单位：Pa)

变化较小，左面板中心部位更容易出现拉伸损伤。右面板特征更为明显，如 0°铺层
固定端处的应力范围较大，90°面板则在固定端上部、下部和面板中心有三处应力
集中，而 45°和–45°铺层则在固定端沿铺层方向发生了应力集中。

10.5.6　不同工况下的拉伸强度比较

图 10-33 为复合材料连接件在各工况下的载荷-位移曲线。可以看到：基准件第
一次雷击后的拉伸失效载荷为 64.7kN，失效位移为 3.15mm；第二次雷击后的拉伸
失效载荷为 50.6kN，失效位移为 3.1mm；受到第二次雷击作用后，连接件基准件
的剩余强度下降了 14.1kN。同时可以看到：铝网防护件第一次雷击后的拉伸失效
载荷为 123.2kN，失效位移为 3.4mm；第二次雷击后的拉伸失效载荷为 105.9kN，
失效位移为 3.4mm；铝网防护件受到第二次雷击作用后，剩余强度下降了 17.3kN。
在两次雷击作用下，基准件的极限载荷分别为铝网防护件的 52.52%和 47.78%，铺
设铝网时复合材料连接件雷击后的剩余强度提高了将近一倍。完整件的失效载荷为
143.7kN，失效位移为 3.5mm。完整件的失效载荷比基准件的分别大了 79kN 和
93.1kN，也就是说遭遇首次雷击后基准件的剩余强度仅为完整件强度的 45%，二次
雷击后其剩余强度仅为完整件强度的 35%。完整件的失效载荷比铝网防护件的分别
大 20.5kN 和 37.8kN，铝网防护件第一次遭遇雷击后，其剩余强度是完整件的 86%，
二次雷击后为 74%。综上所述，雷击效应会导致复合材料连接件承载能力下降，而
在复合材料表面铺设铝网则可以有效降低雷击损伤，提高结构雷击后的剩余强度。

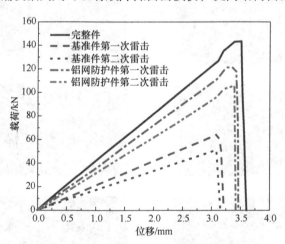

图 10-33　复合材料连接件载荷-位移曲线

参 考 文 献

[1] 王志瑾, 姚卫星. 飞机结构设计, 北京: 国防工业出版社, 2004.

[2] MIL-STD-1757A. Lighting qualification test techniques for aerospace vehicles and hardware.

USA: U S Government Printing Office, 1983.

[3] FAA AC20-53A. Protection of airplane fuel systems against fuel vapor ignition due to lighting. Federal Aviation Administration, 1985.

[4] FAA AC20-136. Certification of aircraft electrical electronic systems for the indirect effects of lighting. Federal Aviation Administration, 1990.

[5] GJB3567-1999. 军用飞机雷电防护鉴定试验方法. 中国人民解放军总装备部, 1999.

[6] Feraboli P, Miller M. Damage resistance and tolerance of carbon/epoxy composite coupons subjected to simulated lightning strike. Composites, Part A: Applied Science and Manufacturing, 2009, 40(6-7): 954-967.

[7] Feraboli P, Kawakami H. Damage of carbon/epoxy composite plates subjected to mechanical impact and simulated lightning. Journal of Aircraft, 2010, 3(47): 999-1012.

[8] Kirchdoerfer T, Liebscher A, Ortiz M. CTH shock physics simulation of non-linear material effects within an aerospace CFRP fastener assembly due to direct lightning attachment. Composite Structures, 2018, 189: 357-365.

[9] Katunin A, Sul P, Łasica A, et al. Damage resistance of CSA-doped PANI/epoxy CFRP composite during passing the artificial lightning through the aircraft rivet. Engineering Failure Analysis, 2017, 82: 116-122.

[10] Todoroki A, Ohara K, Mizutani Y, et al. Lightning strike damage detection at a fastener using self-sensing TDR of composite plate. Composite Structures, 2015, 132: 1105-1112.

[11] 赵毅. 飞机复合材料蒙皮结构闪电直接防护分析. 科技信息, 2013, 17: 62-63.

第11章 雷电电弧作用下复合材料喷铝防护性能分析

11.1 复合材料电弧附着特性

11.1.1 复合材料电弧附着模型建立

目前,国内外对于复合材料雷击损伤研究主要采取电热耦合有限元分析方法,此方法假设雷击通道直径是恒定的,在复合材料表面加载恒定的电流。然而,自然界中的雷电和实验室中的雷电电弧运动都是复杂且瞬时变化的,恒定的电流无法准确描述雷电载荷。虽然在前文第5章介绍了复合材料与雷电磁流体通道之间的多物理场耦合计算方法,但该方法是将雷电电弧演化模型和复合材料损伤模型分别单独求解,在界面处传递数据也存在一定误差。本章将在此基础上提出雷电电弧附着下复合材料动态损伤的同步耦合计算方法,对照真实的复合材料雷击电弧附着损伤机制,改善复合材料雷击损伤预测模型。

依据 Hirano 的试验建立复合材料雷击损伤分析模型[1],雷击试验示意图如图 11-1 所示,复合材料为 IM600/133,试件尺寸为 150mm×100mm。复合材料包含 32 层,单层厚度为 0.147mm,层铺顺序为[45°/0°/−45°/90°]$_{4s}$。在试验测试中,探针保持在复合材料层合板上方约 3mm 处,确保电弧最初附着在试件中心处。将复合材料层合板放置在接地的铜板上,层合板的底部表面设置为零电势边界条件来模拟试验中铜板的功能。试验过程中会从层合板的边缘处看到放电,因此在层合板边缘处也应设置为零电势边界条件。

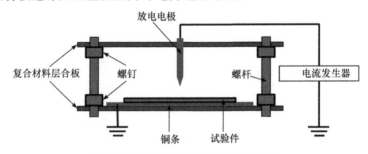

图 11-1 复合材料雷击试验示意图[1]

图 11-2 给出了雷电电弧作用下复合材料损伤预测模型及其网格划分情况,Hirano

进行了大量的试验发现复合材料层合板尺寸和厚度变化几乎不会影响雷击损伤面积和深度。由于本节模型考虑了雷电电弧模型和复合材料损伤模型之间的耦合关系，求解计算量较大。为了简化模型，本节把中心半径为 20mm 的圆柱区域设置为电弧模型区域，复合材料层合板的材料、尺寸、单层厚度和阴极尺寸与 Hirano 的试验设置一致。图 11-2(a)中的 AF 为阴极电极，BCDE-SHIJ 为空气区域，KLMN-ROPQ 为复合材料层合板。阴极与阳极复合材料层合板的间距为 3mm，阴极直径为 8mm，圆锥角为 70°，圆柱空气计算域的高为 30mm。图 11-2(b)中给出了模型网格划分情况，由于电弧激发发生在阴极尖端附近，复合材料损伤发生在中心区域，因此复合材料层合板的中心区域和电极尖端附近的网格均要加密。空气和电极区域的网格均为四面体单元，复合材料层合板沿着厚度方向扫掠生成棱柱体单元，四面体单元的数量为 7781，棱柱体单元的数量为 15936。

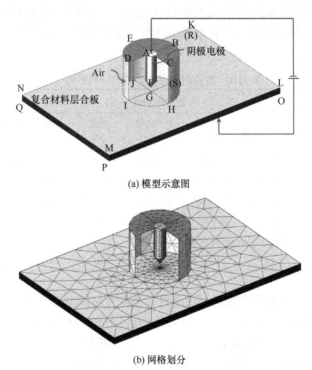

(a) 模型示意图

(b) 网格划分

图 11-2　复合材料雷电电弧附着计算模型及其网格划分

11.1.2　材料参数和边界条件

Abdelal 等[2]提出随温度变化的热、电性能参数被用于复合材料雷击损伤模型，Foster 等[3]对 Abdelal G 等的参数进行了改进，Hirano 等在室温下测量的厚度方向电导率为 $1.79×10^{-6}$S/mm，Foster 等对高温区厚度方向电导率假设为 $1×10^{6}$S/mm，此假设会导致计算严重发散。当温度超过 500℃时树脂会分解,此时复合材料垂直于纤维方向和厚度方向在微观上表现出类似结构,因此假设高温区厚度方向与垂直于纤维方向的电导率相同。纤维分解温度范围与 Abdelal 等建模的温度范围相同,温度超过 3316℃时复合材料发生升华变为气体,此时材料参数假设为空气等离子体参数。此外,基于 Ogasawara 等[4]的热重分析(TGA),将与树脂分解相关的温度范围界定于 500~800℃之间。Kawakami 等[5]认为复合材料热解过程中产生的水汽蒸发会造成一定程度的破坏,发现复合材料中的水分含量增加会加剧破坏面积和深度,结合 Ogasawara 等的 TGA 数据假设水分损失发生在 300℃。纤维发生烧蚀之前厚度方向的导电性保持不变,复合材料损伤后单元具有较大的导电性,电流负载然后传递到下面的单元。通过虚拟潜热模拟在复合材料热解过程中存在的相变,介于 500~800℃之间假设树脂分解并释放的能量为 4.8×10^6J,介于 3316~3334℃之间纤维发生烧蚀并释放的能量假定为 43×10^6J[6]。通过以上分析并结合最新的文献数据,这里对前面各章节所采用的随温度变化的碳纤维增强复合材料各物理参数进行调整,如表 11-1 所示。

表 11-1　复合材料温度依赖的材料参数[3]

温度℃	比热/ [J/(kg·℃)]	密度/ (kg/mm³)	热导率/[W/(mm·℃)]			电导率/(S/mm)		
			纤维 方向	垂直纤维 方向	厚度 方向	纤维 方向	垂直纤维 方向	厚度 方向
25	1065	1.52×10^{-6}	0.008	0.00067	0.00067	35.97	0.001145	1.79×10^{-6}
500	2100	1.52×10^{-6}	0.004390	0.000342	0.000342	35.97	0.001145	0.001145
800	2100	1.10×10^{-6}	0.002608	0.00018	0.00018	35.97	0.001145	0.001145
1000	2171	1.10×10^{-6}	0.001736	0.0001	0.0001	35.97	0.001145	0.001145
3316	2500	1.10×10^{-6}	0.001736	0.0001	0.0001	35.97	0.001145	0.001145
>3316	gas	gas	gas	gas	gas	gas	gas	gas

采用用户自定义材料参数的插值函数,把复合材料沿厚度方向分割为 32 层,根据坐标转化方法推导每层不同铺层角的各向异性材料参数矩阵。模型通过 COMSOL 软件的感应/直流耦合放电模块建立,该模块基于磁流体动力学(MHD)理论共包括电流、磁场、传热和层流等物理场接口。雷电电弧作用下复合材料损伤模型边界条件如表 11-2 所示,在所有计算域中求解电场、磁场和温度场,在流体域中求解流场。从阴极端面(A)注入电流,阴极端输入与 Hirano 等的试验一致的双指数函数电流波形,波形参数 $I_0=43762$A,$\alpha=22708$s^{-1},$\beta=1294530$s^{-1}。复合材料底面(OPQR)和侧面(NMPQ、LMPO、LKRO、NKRQ)接地,其余各个边界绝缘。模型中磁场来源于电流产生的自感磁场,边界均为磁绝缘边界,初始磁矢势为 0。考虑等离子体边界上的离子和电子加热,阴极外表面(AF)设置为阴极热通量边界,

复合材料阳极表面(HIJS)设置为阳极热通量边界。考虑流体域顶面(BCDE)、流体域侧面(CDIH)以及复合材料外表面均与空气直接接触,这些外表面设置为对流换热边界,外部温度 T_{ext} 为 300K,传热系数 h 为 5W/(m^2·℃)。流体域顶面(BCDE)设置为压力入口边界,流体域侧面(CDIH)设置为压力出口边界,p_∞ 为标准大气压。

表 11-2　复合材料雷电电弧附着计算模型的边界条件

边界面	电场	磁场	温度场	流场
A	$-\boldsymbol{n}\cdot\boldsymbol{J}=J_n$	$\boldsymbol{n}\times\boldsymbol{A}=0$	T_{ext}	—
BCDE	$\boldsymbol{n}\cdot\boldsymbol{J}=0$	$\boldsymbol{n}\times\boldsymbol{A}=0$	$-\boldsymbol{n}\cdot\boldsymbol{q}=h\left(T_{ext}-T\right)$	$p=p_\infty$ $\boldsymbol{u}\times\boldsymbol{n}=0$
CDIH	$\boldsymbol{n}\cdot\boldsymbol{J}=0$	$\boldsymbol{n}\times\boldsymbol{A}=0$	$-\boldsymbol{n}\cdot\boldsymbol{q}=h\left(T_{ext}-T\right)$	$p=p_\infty$
HIJS	$\boldsymbol{n}\cdot\boldsymbol{J}=0$	$\boldsymbol{n}\times\boldsymbol{A}=0$	$-\boldsymbol{n}\cdot\left(-k\nabla T\right)=\left|\boldsymbol{J}\cdot\boldsymbol{n}\right|\Phi$	$\boldsymbol{u}=0$
NMPQ,LMPO,LKRO,NKRQ,OPQR	$\varphi=0$	$\boldsymbol{n}\times\boldsymbol{A}=0$	$-\boldsymbol{n}\cdot\boldsymbol{q}=h\left(T_{ext}-T\right)$	
AF	—	—	$-\boldsymbol{n}\cdot\left(-k\nabla T\right)=\left|\boldsymbol{J}_{elec}\right|\Phi_s+\left|\boldsymbol{J}_{ion}\right|\varphi_{ion}$	$\boldsymbol{u}=0$

11.1.3　计算流程

雷电电弧作用下复合材料损伤模型的多物理场耦合设置如表 11-3 所示,涉及平衡放电热源、洛伦兹力、电磁热、流动耦合和温度耦合,通过耦合设置实现计算变量在不同物理场之间的传递。在雷电电弧作用下的复合材料损伤模型中,由于空气区域在放电过程中发生电离,平衡放电热源耦合设置包含空气区域,在此区域内将等离子体热源项引入流体能量守恒方程。当空气电离形成等离子体后,空气等离子体的运动受到洛伦兹力的驱动,因此洛伦兹力耦合设置也包含空气区域,在此区域内将洛伦兹力项引入流体动量守恒方程。当电弧电流传导至复合材料层合板时,电磁热作用会加热复合材料层合板。因此电磁热耦合设置包含复合材料层合板区域,在此区域内将焦耳热项引入传热方程。为确保在所有计算域内各个方程中的温度和速度变量保持一致,需要在所有计算域内设置温度耦合和流动耦合。

表 11-3　复合材料雷电电弧附着计算模型的多物理场耦合设置

局部区域耦合	区域	耦合方程
平衡放电热源	BCDE-SHIJ (空气区域)	$$\rho C_p\left(\frac{\partial T}{\partial t}+\boldsymbol{u}\cdot\nabla T\right)-\nabla\cdot\left(k\nabla T\right)=Q$$ $$Q=\boldsymbol{J}\cdot\boldsymbol{E}+\frac{\partial}{\partial T}\left(\frac{k_B T}{2q}\left(\frac{k}{C_p}+5\right)\right)\left(\nabla T\cdot\boldsymbol{J}\right)-4\pi\cdot\varepsilon_N$$
洛伦兹力	BCDE-SHIJ (空气区域)	$$\boldsymbol{F}=\boldsymbol{J}\times\boldsymbol{B}$$ $$\rho\left(\frac{\partial\boldsymbol{u}}{\partial t}+\boldsymbol{u}\cdot\nabla\boldsymbol{u}\right)=\nabla\cdot\left[-p\boldsymbol{I}+\mu\left(\nabla\boldsymbol{u}+\left(\nabla\boldsymbol{u}\right)^T\right)-\frac{2}{3}\mu\left(\nabla\cdot\boldsymbol{u}\right)\boldsymbol{I}\right]+\boldsymbol{F}$$

续表

局部区域耦合	区域	耦合方程
电磁热	KLMN-ROPQ (层合板)	$\rho C_p \dfrac{\partial T}{\partial t} - \nabla \cdot (k\nabla T) = \boldsymbol{J} \cdot \boldsymbol{E}$

全模型耦合	耦合源接口	耦合目标接口
流动耦合	层流	流体传热
温度耦合 1	流体传热	电流
温度耦合 2	流体传热	层流
温度耦合 3	流体传热	磁场

　　雷电电弧作用下复合材料损伤模型求解流程如图 11-3 所示。首先，引入初始条件和初始温度下的材料参数，通过电流模块中的电流守恒方程及相应的电场边界条件求解整个计算区域的电势场、电场和电流，在磁场模块中同时求解计算域的磁矢势和磁场强度，电磁场的耦合特性包括电磁热效应、等离子体平衡放电热源和洛伦兹力。其次，将电磁热效应与平衡放电热源分别导入传热模块，求解复合材料阳极和等离子体的温度场，将洛伦兹力导入层流模块求解等离子体的压强和速度场；通过流动耦合和温度耦合控制求解过程中的速度和温度，使其在不同模块中保持一致。最后，根据计算结果更新随温度变化的材料参数，并进行下一个时间步的计算，直至计算结束。

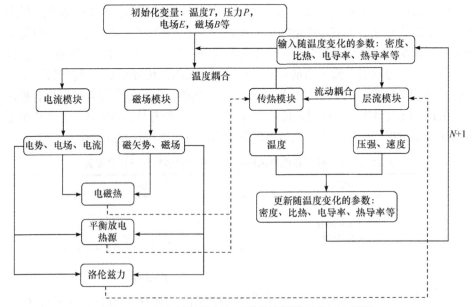

图 11-3　复合材料雷电电弧附着计算模型求解流程图

当雷电电弧击打铜阳极时，由于阳极板材料的电导率为各向同性分布，铜板上的电势分布也呈同心圆分布，电弧向各个方向膨胀的电位梯度基本一样，电弧温度分布呈现出典型的钟形分布。然而，复合材料电导率具有各向异性特性，以复合材料作为阳极产生的电弧附着现象与铜阳极板有很大不同。试验中的电弧持续时间非常短暂，且发出明亮的光，这对试验捕捉电弧运动造成了困难，尽管如此，一些试验工作[7-9]通过雷击过程高速视频录像回顾试验图像也捕获到了电弧附着行为。Chemartin 等[10]在试验中观察到了以下电弧特性：电弧通道随着时间的推移而扩大，电弧扩展主要发生在垂直于复合材料表面纤维的方向上，电弧中心具有更集中的电流密度流线，电弧通道处于不断运动状态中。研究者试图量化电弧的变化特性，Kawakami[9]在照片中同时捕获了平行和垂直于表面光纤方向的电弧通道扩展，识别出雷电中心具有更明亮的电弧丝。

11.1.4　不同阳极材料电弧激发时间

研究电弧的运动特性首先应确定电弧激发时间，其次研究其运动规律。电弧激发时间可以通过电极电压的首次峰值时间来确定，随着在电极尖端持续注入电流，电极终端电压持续上升。当阴极与阳极之间的电压差达到击穿空气的电压阈值时，电极尖端附近的空气被迅速电离，电极电压也会迅速下降，此时即为电弧的激发时间。图 11-4 分别给出 1μs 内阳极板的材料分别为铜和复合材料时，阴极终端电压分布。由于阴极为电流注入端，阳极为接地端，则阴极终端电压为负。观察图 11-4 可知，当阳极材料为铜时阴极终端电压在 0.04μs 时达到首次电压降，电压由−21913V 降为−1056.7V，铜材料的良导电性使得阳极迅速形成等势体，之后的阴极终端电压随着电流的注入并无明显压降。当阳极材料为复合材料时，阴

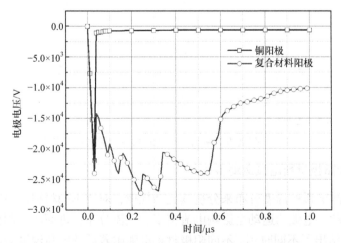

图 11-4　不同材料阳极模型的电极终端电压分布

极终端电压也在 0.04μs 时达到首次电压降，电压由−23998V 降为−14256V，复合材料比铜的导电性差，复合材料电导率的各向异性和温度依赖特性导致阳极电势分布不均，之后的阴极终端电压随着电流的注入有多次压降。

通过阴极终端电压分析可知：尽管阳极材料不同，但在 0.04μs 时均激发出明显的电弧丝，电弧激发时间与电极间隙相关。为了验证阴极终端电压分析结果，电弧可以通过更为直观的温度分布来显示。图 11-5 与图 11-6 分别给出了复合材料阳极和铜阳极电弧初始附着前后的温度分布，由图可知：两种阳极材料激发的电弧均在 0.04μs 时抵达阳极表面，验证了阴极终端电压分析方法的准确性；两种阳极材料激发出的电弧形状并无明显区别，电弧初始附着的时间均为 0.04μs；电弧初始附着位置均为阳极中心，初始附着时铜阳极激发电弧的最大温度要高于复合材料阳极。

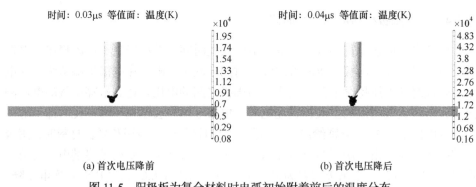

(a) 首次电压降前　　　　　　　　　　(b) 首次电压降后

图 11-5　阳极板为复合材料时电弧初始附着前后的温度分布

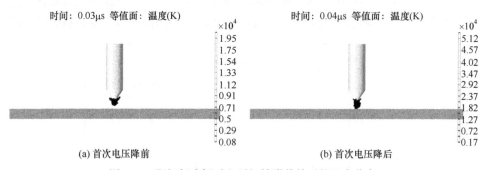

(a) 首次电压降前　　　　　　　　　　(b) 首次电压降后

图 11-6　阳极板为铜时电弧初始附着前后的温度分布

11.1.5　不同阳极材料电弧运动特性

通过观测电弧的温度分布来分析其运动规律，对比不同材料阳极时电弧初始附着后的运动，电弧的运动会影响电流密度和热流分布，进而改变阳极热损伤形貌。图 11-7 给出了不同时刻、不同阳极材料电弧附着后的电弧温度云图和阳极表面电势分布，为了显示电弧运动过程，不同时刻采用相同的温度范围显示电弧温度等温面，图中 2500K 的等温面表示电弧弧丝。由图可知：铜阳极激发电弧的半径持续增长，电弧形态均呈现钟形，铜阳极上电势分布呈现同心圆分布，铜的导电性能良好，电弧在铜板附着中心的电势介于−0.025～−0.035V。复合材料阳极激发的电弧形貌特征与铜阳极激发的完全不同，电弧流注在复合材料附着点处分叉，两个分支分别向垂直于纤维的方向扩展，这是由于复合材料电导率的各向异性导致垂直于纤维方向的电势梯度大，局部强电场会驱动电弧沿着垂直于纤维的方向运动。电弧运动与复合材料电势是相互影响的，复合材料板的电势分布呈现椭圆形分布，纤维方向为椭圆的长轴方向。随着电弧的运动，垂直于纤维方向通过电弧进行电连接，椭圆形电势分布朝着垂直于纤维方向即椭圆的短轴方向膨胀，电弧在复合材料板附着中心的电势介于−4000～−20000V 之间。由于电弧等离子体

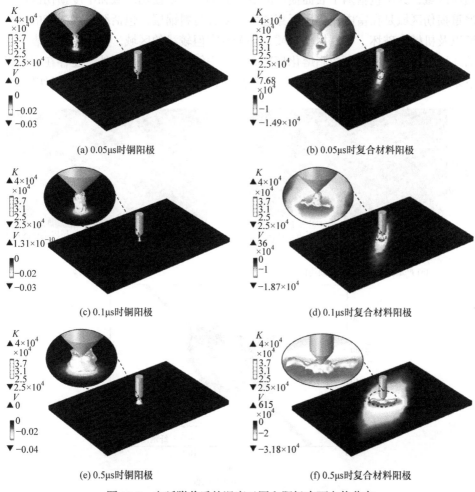

(a) 0.05μs时铜阳极　　　　　　　(b) 0.05μs时复合材料阳极

(c) 0.1μs时铜阳极　　　　　　　(d) 0.1μs时复合材料阳极

(e) 0.5μs时铜阳极　　　　　　　(f) 0.5μs时复合材料阳极

图 11-7　电弧附着后的温度云图和阳极表面电势分布

的流体特性,复合材料热损伤产生的热解气体也可能改变等离子体运动,进而影响电弧的附着行为。但是,考虑到复合材料热解气体与等离子体电弧相互作用的模拟难度较大,本节仅讨论了复合材料表层电导率对电弧附着特性的影响。

11.2 复合材料损伤预测及验证

11.2.1 复合材料雷击损伤模式

回顾国内外复合材料雷击测试结果,发现复合材料雷击后的损伤模式主要包括材料烧蚀、纤维断裂、热分解和层间分层等。此外,按照损坏程度划分为三个损坏区域,其中包括两个表面损伤区域,分别为严重损伤区域和中度损伤区域。严重损伤区域是在雷电流作用下穿透多个复合材料铺层,包括纤维和树脂的热分解以及机械力破坏。中度损伤区域是一个较宽但较浅的区域,局限于试样表面的前几层,存在一些表面树脂熔化痕迹和树脂中纤维的断裂。此外,还存在表层以下基体开裂的层内损伤,其往往在试件表面下方延伸,并超出可见表面损伤轮廓。

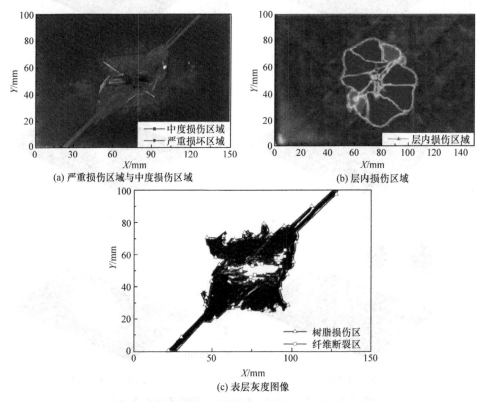

(a) 严重损伤区域与中度损伤区域　　　　(b) 层内损伤区域

(c) 表层灰度图像

图 11-8　Hirano 等获得的雷击试件损伤测量结果[1]

图 11-8 给出了 Hirano 等[1]得到的雷击试件的损伤测量结果，试件遭受波形为 4/20μs、峰值为 40kA 的雷电流作用，图中按照上述定义划分了严重损伤区域、中度损伤区域、层内损伤区域的形状和尺寸。

测试样品的外观如图 11-8(a)所示，可以明显观察到：复合材料板件存在严重损伤和中度损伤两种典型的损坏模式，在雷电附着的复合材料表面存在严重的碳纤维断裂；以附着点为中心半径约 10mm 的圆形区域中能够观察到纤维拔出和树脂汽化，在最外侧 45°纤维方向上有条带状碳纤维拔出，在表面纤维损伤区域之外存在褶皱和表面起泡的树脂损伤形貌。图 11-8(b)为试件雷击后的超声波检测图片，图中线条圈定的范围表示层内损伤区域。研究结果表明：雷电试验产生了较大分层，从每个铺层中的雷电附着点开始，分层区域呈沿着纤维方向的一对扇形分布，可以观察到内部损伤区域被限制在受损表面的厚度方向附近。由于树脂损伤区域具有与完整表面不同的反射率，所以可以通过图像处理来确定损坏区域。将雷击后试样的俯视图转换为灰度图像数据，对图像数据进行二值化处理后容易区分树脂损伤区域和纤维损伤区域，如图 11-8(c)所示。在放电测试过程中，沿着试样侧面边缘可以在铜板表面上观察到火花放电的特征，这表明施加的电流从试样表面的附着点处沿纤维方向流动到试样边缘，然后通过试样边缘和铜板之间的火花放电流入大地。超声扫描的内部分层损伤与图 11-8(c)中的树脂损伤区域明显不同，比较发现表层树脂损伤区域明显小于内部分层损伤区域，这表明损伤传播的原因在表层树脂损伤和内部分层之间是不同的。根据 Hirano 等[1]对比落锤机械冲击试验和雷击试验的超声检测结果，内部损伤传播模式非常相似，雷电测试和落锤测试中的分层均以一对扇形形式传播，故可认为内部分层损伤主要由雷击的机械冲击导致的。表层灰度图像树脂损伤区主要沿着纤维方向和垂直于纤维方向扩展，沿纤维方向的树脂和纤维的损伤主要是由雷电流沿着纤维方向流动产生的焦耳热效应导致，而垂直于纤维方向的树脂损伤是由电弧垂直于纤维方向的扩展导致的。

11.2.2　复合材料损伤预测及机理

Abdelal[2]、Foster[3]、Ogasawara[4]和董琪等[11]应用 Hirano 等[1]的试验波形和复合材料层合板进行建模仿真。Ogasawara、Abdelal 和董琪等均没有考虑电弧运动，仅在中心点或假设的中心区域内施加一定的或随时间变化的电流载荷，通过温度场识别复合材料损伤区域，并与试验损伤测量结果进行对比。这些模型的模拟损伤轮廓具有相似的形状，即均沿着表面层纤维方向扩展。然而，图 11-8(c)中观测到了雷击后有垂直于纤维方向的树脂损伤，上述模型预测的表层损伤宽度与试验观测到的表层损伤宽度也相差较大。在损坏的深度预测方面试验观测到雷击损伤发生在复合材料表层的前 8 层上，Abdelal 预测到第 4 层的损坏，Ogasawara

等预测到第 6 层的损坏，董琪预测到第 9 层的损坏。Foster 等的模型通过在复合材料表层的多个区域设置随时间变化的电流载荷来假设电弧运动，不管是损伤面积还是损伤深度均取得了较好的预测结果，然而实际的电弧运动比 Foster 等的模型中定义得更复杂、更随机。通过前面的分析可知：电弧的运动取决于阳极表面的电势分布，复合材料的损伤会改变其表层的电导率分布，进而影响其电势分布，所以电弧的运动与复合材料损伤是一对相互影响的变量，不能通过简单的假设来定义。本节耦合了电弧运动和复合材料损伤，实现了电弧运动和复合材料损伤的同步仿真，但模型没有考虑复合材料雷击后的机械损伤特性，计算结果与 Hirano 等试验的表层损伤结果进行了对比。

　　基于 Ogasawara 等的复合材料热重分析，与树脂分解相关的温度范围介于 500～800℃，Abdelal 等的模型设置树脂分解温度范围介于 300～500℃，Foster 等通过模拟的表面温度轮廓面积(超过 300℃的总面积)来预测复合材料的表面雷击损伤，模拟的温度轮廓深度(超过 500℃的深度)来评估复合材料的雷击损伤深度。研究中同样使用复合材料温度分布来评估损坏区域，图 11-9 给出了复合材料雷击后的温度分布云图，在 300℃、500℃和 800℃下分别发生水汽蒸发、树脂熔化和树脂分解，3316℃为纤维烧蚀温度。低温云图区(300～800℃)沿着表层纤维方向 45°方向传播，高温云图区域(800～3316℃)处于雷电初始附着点附近区域。在 1μs 时电弧由于复合材料表层电导率影响沿着垂直于纤维的方向扩展，分支电弧扫掠的方向为-45°，此时复合材表层损伤为电弧附着损伤，之后电弧扩展路径

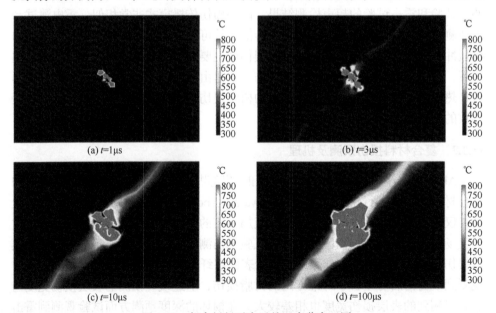

(a) t=1μs　　　　　　　　　　　　　　(b) t=3μs

(c) t=10μs　　　　　　　　　　　　　(d) t=100μs

图 11-9　复合材料雷击后的温度分布云图

与碳纤维交叉处形成微小的电流注入点。由于复合材料纤维方向具有更好的导电性，经过一系列微小的电流注入点持续注入电流，并沿着纤维方向传递，电流传导产生的焦耳热对复合材料造成 45°方向的损伤。在 100μs 时刻，云图的高温区和低温区共同形成了复合材料损伤区，对比试件表层灰度图像发现：介于 300～800℃的低温云图区代表复合材料的中度损伤区域，介于 800～3316℃的高温云图区代表复合材料严重损伤区域。仿真计算得到的损伤区域形状和损伤模式与试验基本一致，然而计算得到的损伤面积略小于试验测量图片的损伤面积。由于雷击试验后的高温区向低温区传递热能时需要时间，这个过程可能持续几分钟。但模型计算时长只持续微秒量级，没有考虑雷击后续的热传递。

图 11-10 给出了厚度方向的温度分布规律，1μs 时刻的复合材料损伤深度为 0.725mm，10μs 时刻的损伤深度为 1.16mm，100μs 时刻的损伤深度为 1.47mm。Hirano 等通过试验测得的复合材料损伤深度约为 1.25mm，深度方向损伤大致为复合材料的前 8～9 层，最终预测复合材料损伤深度与 Hirano 等的试验结果之间的误差为 17.6%。当电流施加到试样时，由于纤维方向的电阻明显小于横向和厚度方向的电阻，大部分电流在纤维方向上流动，少量电流沿着垂直纤维方向和厚度方向上传导。复合材料表层中大量电流产生电阻加热，使其温度升至 500℃和800℃之间时，树脂分解导致横向和厚度方向上的电导率增加，更多的电流开始沿厚度方向传播，沿着纤维方向和横向传导的电流减少。类似于第 1 层，第 2 层中的电流将首先在纤维方向上流动。当电阻加热使温度高于 500℃时，更大比例的

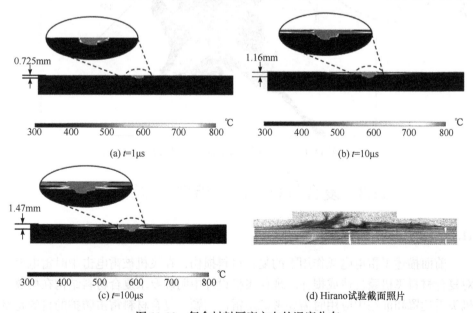

(a) *t*=1μs　　　　　　　　　(b) *t*=10μs

(c) *t*=100μs　　　　　　(d) Hirano试验截面照片

图 11-10　复合材料厚度方向的温度分布

电流开始沿着厚度方向传递到下一层，如此直至电流能量耗尽。随着电流沿复合材料厚度方向流动，也会产生厚度方向上的损伤。

图 11-11 给出了复合材料雷击损伤过程的示意图。结合雷电电弧附着特性和复合材料雷击损伤计算结果，揭示了复合材料遭受雷击后的损伤形成过程。在雷电电弧附着复合材料期间，电弧会沿着垂直于复合材料层合板的表层纤维方向分叉，分支电弧运动路径与表层纤维的交点为电流注入点，电弧的分叉扩展导致沿垂直于表层纤维方向的电流注入点出现。雷电流通过电流注入点进入复合材料层合板后，沿着复合材料碳纤维的方向传导并产生大量焦耳热。由于电弧电流密度的分布特征，电弧中心电流密度大，周边电流密度小，越靠近电弧附着点处的电流注入点的电流密度也越大，所以复合材料附着点附近的温度最高。温度急剧升高促使树脂基体发生熔化，碳纤维也发生断裂，部分雷电流同时沿着垂直于纤维方向和厚度方向进行传导，最终使复合材料损伤区域呈现椭圆形分布。

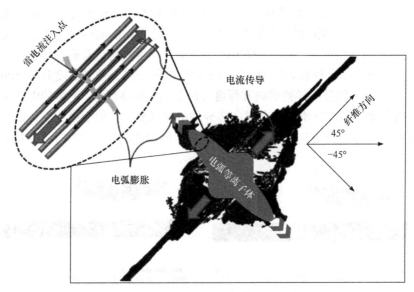

图 11-11　复合材料雷击损伤过程示意图

11.3　复合材料表面喷铝雷击防护分析

11.3.1　复合材料表面喷铝

前面描述了雷电电弧作用下的复合材料损伤，在飞机被雷电击中时雷电流会对复合材料飞机蒙皮造成损坏。现代飞机设计中明确要求复合材料结构在机翼、机头雷达罩和油箱中应用时需要考虑防雷击问题。复合材料雷击防护的目的是将其热机械损伤程度降低到可接受的水平，防护重点区域包括雷电附着区域（飞机雷电分区 1 区、2 区）以及结构装配连接区域。选择最合适的防雷措施需要考虑许多技术和经济问题，其中主要包括防雷效果、与复合材料的电化学兼容性、与复合结构的黏合性、防雷系统的额外重量、防雷材料对外部环境威胁的抵抗力、制造和维护的复杂性和成本等。

常见的防雷系统有金属箔、编织金属丝网、交互编织金属丝层、金属涂层、镀金属的碳纤维复合材料和新型轻质导电材料等。金属箔的电阻率通常比 CFRP 层压板小 2 个数量级，因此雷电流几乎完全流过防雷层，不会直接影响 CFRP 结构。通过上一章对金属网雷击防护机理的研究，编织金属丝网的防雷原理与金属箔非常相似，也是利用其优良的导电性能。另外，编织金属丝网的交叉点加强了局部电场，使得防护结构表面产生多个雷电附着点，这可以将雷电弧分成许多低强度的电弧丝，从而将雷电能量分散在更宽的区域上，并减少热机械损伤。金属铝的电阻率低，是碳纤维/环氧树脂基复合材料的 1/2000。在复合材料表面喷涂一定厚度的铝层，通过热损失将具有足够高电流密度的雷电消散掉，对复合材料起到较好的雷击防护作用。喷涂金属在复合材料的外表面，固化形成导电涂层用于雷击防护。喷涂在部件上的金属涂层可能具有稍微粗糙的表面，需要额外的处理，涂层中的孔隙和颗粒使得喷涂金属层的有效导电率通常低于块状金属。这里以表面喷铝复合材料为例研究其防护机理，结合雷电流冲击试验对比分析不同厚度和结构的金属铝涂层的雷电防护效果，通过复合材料雷击损伤模型分析了典型喷铝涂层的防雷机理。

采用 SAE-ARP-5416 标准中规定的雷电流直接效应试验方法，针对复合材料无防护基准件和防护件进行雷击试验，比较无防护基准件、局部喷铝和全喷铝试件在雷电流冲击作用下的损伤情况。喷铝厚度分别为 0.1mm 和 0.2mm，其中局部喷铝区域如图 11-12 所示。碳纤维/环氧树脂基复合材料试验件为 T700/3234，铺层单层厚度为 0.125mm，试验件尺寸为 500mm×250mm，铺层顺序为[-45°/45°/0°/0°/-45°/90°/45°/0°]s，注入电流的铜探针位于试验件正中心上方约 3mm 处。本

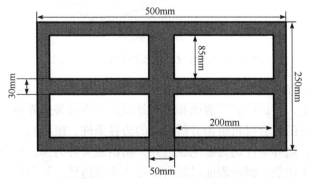

图 11-12 复合材料表面局部喷铝结构图

试验中采用的电流波形为 $T_1/T_2=10/350\mu s$，电流峰值分别为 31.3kA、88.4kA 和 93.7kA。

11.3.2　无防护基准件雷击损伤

为了模拟雷电电弧作用下复合材料烧蚀的动态过程，这里使用前面介绍的复合材料雷电电弧附着计算方法，通过求解磁流体动力学方程组和复合材料电热耦合方程组等控制方程，分析等离子体电弧瞬态温度场分布以判断电弧运动规律，并根据复合材料层合板的瞬态温度场给出雷击烧蚀的判断准则。图 11-13 给出了复合材料基准件的雷击分析模型，模型由阴极铜电极、空气域和碳纤维复合材料层合板组成。在试验测试中假定电弧最初附着在试件中心处，因此探针保持在复合材料层合板上方约 3mm 处。电弧激发和复合材料损伤均发生在模型中心区域，层合板中心和电极尖端附近的网格均要加密。空气和电极区域的网格均为四面体单元，层合板沿着厚度方向扫掠生成五面体棱柱单元。

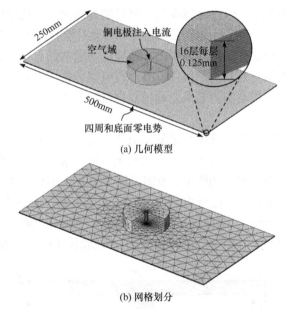

(a) 几何模型

(b) 网格划分

图 11-13　复合材料基准件的雷击分析模型

铜电极顶部注入电流，将电极顶端设置为电流边界条件。复合材料试件放置在接地的铜板上，将试件底部表面和边缘处设置为零电势边界条件。模型边界条件参考前面描述的复合材料雷击分析模型的边界条件，模型的磁场来源于电流产生的自感磁场，边界条件均为磁绝缘边界，初始磁矢势为 0。考虑等离子体边界上的离子和电子加热，铜外表面设置为阴极热通量边界，复合材料表面设置为阳极热通量边界。考虑到空气域顶面、侧面以及复合材料外表面均与空气直接接触，这些外表面设置为对流换热边界，外部温度为 300K，传热系数为 5W/(m² · ℃)。由于自由电弧不考虑辅助气流，空气域侧面为压力出口边界，空气域顶面为压力入口边界，远场压力值设为标准大气压。本节采用电流峰值分别为 31.3kA、88.4kA 和 93.7kA 的 10/350μs 电流波形进行复合材料雷电流冲击试验，数值模型的电极电流边界与试验输入电流波形保持一致。

数值模拟得到了复合材料基准件烧蚀损伤的温度分布云图，并与复合材料雷电流冲击试验的损伤结果进行对比，如图 11-14 所示。可以看到：基准件的雷击损伤模拟结果与试验结果能够较好地吻合，基准件顶层的雷击损伤主要沿着-45°方向扩展。雷电电弧在附着复合材料期间，会沿着垂直于复合材料层合板表层纤维的方向扩展，电弧扩展路径与表层纤维的交点会形成电流注入点，电弧的扩展会沿垂直于表层纤维方向出现一系列分布的电流注入点。由于电弧电流密度的分布特征，电弧附着中心电流密度大，周边电流密度小。所以越靠近复合材料层合板初始附着点的地方，电流注入点的电流密度越大。

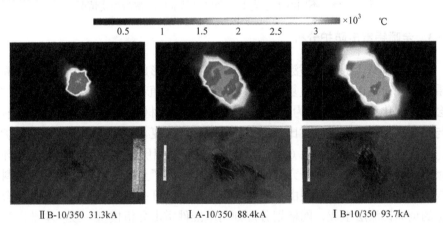

ⅡB-10/350 31.3kA　　　　ⅠA-10/350 88.4kA　　　　ⅠB-10/350 93.7kA

图 11-14　基准件雷击损伤模拟结果与试验结果对比[12]

雷电流通过附着点注入复合材料层合板后，沿着复合材料顶层碳纤维的方向进行传导并产生大量的焦耳热。急剧升高的温度使树脂基体发生熔化，碳纤维也发生了断裂。有较大部分的雷电流来不及沿着碳纤维方向从复合材料基准件的边缘处释放出去，而会沿其他两个方向进行传导，最终使复合材料基准件的烧蚀损伤区域呈现椭圆形分布。由于树脂热解温度和碳纤维汽化温度分别为 300℃和 3316℃，所以图 11-14 中温度分布超过 3316℃的区域定义为纤维断裂区域，超过 300℃的区域定义为复合材料损伤区域。图 11-15 比较了不同波形电流下复合材料基准件的雷击损伤情况，可以看到：纤维断裂面积、损伤面积和最大损伤深度都随着雷电流峰值的增大而增大；峰值电流越大，雷电流能量越大，相应造成的雷击损伤越严重。数值模拟得到的峰值电流与雷击损伤变化规律和试验结果一致。

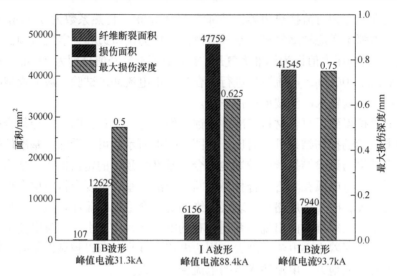

图 11-15　不同波形电流下复合材料基准件的雷击损伤情况

11.3.3　全喷铝雷击防护分析

在复合材料全部表面喷涂一定厚度的铝涂层，形成全喷铝雷击防护。在高能量雷电流载荷冲击下会发生复杂的耦合物理作用，随着温度的升高，铝涂层的表面会发生熔化和汽化现象。为了研究全喷铝防护复合材料层合板的雷击烧蚀损伤，并与复合材料基准件进行对比，以分析全喷铝防护复合材料层合板的雷击防护效果，选用在上表面全部喷涂 0.1mm 和 0.2mm 厚度铝层的 T700/3234 碳纤维/环氧树脂基复合材料层合板为研究对象。图 11-16 给出了全喷铝防护方案复合材料层合板的雷击分析模型，模型由铜阴极、空气域、碳纤维复合材料层合板和层合板表层的全喷铝涂层组成，网格划分规则与基准件雷击分析模型一致。本节以铝涂层作为复合材料层合板的雷击防护系统，其中铝的熔化温度为 933℃，沸点温度为 2793℃，铝的最终烧蚀温度为 7974℃。

为了研究全喷铝防护复合材料层合板在雷电流载荷作用下的损伤情况，当雷电流波形 10/350μs 的电流峰值分别为 31.3kA、88.4kA 和 93.7kA 时进行雷电流冲击下的数值模拟，得到了 0.1mm 和 0.2mm 铝层厚度的全喷铝防护复合材料层合板烧蚀损伤的温度分布云图，并与全喷铝复合材料雷电流冲击试验的损伤结果进行对比，如图 11-17 和图 11-18 所示。分析全喷铝防护件的雷击烧蚀损伤过程，雷电流主要以电弧附着点为中心沿着铝层表面向外边界进行传导。由于铝的各向同性电导率，全喷铝防护件的烧蚀损伤主要以附着点为中心呈同心圆分布。当雷电流沿着铝层表面进行传导时，瞬间产生大量焦耳热，导致铝层温度迅速升高，当

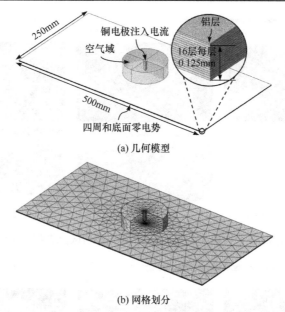

(a) 几何模型

(b) 网格划分

图 11-16　全喷铝防护复合材料层合板的雷击分析模型

温度达到沸点温度 2793℃时铝层就会发生剧烈的汽化现象。从图 11-17 和图 11-18 可以看到:复合材料损伤区域的模拟结果与试验结果能够较好地吻合,全喷铝防护复合材料雷击损伤均呈现圆形分布。然而,试验中喷铝涂层在雷击后容易汽化剥落,导致电弧的后续电流直接注入复合材料中。模型中空气域网格与试件表层喷铝网格采用共节点建模,考虑到数值传递,模型没有把损伤的铝单元删除,主要通过设置随温度变化的铝材料参数来体现铝层损伤后的性能下降,所以数值模拟结果无法显示铝层的汽化剥落,试验中 0.2mm 涂层的全喷铝防护件比 0.1mm 涂层的全喷铝防护件具有更少的铝层剥落。针对全喷铝防护件的复合材料损伤而言,大量的雷电流沿着铝层表面进行传导后扩散至接地端,仅有少部分电流会通过电流注入点传导到复合材料层合板上,雷电流在铝层产生的焦耳热也会通过热传导方式传导至复合材料板。由于喷铝涂层的电流注入点呈圆形分布,复合材料板上的雷电流传导也呈现圆形分布,并在此区域出现了热烧蚀现象。少量雷电流通过复合材料厚度方向传导,使复合材料板在厚度方向上产生烧蚀坑。由于大量电流通过喷铝涂层传导,使全喷铝防护件复合材料损伤明显小于无防护基准件。图 11-19 比较了不同波形电流下全喷铝防护复合材料的损伤情况,0.2mm 铝层厚度复合材料板的纤维断裂面积、损伤面积和最大损伤深度都比 0.1mm 铝层厚度的情况小,模拟结果显示的喷铝厚度与雷击损伤变化规律和试验结果一致。

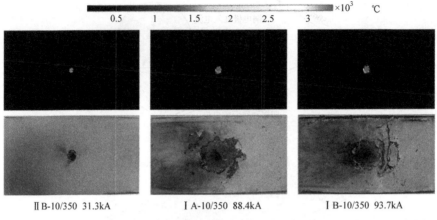

图 11-17　全喷铝防护件中雷击烧蚀损伤的模拟结果与试验结果[12]对比(0.1mm 铝层)

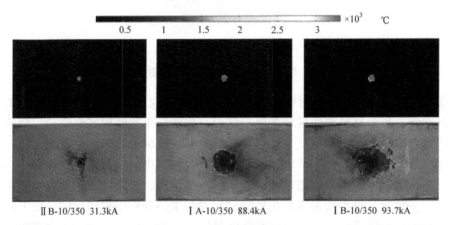

图 11-18　全喷铝防护件中雷击烧蚀损伤的模拟结果与试验结果[12]对比(0.2mm 铝层)

11.3.4　局部喷铝雷击防护分析

复合材料全表面喷涂的铝层起到了一定的防雷击作用，但却也增加了结构重量。为了兼顾喷铝雷击防护能力和结构增重，给出了复合材料层合板局部喷铝雷击防护方案，如图 11-12 所示。为了研究局部喷铝防护复合材料层合板的雷击烧蚀损伤，并与全喷铝防护复合材料层合板进行比较，分析局部喷铝防护复合材料层合板的雷击防护效果。在 T700/3234 碳纤维/环氧树脂基复合材料层合板上表面局部喷涂 0.1mm 和 0.2mm 厚度的铝层，图 11-20 给出了局部喷铝防护复合材料层合板的雷击分析模型，模型由阴极铜电极、空气域、碳纤维复合材料层合板和层合板表层的局部喷铝涂层组成。

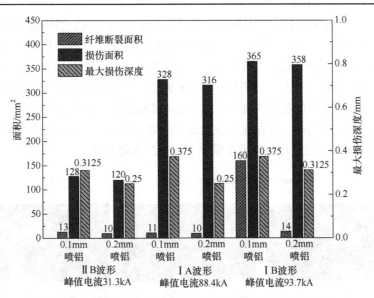

图 11-19　不同波形电流下全喷铝防护复合材料的损伤情况

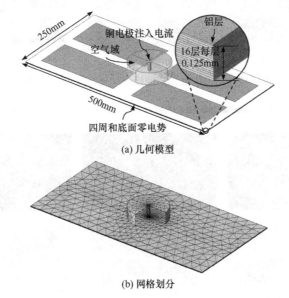

(a) 几何模型

(b) 网格划分

图 11-20　局部喷铝防护复合材料层合板的雷击分析模型

为了分析局部喷铝防护复合材料层合板在雷电流载荷作用下的损伤情况,采用相同的雷电流波形进行计算,得到了 0.1mm 和 0.2mm 铝层厚度的局部喷铝防护复合材料层合板的温度分布云图,并与局部喷铝复合材料雷电流冲击试验的损伤结果进行对比,如图 11-21 和图 11-22 所示。分析局部喷铝防护件的模拟结果与试验结果可知:局部喷铝防护件的烧蚀损伤也呈现同心圆分布。局部喷铝防护件中铝层的分布呈现"十"字形，雷电流从附着点处优先沿着宽度方向上的铝层向外边界进行传导，并释放出去。所以试件宽度方向上的铝层出现了大片的损伤剥落，而长度方向上的铝层只有较小的损伤。针对局部喷铝防护件的复合材料损伤，同样大量的雷电流沿着铝层表面进行传导，仅有少部分电流会直接通过电流注入点传导到复合材料层合板上。由于铝的各向同性电导率，使局部喷铝防护件的烧蚀损伤主要以附着点为中心呈同心圆分布，并在此区域出现了热烧蚀现象，少量雷电流也通过复合材料厚度方向传导，使复合材料板在厚度方向上产生烧蚀坑。

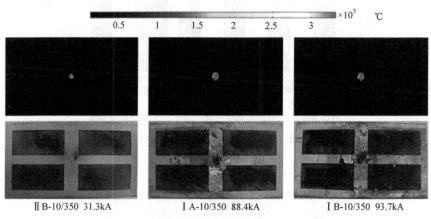

图 11-21　局部喷铝防护件雷击烧蚀损伤的模拟结果与试验结果对比[12](0.1mm 铝层)

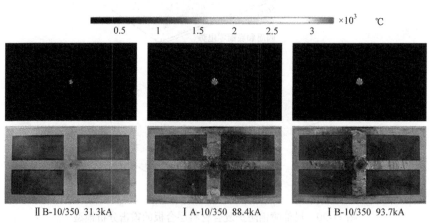

图 11-22　局部喷铝防护件雷击烧蚀损伤的模拟结果与试验结果对比[12](0.2mm 铝层)

图 11-23 比较了不同波形电流下局部喷铝复合材料的损伤情况，纤维断裂面积、损伤面积和最大损伤深度都随着雷电流峰值的增大而增大。相比于 0.1mm 铝层局部喷铝防护件，0.2mm 铝层局部喷铝防护复合材料板的纤维断裂面积、损伤面积和最大损伤深度都较小。通过比较图 11-19 与图 11-23 中全喷铝防护件和局

部喷铝防护件的损伤结果可知：在同样喷铝厚度的情况下，两种防护措施的雷击防护效果差不多。比较防护件与基准件的雷击损伤发现：喷铝涂层可以大大降低复合材料雷击损伤区域的面积和深度，全喷铝防护件和局部喷铝防护件均有很好的防雷击效果。

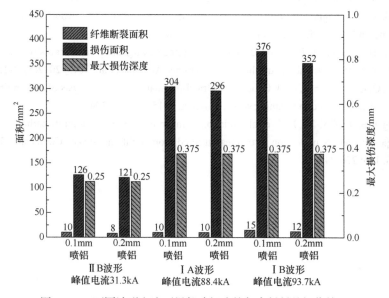

图 11-23　不同波形电流下局部喷铝防护复合材料的损伤情况

参 考 文 献

[1] Hirano Y, Katsumata S, Iwahori Y, et al. Artificial lightning testing on graphite/epoxy composite laminate. Composites, Part A: Applied Science and Manufacturing, 2010, 41(10): 1461-1470.

[2] Abdelal G , Murphy A. Nonlinear numerical modelling of lightning strike effect on composite panels with temperature dependent material properties. Composite Structures, 2014, 109(1): 268-278.

[3] Foster P, Abdelal G, Murphy A. Understanding how arc attachment behaviour influences the prediction of composite specimen thermal loading during an artificial lightning strike test. Composite Structures, 2018, 192: 671-683.

[4] Ogasawara T, Hirano Y, Yoshimura A. Coupled thermal-electrical analysis for carbon fiber/epoxy composites exposed to simulated lightning current. Composites, Part A: Applied Science and Manufacturing, 2010, 41(8): 973-981.

[5] Kawakami H, Feraboli P. Lightning strike damage resistance and tolerance of scarf-repaired mesh-protected carbon fiber composites. Composites, Part A: Applied Science and Manufacturing, 2011, 42(9): 1247-1262.

[6] Fanucci J P. Thermal response of radiantly heated Kevlar and graphite/epoxy composites. Journal of Composite Materials, 1987, 21(2): 129-139.

[7] Feraboli P, Miller M. Damage resistance and tolerance of carbon/epoxy composite coupons subjected to simulated lightning strike. Composites, Part A: Applied Science and Manufacturing, 2009, 40(6-7): 954-967.

[8] Feraboli P, Kawakami H. Damage of carbon/epoxy composite plates subjected to mechanical impact and simulated lightning. Journal of Aircraft, 2010, 47(3): 999-1012.

[9] Kawakami H. Lightning strike induced damage mechanisms of carbon fiber composites. Washington D.C.: Ph.D. Thesis of University of Washington, 2011.

[10] Chemartin L, Lalande P, Peyrou B, et al. Direct effects of lightning on aircraft structure: Analysis of the thermal, electrical and mechanical constraints. AerospaceLab, 2012, 2012(5): 1-15.

[11] Dong Q, Guo Y, Sun X, et al. Coupled electrical-thermal-pyrolytic analysis of carbon fiber/epoxy composites subjected to lightning strike. Polymer, 2015, 56: 385-394.

[12] Wang F S, Ji Y Y, Yu X S, et al. Ablation damage assessment of aircraft carbon fiber/epoxy composite and its protection structures suffered from lightning strike. Composite Structures, 2016, 145: 226-241.

第 12 章　雷电电弧作用下新型复合薄膜防护性能分析

12.1　镀镍碳纤维/羰基铁粉复合薄膜

　　金属网和喷铝防雷击措施存在结构增重和界面连接性差等缺点，复合材料表面的雷击防护措施逐渐向轻质化导电薄膜发展，本章提出镀镍碳纤维/羰基铁粉颗粒(NCF/CIP)为增强体、以环氧树脂为基体优化组合而成的一种新型复合薄膜作为雷击防护。镀镍碳纤维随机杂乱分散在环氧树脂中形成轻质、高导电连续网络，同时羰基铁粉颗粒均匀无规则地分布在镀镍碳纤维柔性骨架中，制备出新型复合雷击防护膜，如图 12-1 所示。镍是一种导电、导热性能极好的金属材料，具有良好的延展性、可塑性、耐腐蚀性和耐高温性能。利用化学反应在碳纤维表面形成厚度为 0.5μm 的镍层制备镀镍碳纤维，以它为增强体的复合材料具有较高的比强

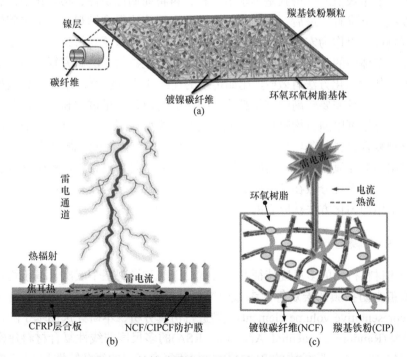

图 12-1　镀镍碳纤维/羰基铁粉复合材料薄膜

度、比模量、比刚度以及良好的高温性能和尺寸稳定性。羰基铁粉的活性能较大，可以在复合材料中形成连续的黏结相，从而抑制了脆性相的产生，增强了环氧树脂基体对镀镍碳纤维的把持力。作为复合材料的常用基体材料，环氧树脂具有较高的黏结强度，易于与增强体低温固化形成有机整体。

12.2　等效材料参数计算

12.2.1　均匀化理论

20 世纪 70 年代法国科学家 Bensoussan 等[1]和 Sanchez-Palencia[2]提出了以多尺度摄动理论为数学基础用以研究和分析非均质材料的均匀化理论。近年来均匀化方法经常用于研究碳纤维/环氧树脂基复合材料和编织复合材料等多相材料的等效参数，包括等效弹性模量、电导率和介电常数等。均匀化方法能够研究两个及两个以上尺度的物质系统，既能从细观尺度研究材料的等效性能，又能从宏观尺度分析结构的响应和演化过程。均匀化方法的思路如下：首先，将非均匀材料中的某一点无限放大，在细观尺度下获得呈周期性分布的单胞堆积结构。其次，从中取出一个单胞作为代表性体积单元，建立其等效模型并给出能量表达式。接着，利用能量极值原理得到基本求解方程，再将周期性条件、均匀化条件和特定数学变换联立求解。最后，运用渐进展开法和平均法得到细观尺度下单胞模型的平均场响应，以作为宏观整体的等效参数。对于填充型复合材料，由于增强体或夹杂物在基体中的分布和取向比较复杂，采用其他数值方法研究复合材料的行为和性质不如均匀化方法有效[3]。比如传统的连续介质方法所采用的计算模型相对较为复杂，而且需要较高的网格精度，势必会造成计算量过大和不收敛等问题。而均匀化方法可以通过构建具有周期性的细观模型克服这些困难，从而准确地研究填充型复合材料的各项特性，并表征复合材料的整体性能。镀镍碳纤维/羰基铁粉颗粒增强的环氧树脂基雷击防护膜是一种填充型复合材料，镀镍碳纤维和羰基铁粉颗粒均匀无规分散在环氧树脂基体中，且其微观结构具有一定的周期性，因而可以采用均匀化方法获取它的力-电-热等效材料参数。

12.2.2　RVE 模型

描述材料行为的多尺度特征共有宏观、细观和微观三个层次，基于均匀化理论预测雷击防护膜的宏观等效参数时需要从细观尺度出发，选取具有周期性的 RVE(representative volume element)模型进行仿真分析，本研究选用基于随机顺序添加算法(Random Sequential Addition，RSA)的多尺度非线性复合材料建模软件 DIGIMAT 建立雷击防护膜的 RVE 模型。权衡复合材料的复杂特性和 RVE 模型的生成效率，对雷击防护膜的 RVE 模型进行简化，并给出以下的基本假设：①镀镍碳纤维为单相材料，视雷击防护膜为镀镍碳纤维、羰基铁粉颗粒和环氧树脂组成的三相非均质复合材料。②增强体与基体之间的交界面为理想界面，即完全黏合没有空隙。③镀镍碳纤维和羰基铁粉颗粒分别近似为细长弯曲状圆柱和球体。④增强体的位置服从特定概率随机分布，且增强体之间互不接触或贯穿。⑤复合材料的细观结构呈现严格的周期性分布，整个细观结构由无数个 RVE 周期性分布组合而成。⑥出于计算精度考虑，需要建立三维 RVE 模型，且其外观形状为立方体。

　　依据以上基本假设，通过 DIGIMAT 软件实现镀镍碳纤维和羰基铁粉颗粒的随机填充，以建立雷击防护膜的三维 RVE 模型。作为专业的复合材料多尺度建模软件，DIGIMAT 软件共包含 MF、FE、MX、CAE、MAP、RP、HC 和 VA 等 8 个模块，其中 DIGIMAT-FE 模块主要用于建立非均质材料细观结构尺度的 RVE 模型。设置相应的材料性能参数，防护膜各组分材料的主要力、电、热参数如表 12-1 所示。依据各相的质量分数或体积分数、镀镍碳纤维的长径比以及弯曲度和羰基铁粉颗粒的直径等参数，生成尺寸为 40μm×40μm×40μm 的三维随机填充 RVE 模型，并在 DIGIMAT 软件中对其进行网格剖分。RVE 有限元模型如图 12-2 所示。

表 12-1　防护膜各组分材料的力-电-热参数

物理性能	环氧树脂	镀镍碳纤维	羰基铁粉颗粒
弹性模量/GPa	4.11	$E_x=230$ $E_y=15$ $E_z=15$	140
泊松比	0.32	$\mu_{xy}=0.2$ $\mu_{yz}=0.25$ $\mu_{xz}=0.2$	0.25
电阻率/(Ω·m)	9×10^9	$\rho_x=2.9\times10^{-7}$ $\rho_y=7.4\times10^{-7}$ $\rho_z=7.4\times10^{-7}$	9.7×10^{-8}
热导率/(W/(m·K))	0.2103	90	80
热膨胀系数/(10^{-6}/K)	60	−0.38	11.2
密度/(kg/m³)	1.18×10^3	2.24×10^3	7.6×10^3

　　雷击防护膜是由镀镍碳纤维、羰基铁粉颗粒和环氧树脂复合而成的非均质材料，其宏观结构呈现出一定的不均匀性，因而在外载荷作用下雷击防护膜内部的应力、应变等都是不均匀分布的。然而，其细观结构呈现出一定的周期性，而且

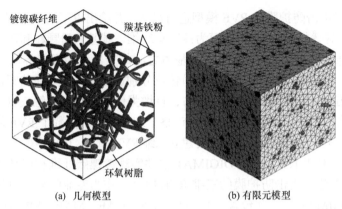

镀镍碳纤维　　　　　　　　羰基铁粉

环氧树脂

(a) 几何模型　　　　　　　　(b) 有限元模型

图 12-2　雷击防护膜的 RVE 模型

镀镍碳纤维在环氧树脂基体中的位置和线条走向都是随机排布的，故可认为镀镍碳纤维所形成的网络结构沿着各个方向的性能是大致相同的。除此之外，羰基铁粉颗粒和环氧树脂基体都是各向同性材料，而且羰基铁粉颗粒在基体中均匀无规分布，可近似认为雷击防护膜是各向同性的。基于力学、电学和热学三个学科的理论基础，结合均匀化方法和 ANSYS 有限元软件计算雷击防护膜的相关等效参数，主要包括弹性模量、剪切模量、泊松比、电导率、热导率和热膨胀系数等。

12.2.3　等效参数计算理论基础

1.等效弹性模量和泊松比

依据宏观弹性力学基础，在弹性变形范围内弹性模量为应力与应变的比值，泊松比为横向线应变与纵向线应变之比的绝对值。因此首先基于均匀化有限元方法获取 RVE 模型细观应力场和应变场的平均值，以 X 方向加载为例的表达式为

$$\overline{\sigma_x} = \frac{\sum\limits_{i=1}^{n} \sigma_{ix} V_i}{V} \quad \overline{\varepsilon_x} = \frac{\sum\limits_{i=1}^{n} \varepsilon_{ix} V_i}{V} \quad \overline{\varepsilon_{yx}} = \frac{\sum\limits_{i=1}^{n} \varepsilon_{iyx} V_i}{V} \tag{12-1}$$

其中：$\overline{\sigma_x}$ 和 $\overline{\varepsilon_x}$ 分别表示 X 方向的平均应力和平均线应变，σ_{ix} 和 ε_{ix} 分别表示 RVE 模型中每个单元在 X 方向的应力和线应变，$\overline{\varepsilon_{yx}}$ 和 ε_{iyx} 分别表示在 X 方向加载时 Y 方向的平均线应变和每个单元在 Y 方向的线应变，V_i 和 V 分别表示每个单元和整个 RVE 模型的体积。利用平均应变场和应力场计算 RVE 模型的平均弹性模量和泊松比，并将其作为雷击防护膜的等效弹性模量和泊松比，其表达式为

$$E_{\text{eq},x} = \frac{\overline{\sigma_x}}{\overline{\varepsilon_x}} \quad \mu_{\text{eq},x} = \left| \frac{\overline{\varepsilon_{yx}}}{\overline{\varepsilon_x}} \right| \tag{12-2}$$

其中：$E_{eq,x}$ 和 $\mu_{eq,x}$ 分别表示在 X 方向加载时雷击防护膜的等效弹性模量和泊松比。对于横观各向同性材料，剪切模量可由弹性模量和泊松比推导得出，故雷击防护膜的等效切变模量 $G_{eq,x}$ 可表达为

$$G_{eq,x} = \frac{E_{eq,x}}{2(1+\mu_{eq,x})} \tag{12-3}$$

2. 等效电阻率

电阻率和电导率都能反映导体的导电性能好坏，是衡量电荷在物质中流动难易程度的两个重要物理参数，且二者互为倒数。宏观介质中电场强度 $\boldsymbol{E}$ 和传导电流密度 $\boldsymbol{J}$ 之间的关系可表达为

$$\boldsymbol{J} = \sigma \cdot \boldsymbol{E} \tag{12-4}$$

以 X 方向加载为例，基于均匀化有限元方法获取 RVE 模型细观电场强度和传导电流密度的平均值，其表达式为

$$\overline{E_x} = \frac{\sum_{i=1}^{n} E_{ix}V_i}{V} \quad \overline{J_x} = \frac{\sum_{i=1}^{n} J_{ix}V_i}{V} \tag{12-5}$$

其中：$\overline{E_x}$、$\overline{J_x}$、E_{ix} 和 J_{ix} 分别表示在 X 方向加载时 RVE 模型的平均电场强度和传导电流密度以及每个单元的电场强度和传导电流密度。依据表达式(12-4)，RVE 模型的平均电导率也即雷击防护膜的等效电导率 $\sigma_{eq,x}$ 可表示为平均传导电流密度与电场强度的比值，其表达式为

$$\sigma_{eq,x} = \frac{\overline{J_x}}{\overline{E_x}} \tag{12-6}$$

雷击防护膜的等效电阻率可采用等效电导率的倒数形式给出，表达式为

$$\rho_{eq,x} = \frac{1}{\sigma_{eq,x}} = \frac{\overline{E_x}}{\overline{J_x}} \tag{12-7}$$

3. 等效热导率

在稳定传热前提条件下，当材料两个端面之间的距离和温差分别为 1m 和 1℃时，单位时间内通过单位面积所传导的热量称之为热导率，它是材料对外界温度变化做出的响应。大多数材料都不是理想的均质材料，现实中存在一些多孔材料、多层材料、多结构材料和较为先进的复合材料，对于这些材料常取平均热导率表征其综合导热性能。1822 年法国科学家傅里叶提出的傅里叶定律指出：单位时间内通过材料横截面的热量即热流密度与该截面的面积和外法线方向的温度变化率

成正比，而热量传递方向与温升方向相反，故热流密度的表达式为

$$q = -K \cdot \frac{\mathrm{d}T}{\mathrm{d}x} \tag{12-8}$$

从式(12-8)可以看出，热流密度与温度变化率比值的相反数即为热导率。以热量传递方向沿 X 方向为例，首先基于均匀化有限元方法得到平均热流密度，然后利用类似于式(12-8)的方程形式获得等效热导率。平均热流密度和等效热导率的表达式分别为

$$\overline{q_x} = \frac{\sum_{i=1}^{n} q_{ix} V_i}{V} \tag{12-9}$$

$$K_{\mathrm{eq},x} = -\frac{\overline{q_x}}{\left(\dfrac{\mathrm{d}T}{\mathrm{d}x}\right)} \tag{12-10}$$

其中：x 和 $\dfrac{\mathrm{d}T}{\mathrm{d}x}$ 分别表示热流方向和温度对该方向上厚度增量的导数，$\overline{q}_x$、q_{ix} 和 $K_{\mathrm{eq},x}$ 分别表示热量传递沿 X 方向时 RVE 模型的平均热流密度以及每个单元上的热流密度和等效热导率。

4. 等效热膨胀系数

材料温度变化时所产生的膨胀或收缩现象称之为热膨胀，它属于热力学的范畴。热膨胀系数是表征材料热膨胀能力大小的物理量，包括线膨胀系数和体膨胀系数。通常情况下，材料在温度变化时所产生的力学行为并不是沿着某个方向的，因此多采用体膨胀系数进行材料的热应力分析。体膨胀系数表示材料的体温度变化量为 1℃时体积的相对变化量，其表达式为

$$\alpha = \frac{\Delta V}{V \times \Delta T} \tag{12-11}$$

其中：α 为体膨胀系数，ΔT、ΔV 和 V 分别表示材料试件的温度变化量、体积变化量和初始体积。

由于材料的热膨胀系数并不是一个定值，它随材料体温度的变化而变化，因此只能求取某一特定温度时材料的热膨胀系数。从微分学的角度来看，材料在体温度为 T_0 时的热膨胀系数就是体温度-体应变曲线在体温度为 T_0 时所对应的斜率。因此 ΔT 要尽可能地小，并计算出 ΔT 范围内材料的体应变值，二者之比即为材料在温度 T_0 时的体膨胀系数[4]。基于以上分析，先采用均匀化有限元方法得到 ΔT 范围内 RVE 模型的平均体应变，然后参考式(12-11)求得等效热膨胀系数，平均体应变和等效热膨胀系数的表达式分别为

$$\overline{\varepsilon_x} = \frac{\sum\limits_{i}^{n} \varepsilon_{ix} V_i}{V} \tag{12-12}$$

$$\alpha_{\mathrm{eq},x} = \frac{\overline{\varepsilon_x}}{T_1 - T_0} \tag{12-13}$$

其中：$\overline{\varepsilon_x}$、ε_{ix} 和 $\alpha_{\mathrm{eq},x}$ 分别表示温度梯度沿 X 方向时 RVE 模型的平均体应变、每个单元的体应变和材料的等效热膨胀系数。T_1–T_0 表示材料体温度的微小变化量，比如计算材料体温度为 $T_0 = 25℃$ 的热膨胀系数时可取 $T_1 = 25.001℃$。

5. 等效密度和比热

对于稳定传热的状态下，比热表示单位质量的物质，所吸收的热量与该物质升高的温度之比。对于复合材料而言，比热和密度是材料本身的一种固有属性，其等效密度和等效比热的表达式为

$$\overline{\rho} = \sum\limits_{i}^{n} V_i \rho_i \tag{12-14}$$

$$C_p = \frac{\sum\limits_{i}^{n} V_i \rho_i C_p^i}{\overline{\rho}} \tag{12-15}$$

其中：ρ_i 和 C_p^i 分别表示每个单元的材料密度和比热。

12.2.4　计算流程

采用 ANSYS 有限元软件对 RVE 模型加载，计算雷击防护膜等效材料参数。建立 RVE 模型，设定雷击防护膜各组分的材料参数，并对 RVE 模型进行网格划分。计算等效弹性模量和泊松比时选用实体单元 SOLID45，为了便于得到平均应力，选用位移加载方式。如图 12-3(a)所示，将 RVE 模型在 X 方向的一侧端面设为固定面，在另一侧端面上施加单位位移载荷，其大小为位移方向边长的 1%。图 12-2 中实线和虚线分别表示未变形和变形后的 RVE 模型轮廓。

计算等效电阻率时选用实体单元 SOLID123。因此在对 RVE 模型加载计算求取等效电阻率时，只需要施加一个电压激励即可，如图 12-3(b)所示。在 RVE 模型 X 方向的一侧端面加载 10V 的电压，在另一侧端面加载 0V 的电压，然后进行求解计算。

计算热导率时选用实体单元 SOLID90。如图 12-3(c)所示，首先将环境温度设置为 25℃，然后在 RVE 模型 X 方向的一侧端面上施加 26℃ 的温度载荷，并在另一侧端面上施加 25℃ 的温度载荷，最后为其他侧面设置绝热条件。由于热膨胀模

拟属于热应力分析的范畴，涉及热力两场之间的耦合作用，所以在计算热膨胀系数时选用具有热分析功能的实体单元 SOLID90 和具有力分析功能的实体单元 SOLID186。首先将参考温度和整个 RVE 模型的体温度分别设置为 25℃和 25.001℃，然后将 RVE 模型 X 方向上的一侧端面设置为固定端，如图 12-3(d)所示。在加载计算时先进行稳态热分析，热分析结束后将热单元转换成相应的结构单元，并将热分析获得的温度场作为载荷施加在结构上求解应变。

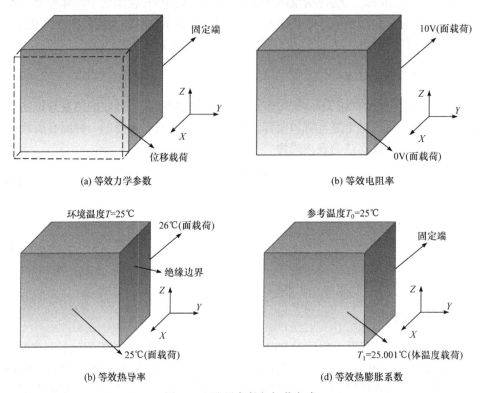

(a) 等效力学参数　　　　　　　　　　　　　(b) 等效电阻率

(b) 等效热导率　　　　　　　　　　　　　　(d) 等效热膨胀系数

图 12-3　边界条件与加载方式

通过加载计算，得到各个等效力学参数、等效电阻率、等效热导率和等效热膨胀系数时相应物理量的分布如图 12-4～图 12-7 所示。通过 ANSYS 加载计算后采用后处理功能求解雷击防护膜的等效参数，为了保证求解精度和计算效率，采用 APDL 语言编程提取每个单元的相关物理参数，然后依据理论基础上给出的平均参数计算公式得到相关的平均物理场参数，最后依据相应的等效参数计算公式得到各个等效参数。以 X 方向为例，具体流程如图 12-8 所示。

12.2.5　等效参数计算结果

对于镀镍碳纤维/羰基铁粉新型复合雷击防护膜而言，其导电性能和导热性能

6790.02　20981.6　35173.1　49364.7　63556.3
　　13885.8　28077.4　42268.9　56460.5　70652.1

(a) 应力

0.869E-03　0.002788　0.004708　0.006627　0.008547
　0.001829　0.003748　0.005668　0.007587　0.009507

(b) 应变

图 12-4　RVE 模型的应力和应变分布云图

6.32408　9.92939　13.5347　17.14　20.7453
　8.12673　11.732　15.3373　18.9426　22.5479

(a) 电场强度

0.196E-09 0.308E-09 0.419E-09 0.531E-09 0.643E-09
　0.252E-09　0.364E-09　0.475E-09　0.587E-09 0.699E-09

(b) 电流密度

图 12-5　RVE 模型的电场强度和电流密度分布云图

0.032483　0.165307　0.298131　0.430955　0.563779
　0.098895　0.231719　0.364543　0.497367　0.630191

图 12-6　RVE 模型的热流密度分布云图

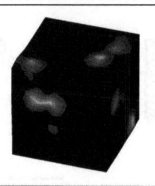

0.127E-04　　0.004642　　0.00927　　0.013899　　0.018528
　　　　0.002327　　0.006956　　0.011585　　0.016214　　0.020843

图 12-7　RVE 模型的热应变分布云图

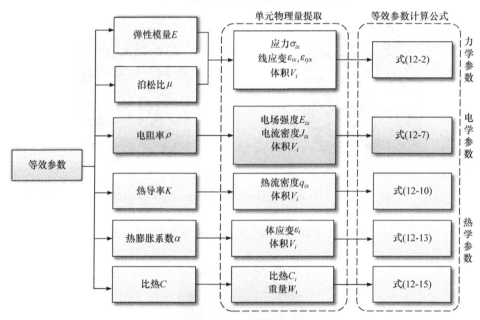

图 12-8　等效参数计算流程

对该防护薄膜的防雷效果起到决定性的作用。导电性能决定了雷击过程中防护薄膜是否能将雷电附着点处巨大的电流传导至其他位置，防止材料因局部电流强度过大而破坏。与此同时，雷电流在防护膜上会产生大量的焦耳热，材料导热性能的优劣决定了防护膜是否能加速焦耳热的扩散,减缓因高温导致的材料烧蚀破坏。由复合材料的导电机理可知，材料的导电性依赖于填料添加的量。理论上讲，填料添加量越多导电性越好。但事实上填料量的增加只会在一定的范围内影响导电性，超过一定范围后导电性影响不大，反而会由于添加量的大幅度增加，导致材料强度或韧性降低。

　　针对 RVE 计算的等效电阻率和热导率,需要与其他方法的计算结果或试验数据进行比较,验证本章数值方法的合理性。由于目前还没有关于镀镍碳纤维/羰基铁粉增强树脂薄膜的物理特性报道,这里依据王富强等[5]测试的镀镍碳纤维增强复合材料的电导率试验数据来验证本章计算等效电阻率方法的正确性。碳纤维的直径为 7μm,镍层的厚度为 1μm,纤维的长度为 10cm。分别建立镀镍碳纤维质量分数为 40%、50% 和 60% 的 RVE 模型,计算得到相应的等效电阻率如图 12-9(a)所示。电阻率随着镀镍碳纤维含量的增加而减少,当镀镍碳纤维体积分数从 40%增加到 50%时,通过试验和数值方法得到的电阻率分别下降了 97.89%和 98.23%;而当镀镍碳纤维体积分数从 50%增加到 60%时,由试验和数值方法得到的电阻率分别下降了 65%和 56.6%。试验和模拟的计算误差小于 15%,分别为 8.69%、11.67%和 5.07%,验证了等效电阻率计算方法的准确性。

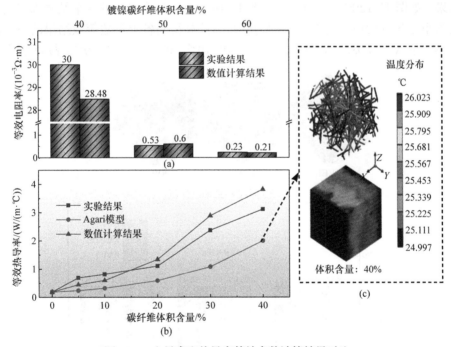

图 12-9　电导率和热导率等效参数计算结果对比

　　结合张晓光等[6]给出的随机碳纤维增强复合材料的热导率实验结果来验证本章计算等效热导率方法的正确性,同时与 Agari 模型计算的等效热导率进行比较[7],其表达式为(12-16)。碳纤维的直径为 10μm,长度为 0.1mm。

$$\log K = V \cdot C_2 \cdot \log K_{\text{fiber}} + (1-V) \cdot \log(C_1 \cdot K_{\text{epoxy}}) \tag{12-16}$$

其中:V 为碳纤维的体积分数,K、K_{fiber} 和 K_{epoxy} 分别为复合材料、碳纤维和环氧树脂的热导率,系数 C_1 和 C_2 分别为 0.967 和 0.535。

碳纤维增强环氧树脂基复合材料的等效热导率计算结果如图 12-19(b)所示，数值结果的变化趋势与试验结果以及理论值一致。当碳纤维填料的体积分数小于 15%时，数值模拟结果比试验结果略小；当碳纤维含量持续增加时，数值结果比试验结果要大。这种现象可能是由于碳纤维很难均匀地分散在具有高黏度的树脂中造成的，数值模拟结果比 Agari 的理论值更接近于试验结果，验证了本章关于复合材料等效热导率计算方法的正确性。

通过以上对计算方法的验证，进一步计算了镀镍碳纤维/羰基铁粉新型复合材料的等效力学参数、热导率、热膨胀系数和电阻率，其中镀镍碳纤维体积分数为 52%，镀镍厚度为 0.5μm，羰基铁粉颗粒体积分数为 8%。为了提高计算结果的准确性，随机建立 3 个 RVE 模型，并采用同样的原理和方法对每个 RVE 模型沿 X、Y 和 Z 方向分别进行加载计算，这样就可以得到每个参数的 9 个等效结果，如图 12-12(b)～(f)所示。由图 12-10 可知：每个参数的 9 个结果都略大于或略小于各自均值，近似服从均匀分布。计算得到各个参数等效结果的方差都较小，依次为 0.038、$7.265×10^{-6}$、$9.375×10^{-4}$、0.1075 和 $2×10^{-3}$，故可以认为

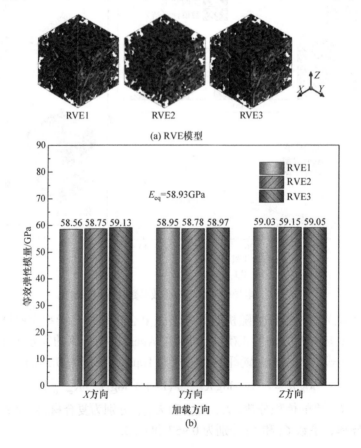

(a) RVE模型

(b)

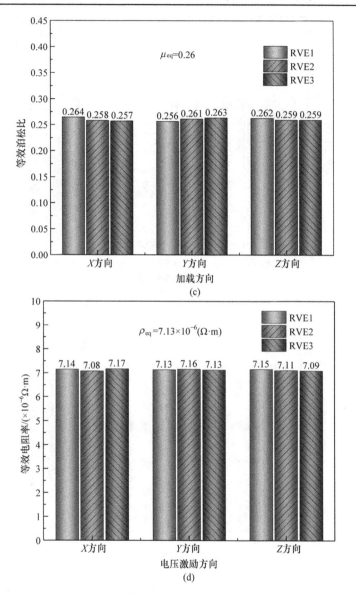

(c)

(d)

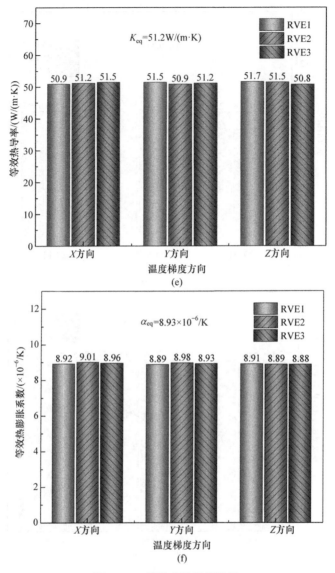

图 12-10　等效参数计算结果

采用均匀化有限元方法得到的等效参数是可靠的，并将 9 个结果的平均值作为雷击防护的最终等效参数。通过以上分析和计算，得到雷击防护膜的力、电、热等效参数如表 12-2 所示。

表 12-2　雷击防护膜的力、电、热等效参数

弹性模量/GPa	泊松比	剪切模量/GPa	电阻率/($\Omega \cdot$ m)
58.93	0.26	23.38	7.13×10^{-6}

热导率/(W/(m · K))	热膨胀系数/(10^{-6}/K)	比热/(J/(kg · K))	密度/(kg/m³)
51.2	8.93	598.89	2.49×10^3

12.3　NCF/CIP 新型薄膜雷击烧蚀损伤分析

12.3.1　模型建立

　　传统的雷击防护结构通常由单种材料形成，很难统筹兼顾到雷电流作用下的力学、热学和电学问题。将镀镍碳纤维/羰基铁粉复合薄膜覆盖在复合材料表面，利用薄膜的优良导电和导热性能达到降低复合材料雷击损伤和达到防雷击功效，如图 12-11 所示。针对 T700/3234 碳纤维/环氧树脂基复合材料层合板的雷击防护，开展新型导电薄膜对复合材料雷击损伤抑制的评估研究。考虑雷电电弧附着效应，结合磁流体理论模拟雷电通道，采用参数化建模技术建立薄膜与碳纤维复合材料层合板的雷击放电模型，如图 12-12 所示。复合材料层合板共 16 层，单层的厚度

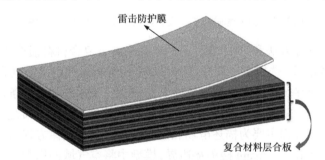

图 12-11　新型薄膜对复合材料层合板的雷击防护形式

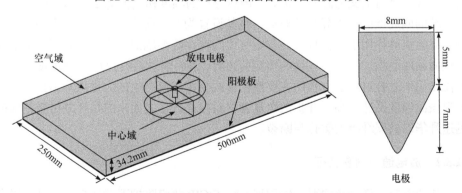

图 12-12　新型薄膜防护下复合材料雷击仿真几何模型

为 0.125mm，铺层顺序为[45°/–45°/0°₂/45°/90°/–45°/0°]ₛ。薄膜厚度为 0.2mm，电极尖端与复合材料表面的间隙为 20mm。

空气等离子体的材料参数、碳纤维复合材料随温度变化的参数都与前面章节一致，新型薄膜的等效参数定义通过上一节计算所得。雷击放电仿真分析涉及电场、磁场、流体传热、流场和固体力学等多个物理场，且几何模型较为复杂，在保证网格质量的同时需要控制网格数量。因此，本研究中采用用户自定义剖分策略对该模型进行网格剖分，对网格质量要求比较高的关键部位进行局部网格加密。放电电极和中心区域进行自由四面体网格剖分，着重细化放电电极尖端部位的网格。在流固耦合界面处采用边界层网格剖分技术对雷击防护膜表面进行自由三角形网格剖分，并通过扫掠技术对阳极板进行网格剖分，其他区域进行自由四面体网格剖分。有限元网格如图 12-13 所示，整个网格模型共包含 189157 个体单元。

电极周围网格

图 12-13　新型薄膜防护下复合材料雷击仿真的有限元网格

整个模型计算方法和第 11 章介绍的电弧附着下复合材料损伤计算方法类似，这里不再过多介绍。选用雷电流分量 A 波，采用解析函数定义雷电流 A 波的双指数波形，该波形在 6.4μs 时达到电流峰值 200kA。采用终端边界条件将已经定义的雷电流 A 波施加在电极尖端处，并将阳极板 4 个侧边定义为接地边界。整个计算域的磁场控制方程主要为描述电场和磁场关系的安培定律方程组，磁场边界条件包括 Dirichlet 和 Neumann 磁矢势边界，模型中将空气域四周侧壁定义为 0 磁势边界，其余壁面定义为磁绝缘边界。传热分析的温度初始值为 298.15K(即 25℃)，空气域的四周壁面与外界自然对流，将其设置为对流通量边界。除此之外，考虑到高温磁流体作用下阳极板表面与空气之间存在高温辐射过程，故对阳极板的四周壁面和底面添加表面对环境的热辐射边界，表面辐射系数为 0.9。烧蚀损伤是雷电流作用下复合材料层合板的主要损伤形式，雷电流产生的大量焦耳热致使复合材料表面温度迅速升高，并扩散至复合材料内部，伴之而来的是环氧树脂基体的迅速升华以及碳纤维的碳化与断裂。

12.3.2　放电通道附着特征

结合电流密度分布情况，着重研究 NCF/CIP 薄膜防护下碳纤维复合材料层合板的雷电流传导规律。选取雷电通道的初始激发、梯阶先导和电弧附着阶段的电流密度分布，如图 12-14(a)～(c)所示。由于雷电流分量 A 波的增长速率极大，电极尖端周围的空气被迅速电离并形成等离子体，在 10ns 左右电极尖端出现电晕放电；受焦耳热效应、电磁力和流体动力影响，电极周围形成流柱状向下发展的放电主通道，在 200ns 左右放电通道与复合材料发生初始附着。随着空气电离范围和等离子体浓度的不断增加，导电通道的半径显著增大，电流密度相应下降。结合上一章的研究可知：表层碳纤维复合材料的纤维取向会影响电弧通道的附着而表现出方向性，但由于碳纤维复合材料表面被各向同性的 NCF/CIP 薄膜覆盖，附着区域的电流密度呈同心圆状分布。此外，电流密度主要集中在薄膜上，表明雷电流主要在导电性较好的薄膜上传导，有效降低了雷电流在厚度方向的传导，从而避免雷电流进入碳纤维复合材料层合板内部。NCF/CIP 薄膜加速了雷电流沿面内快速分散，同时抑制了厚度方向的电流传导。

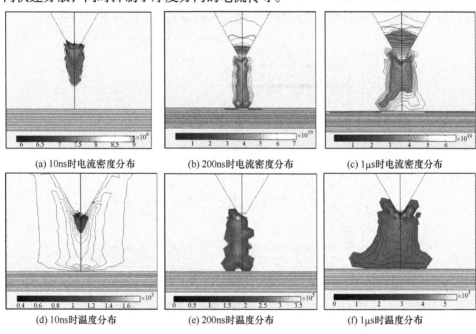

(a) 10ns时电流密度分布　　(b) 200ns时电流密度分布　　(c) 1μs时电流密度分布

(d) 10ns时温度分布　　(e) 200ns时温度分布　　(f) 1μs时温度分布

图 12-14　雷电流密度分布(单位：A/m²)和温度分布(单位：K)

典型时刻雷电通道和复合材料上的温度分布如图 12-14(d)～(f)所示。在放电通道初始激发阶段，高温区域集中于放电电极尖端周围，出现了局部亮斑。通常认为温度达到 7000K 左右时，空气会迅速转化为具有导电性能的等离子体。该阶段的最高温度只有 1600K 左右，空气电离程度较低，但已出现了等离子体通道向下发展的趋势。随着雷电流的持续增加，高温等离子体传热和持续电离加剧，高温区域不断扩大并向下发展，电弧高温区集中在电流传导路径周围。靠近通道中心区域的温度越高，最高温度超过了 2.5×10^5K。在 1μs 时刻，放电通道与复合材料之间同时存在热传导和热对流。通过分析电弧通道和复合材料上的温度分布特征可知：电弧通道上的温度远高于薄膜及复合材料层合板上的温度，在雷击过程中复合材料的温度主要来源于传导电流的电阻热效应和等离子体通道的热传导。

　　雷电放电通道演化过程中，不同时间点和位置的物理量特征值不尽相同。为了研究传热特性的演化过程，分别提取电极尖端、阳极板上表面中心点及放电通道中心点在不同时间的温度变化曲线，如图 12-15 所示。在放电通道初始激发阶段，随着电流值的增加，三个特殊点的温度逐渐升高。电极尖端积聚的电荷不断增加，由于脉冲电流先上升后下降，电极尖端温度先逐渐增加，在 20μs 以后趋于平稳。放电通道的温度分布也呈脉冲状变化，快速上升至峰值后逐渐降低，最后趋于平稳。三个不同位置的温度变化曲线表明：在放电通道中心处的温度变化剧烈，并且温度最高，复合材料表面温度最低。相比于电极和复合材料而言，空气等离子体击穿后的电阻热效应最严重，由此导致电弧通道的温升效应明显。

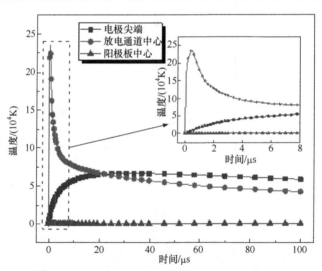

图 12-15　不同位置温度与雷电流作用时间的关系

12.3.3　有无防护膜的雷击热效应比较

　　NCF/CIP 薄膜雷击烧蚀取决于热效应引起的材料相变。应综合考虑环氧树脂、镀镍碳纤维和羰基铁粉的失效。当升温速率足够大时，烧蚀损伤是由材料过热(接近临界温度的 90%)并发生爆炸相变导致的，自由表面处蒸发可以忽略不计。在强电流的作用下，环氧树脂最先发生热解(300～500℃)。当环氧树脂完全热解以后，雷电流直接与镀镍碳纤维和羰基铁粉颗粒接触并致使二者温度迅速升高。羰基铁粉和镍的汽化温度分别为 6059℃和 7810℃[8]。随着温度的升高，二者依次以气态形式溢出。在雷电流高温等离子体作用下当碳纤维表面的镍层全部升华，雷电流作用区域的碳纤维全部裸露出来并迅速升华，这意味着NCF/CIP 薄膜完全失效。

雷电等离子附着过程中，NCF/CIP 薄膜上的温度分布如图 12-16 所示。薄膜表面出现多个局部高温区域，表明雷电电弧根部发生了多次附着。雷电流沿着薄膜表面中心区域向外不同方向传导电流的能力接近，温度整体呈圆形分布特征。薄膜上的高温区域集中在雷电通道附着区域，在 6.4μs 时电流达到峰值状态，此时薄膜上的最大温度为 3533K。薄膜传导电流产生的焦耳热量小于热辐射消耗的热量时，温度开始降低，在 500μs 时薄膜上的最大温度降低至 3339K。随着雷电等离子体通道的持续附着，薄板上的高温区域逐渐扩大。

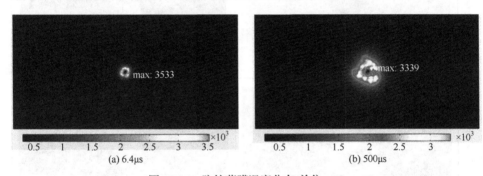

图 12-16　防护薄膜温度分布(单位：K)

为了比较薄膜对复合材料雷击热效应的抑制作用,在其他条件相同的情况下,同时开展了无防护膜时碳纤维复合材料层合板的雷击等离子体附着计算。通过分析两种情况下复合材料的温度分布特征，进一步研究新型薄膜材料的雷击烧蚀损伤抑制机理。在 500μs 时放电过程结束，有、无防护膜下碳纤维复合材料层合板前 8 层的温度分布如图 12-17 所示。

无薄膜防护时碳纤维复合材料层合板的表面直接与电弧通道相接触，相关的损伤规律和传热机理在前面章节中已经进行了详细论述，这里不再仔细展开。无防护的碳纤维复合材料层合板在前两层由于温度过高已经出现了严重的纤维烧蚀损伤，在第 8 层的最大温度为 1437.8K，还能造成环氧树脂的烧蚀。对于有薄膜防护的碳纤维复合材料层合板，由于雷电流主要沿着防护膜表面进行传导，只有小部分雷电流垂直层合板向下传导，复合材料层合板的温升主要是防护膜表面的焦耳热在垂直层合板的方向上传递导致。因此，有薄膜防护时复合材料层合板的表面温度与薄膜温度分布特征相似，前五层温度云图以雷电附着区域为中心大致呈圆形分布。层合板表层最大温度为 3334.57K，存在环氧树脂基体的烧蚀破坏，但还不能造成碳纤维烧蚀。与第 1 层相比，第 2 层最高温度降低至 580.2K，第 4

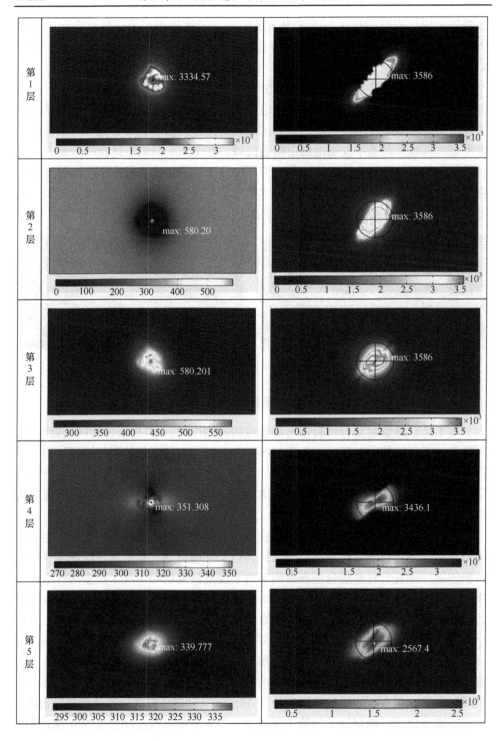

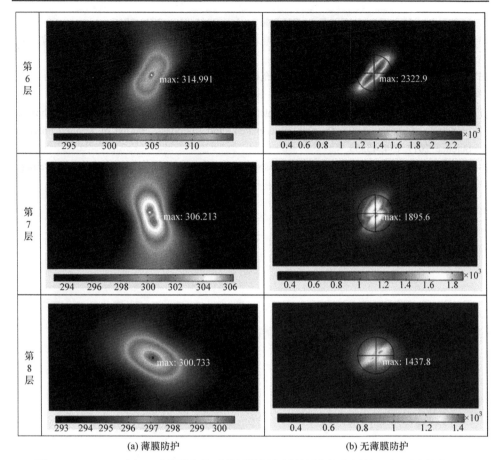

图 12-17　500μs 时有、无薄膜防护下碳纤维复合材料层合板各层的温度云图(单位：K)

层及其下部各层的最高温度不超过 350K，沿厚度方向的温度快速降低。第 6 层以后的温度分布受其纤维方向的影响呈现各向异性的特征，在第 8 层基本处于室温状态。通过以上对比发现：NCF/CIP 薄膜能够快速分散聚集在雷电附着区域的电流和能量，有效阻断复合材料厚度方向上的雷电流流动和温度传导，能够明显降低碳纤维复合材料层合板的雷击烧蚀损伤。

参 考 文 献

[1] Bensoussan A, Papanicolaou G. Asymptotic Analysis for Periodic Structures. Amesterdam: North Holland Press, 1978.

[2] Sanchez-Palencia E. Non-homogenous Media and Vibration Theory. Berlin: Springer, 1980.

[3] Kalamkarov A L, Andrianov I V, Danishevs'kyy V V, et al. Asymptotic Homogenization of Composite Materials and Structures. Applied Mechanics Reviews, 2009, 62(3): 669-676.

[4] Suresh K, Anil K, Anupam S, et al. Investigation of thermal expansion of 3D-stitched C-Si C

composites. Journal of the European Ceramic Society, 2009, (29): 2849-2855.

[5] 王富强, 闫丽丽, 王东红, 等. 镀镍碳纤维复合材料的电磁脉冲屏蔽效能. 强激光与粒子束, 2014, 26(7): 073203.

[6] 张晓光, 张宝库, 何燕. 碳纤维随机填充橡胶复合材料导热性能的数值模拟. 材料导报, 2016, 30(24): 148-151.

[7] Bao R, Yan S, Wang R, et al. Experimental and theoretical studies on the adjustable thermal properties of epoxy composites with silver-plated short fiberglass. Journal of Applied Polymer Science, 2017, 134: 45555.

[8] Richard B, Wei S. Encyclopedia of Aerospace Engineering 4 Materials Technology. Beijing: Beijing Institute of Technology Press, 2016.

第 13 章　分段式导流条雷击防护分析

13.1　分段式导流条

前面介绍的金属网、喷铝等雷击防护方案主要适用于飞机机身、机翼和尾翼等部位。对于安装在飞行器前端的雷达罩结构位于雷电初始附着区 1A 区，锥形结构特征及其所用导电性较差的玻璃纤维材料加剧了雷电附着概率和损伤程度。但是，飞机雷达罩需要保证良好的电磁穿透性能，采用金属网、喷铝或导电涂层等雷击防护措施将会影响电磁信号的接受与发射，因此通常将导流条安装在雷达罩外表面用于雷电防护[1]。安装在雷达罩外表面的导流条主要有固体金属导流条和分段式导流条[2,3]，固体金属导流条是放置在雷达罩外部的连续金属条，以提供雷电先导和传导路径；分段式导流条由一系列小的导电金属片段组成，通常导电分段之间由绝缘材料连接。分段式导流条和固体金属导流条之间的主要区别在于分段式导流条缺少传导雷电流的金属路径，然而分段式导流条中包含了许多小间隙，当施加强电场时这些小间隙可以被电离，连续电离的电弧为雷电电流提供了导电通路。固体金属导流条可以传导更大的电流并具有多次防雷击能力，但固体金属导流条可能在雷达罩外部形成法拉第笼，对天线信号辐射的影响大于分段式导流条。除此之外，分段式导流条电离产生的等离子体通道可在飞机运动期间分离，雷电的巨大能量能通过高温等离子体方式逸散在空气中，减少了雷电对防护结构的破坏。总体而言，分段导流条比固体金属导流条更具优势，分段式导流条可以与雷达罩表面更好地接触，具有良好的形状适应性和透波性能，对雷达罩电磁性能影响小，被广泛用于飞机雷达罩防雷设计。

分段式导流条的结构如图 13-1 所示，它主要由导电金属片段和绝缘支撑板组成。金属片段彼此不连接，并且在中间留有 0.1～1mm 的间隙。金属片段之间采用阻性漆连接形成整体，阻性漆为静电荷提供通道，防止金属片段之间静电荷积累而引起火花。支撑板通常是由 PET 聚酯薄膜制成的绝缘基带，金属片段通过环氧黏合剂粘贴到绝缘材料基底上，金属段的形状通常为圆形或矩形。在外加强电场作用下，分段式导流条的片段间隙被电离并产生等离子弧，其可以被认为是导电流体混合物。

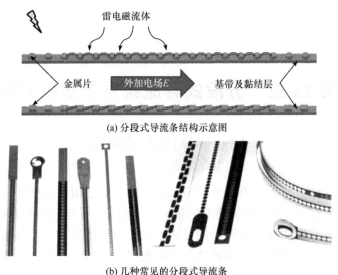

(a) 分段式导流条结构示意图

(b) 几种常见的分段式导流条

图 13-1　分段式导流条的基本结构[8]

13.2　分段式导流条的电压击穿特性

13.2.1　二分段高压击穿模型

本章结合磁流体动力学理论分析分段式导流条的防雷机理，选取分段式导流条的其中一部分建立图 13-2(a)所示的二分段导流条模型，研究分段式导流条分段间隙的电离特性。该模型由两个圆形金属片段和包含分段的空气域组成，圆形铜片段的半径 R 为 1.75mm，分隔铜片段之间空气间隙 g 的宽度为 0.5mm。二分段高压击穿模型的有限元网格如图 13-2(b)所示，在金属铜分段的圆形边界上设置边界层单元，计算区域采用三角网格划分，模型由 11314 个域单元和 596 个边界单元组成。计算域的边界大小为 $W×L$(4.5mm×8.5mm)，空气的热力学性质和传输系数为与温度相关的函数，空气的相对磁导率和相对介电常数均设置为 1。通过求解 MHD 方程模拟分段之间空气间隙的电击穿，将多场耦合的 MHD 模型应用于分段式导流条防雷机理研究和优化设计。

二分段高压击穿模型的边界电压源采用两种不同的电压波形，图 13-3 中的电压 A 波和 D 波均为雷击试验标准电压波形[4, 5]。电压波形 A 和 D 分别以 1000kV/μs 和 10kV/μs 的速率上升，直到电极间空气间隙被击穿后，电压快速降为零。当空气中的局部电场超过临界值时，空气被电离并形成导电等离子体，这个临界电场取决于放电间隙的宽度、大气压力、空气组分、湿度和温度等多个因素。D 波形中电压的上升时间在 50～250μs 之间，通常当电压波形 D 作用于分段式导流条时，

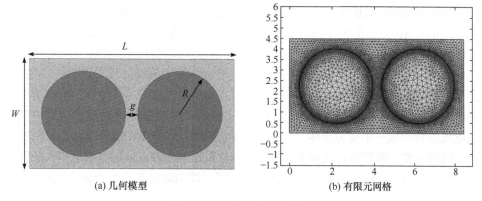

(a) 几何模型　　　　　　　　　(b) 有限元网格

图 13-2　二分段导流条模型

分段式导流条处于电压波形 D 的上升阶段已经被电离。因此，当研究分段式导流条时，电压波形 D 通常近似为电压上升率为 10 kV/μs 的线性波形。空气域四周边界条件设置为对流边界，在流场中设置为开放边界。金属和空气之间接触表面的边界条件在传热场和流场中分别设置为传热边界和壁边界。

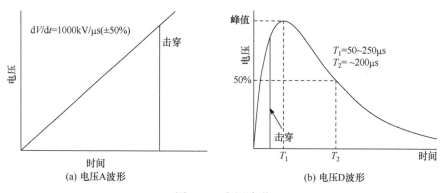

(a) 电压A波形　　　　　　　　　　(b) 电压D波形

图 13-3　电压波形

13.2.2　电压击穿分析

对二分段高压击穿模型进行仿真模拟并分析放电通道的基本特征，对于理解分段式导流条雷电防护机理具有重要意义。图 13-4 中给出了 433ns 和 434ns 时二分段高压击穿模型的温度、电流密度和空间电荷密度分布，模型两端施加电压 D 波形，环境压力设置为标准大气压。在 433ns 时刻，金属片段之间存在明亮且细窄的高温电弧；在 434ns 时刻，金属片段和板极之间被电弧丝连接。表明在外加激励电场作用下，圆形金属片段之间的空气间隙率先被击穿。图 13-5 给出了 434ns 时刻宽度和长度方向中心轴上的温度分布，宽度方向中心轴的中部温度从 4300K 迅速跳跃到 11000K，高温区域的宽度约为 0.13mm。类似地，长度方向中心轴的中部温度从 295K 增加到 16800K,圆形片段之间的弧长为 0.5mm,宽度为 0.13mm。图 13-4(c)、(d)分别给出了 433ns 和 434ns 时的电流密度分布,最大电流密度从 $5.48 \times 10^9 \text{A/m}^2$ 增加到了 $7.95 \times 10^{10} \text{A/m}^2$。这是由于两端电压源和金属片段之间的空气间隙被电离,提升了模型整体的导电性,电流密度等值线体现了电流传导路径。图 13-4(e)、(f)分别给出了 433ns 和 434ns 时空间电荷密度的等值线图,图中的流线为电流流线。圆形铜片段之间的空气间隙在 433ns 时被电离,并且两个金属片段通过电弧连接形成一个完美导体,正电荷和负电荷均匀地分布在每个圆形片段靠近平板电极的一侧。圆形铜片段和两端平板电极之间的间隙在 434ns 时被电离,平板电极中的电荷可以快速进入铜片段,正负电荷可以均匀地分布在每个铜片段两侧。

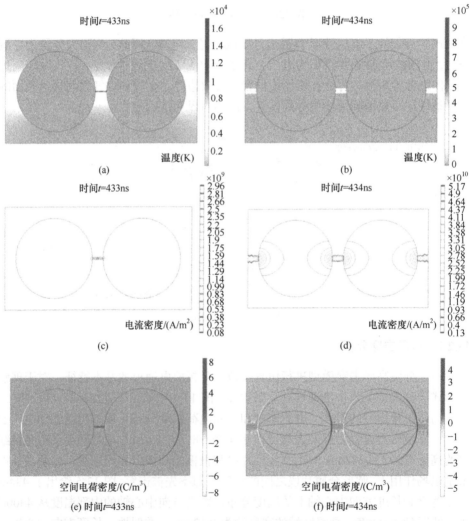

图 13-4 433ns 和 434ns 时的模型温度、电流密度和空间电荷密度分布

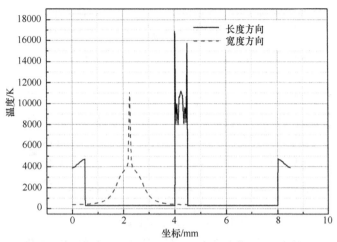

图 13-5　434ns 时宽度和长度方向中心轴上的温度分布

　　该模型没有提前假设雷电电弧的任何特定路径,放电时间和放电路径完全取决于电压源提供的电场强度大小、方向和空间电场分布。当分段式导流条的击穿电压小于受保护结构的击穿电压时,雷电流优先电离击穿分段式导流条,此时分段式导流条起到雷电防护作用,因此分段式导流条的击穿电压是评估其雷击防护效果的重要表征。由于电压源的电压上升率为 10kV/μs,具有两个圆形金属片段的导流条模型在 434ns 时被击穿,所以二分段高压击穿模型的击穿电压为 4340V。为了研究金属片段数量的增加对间隙击穿特性的影响,分析了含有不同数量金属片段模型的等离子体通道特性,如图 13-6 所示。击穿电压随着金属片段数量的增加而增加,这是由于电离空气间隙数量的增加所致。最大温度、最大电流密度和最大空间电荷密度在一定范围内变化,并且没有明显的变化规律。金属片段数量的增加导致整体模型的击穿电压上升,但对金属段之间的局部等离子体通道特性几乎没有影响。

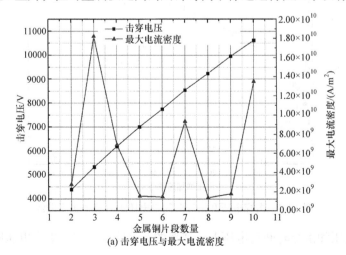

(a) 击穿电压与最大电流密度

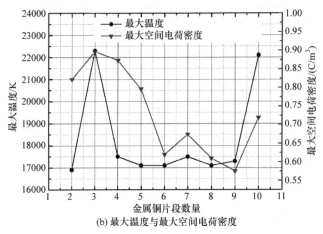

(b) 最大温度与最大空间电荷密度

图 13-6　不同数量金属片段模型的等离子体通道参数变化

13.3　分段式导流条击穿电压的影响因素

13.3.1　电压上升速率的影响

对于分段式导流条进行雷击测试,往往施加电压 A 波形和 D 波形,这两种波形的电压上升速率不一样,电压 A 波形的电压上升速率为 1000kV/μs,电压 D 波形的电压上升速率为 10kV/μs。在 10～1000kV/μs 的不同电压上升速率下,二分段高压击穿模型的击穿电压和击穿时间如图 13-7 所示。

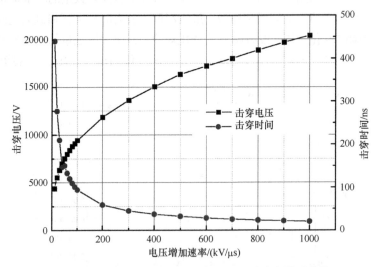

图 13-7　击穿电压和击穿时间与电压上升速率关系曲线

击穿电压和击穿时间与电压上升速率的关系曲线表明:击穿电压随着波形上

升速率的增加而增加，但击穿时间反而减少。当电压上升速率由 10kV/μs 上升至 1000kV/μs，击穿电压由 4397.9V 上升至 20382V，而击穿时间却从 439.79ns 降至 20.382ns。由电场驱动的金属段中的正负电荷移动到间隙的两侧，以形成局部电压，这使得金属片段之间空气间隙被电离产生等离子体通道。所以，电压上升速率越大，电荷移动越快，导致金属段之间的局部电压上升越快，空气间隙的击穿时间越短且击穿电压越大。

13.3.2　金属片段间隙宽度的影响

图 13-8 中给出了分段式导流条金属片段不同间隙宽度的击穿电压，计算结果表明：击穿电压随着间隙宽度的增加约呈线性增加。分段式导流条金属片段间隙宽度越大，待电离空气越难被电离，击穿电压越大。同理，分段式导流条长度越长，待被击穿的总间隙之和越大，击穿电压也越大。根据这一结论，设计人员可以通过改变空气间隙宽度和分段式导流条长度来调节整体分段式导流条的击穿电压。

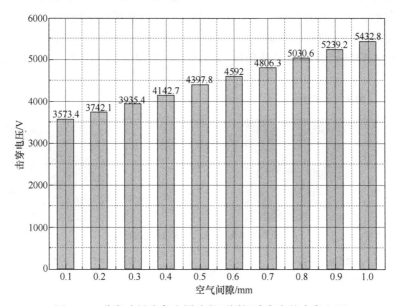

图 13-8　分段式导流条金属片段不同间隙宽度的击穿电压

13.3.3　金属片段几何形状的影响

改变分段式导流条模型的金属片段几何形状，进一步讨论金属片段几何形状对导流条击穿特性的影响。为了确保改变金属片段几何形状的同时，等长度分段式导流条上的金属片段数量保持不变，本节设置金属片段形状从圆形变为其内接正方形。正方形的安装角度如图 13-9 所示，通过调整内接正方形的安装角度来研究不同安装角度下正方形金属片段的击穿特性，电压源为电压 D 波形。

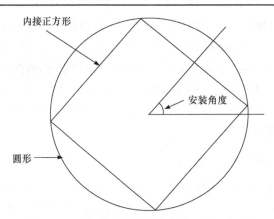

图 13-9　正方形金属片段的安装角度示意图

　　以二分段高压击穿模型为例，计算不同形状和不同安装角度正方形金属片段被电离击穿时的电流密度流线和击穿电压，如图 13-10 和图 13-11 所示。正方形金属片段的放电主要发生在尖端，尖端附近在外部电场的作用下形成强大的局部电场。金属片段间隙被击穿时电流优先通过尖端传导，安装角度为 0°、15°和 30°时模型的击穿特性分别与安装角度为 90°、75°和 60°时模型的击穿特性相似。研

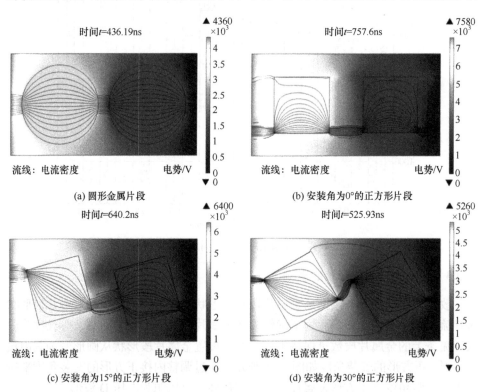

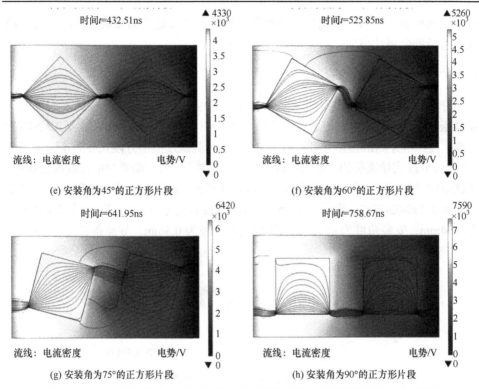

图 13-10　包含不同形状和安装角度金属片段模型的电流密度流线和电势等值线

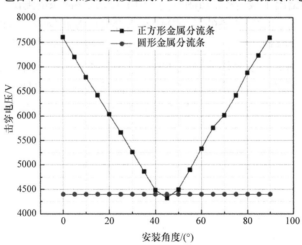

图 13-11　不同形状和安装角度金属片段模型的击穿电压

究结果表明：圆形金属片段和安装角度为 45°时正方形金属片段的二分段高压击
穿模型具有最小的击穿电压，分段式导流条的击穿电压越低，防雷效果越好。与
圆形金属片段相比，安装角度为 45°的正方形金属片段具有相同的击穿电压和较

少的金属覆盖，金属片段面积较少可降低导流条对雷达波的影响，该研究对分段式导流条的金属片段形状优化提供了指导。

13.3.4 高电压击穿试验验证

分段式导流条高压击穿测试主要是通过电压发生器来测量分段式导流条的击穿电压，测试步骤和数据记录方法可以参考 SAE-ARP-5412A[5]和 SAE-ARP-5416[6]标准。高压击穿测试装置方案如图 13-12 所示，测试过程中分段式导流条固定在绝缘板上。分段式导流条的一端与脉冲电压发生器连接，另一端通过铝带或铜箔接地。测试中记录的高压波形和击穿电压如图 13-13 所示，高压测试中的分段式导流条型号为 ABLDS-02-W02。此分段式导流条金属片段为正方形，正方形金属片段的边长为 3.54mm，安装角度为 45°，金属段之间的间隙为 0.3mm，导流条长度为 1m。

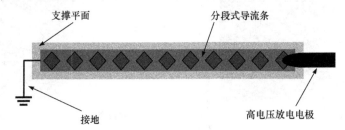

图 13-12 高压击穿测量装置

图 13-14 中给出了被击穿前(a)和击穿时(b)分段式导流条的测试照片。图 13-14(a)中可以观察到：分段式导流条的各个分段在击穿之前互相绝缘，且电流无法通过，图 13-14(b)可以观察到：当电压达到击穿电压时，分段式导流条的各个分段之间出现亮光和响亮的声音，表示金属片段之间的空气被电离。分段式导流条在高压测试结束后没有出现严重的放电损伤痕迹，分段式导流条还可以重复使用。为了验证高压测试结果，根据测试条件设计了米量级导流条模型。该模型包含 189 个金属段，金

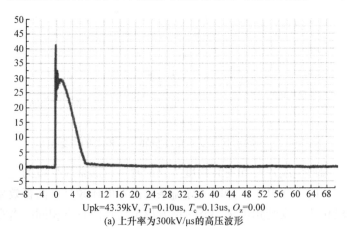

Upk=43.39kV, T_1=0.10us, T_c=0.13us, O_z=0.00

(a) 上升率为300kV/μs的高压波形

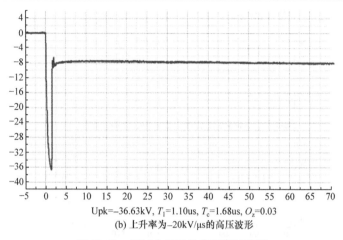

Upk=−36.63kV, T_1=1.10us, T_c=1.68us, O_z=0.03
(b) 上升率为−20kV/μs的高压波形

图 13-13　测试中记录的典型高压波形

属段之间的间隙为 0.3mm，该型号的米量级导流条模型长度为 1.002m。数值模拟结果如图 13-15 所示，图中给出了对应电压上升率下米量级导流条模型击穿后的电流密度流线和电势云图。为了观测局部电流流向，图 13-15(a)、(b)分别给出了其局部图。当电压上升率为 300kV/μs 时，模型击穿时间为 159.44ns，击穿电压为 47.8kV。当电压上升率为−20kV/μs 时，模型击穿时间为 1568.7ns，击穿电压为−31.4kV。

(a) 导流条击穿前　　　　　　　　　　　(b) 导流条击穿时

图 13-14　分段式导流条的高压测试照片

　　表 13-1 中给出试验和模拟结果的对比情况，研究结果表明：当电压上升率较高时，分段式导流条被击穿的电压较大，击穿电压相对误差最大不超过 14.28%，试验验证了米量级导流条模型的可行性。当电压波形的上升速率为 300kV/μs 时，分段式导流条具有较高的击穿电压，此时击穿电压为 43.39kV。自然界雷电电压远大于分段式导流条的击穿电压，因此分段式导流条在遭受雷击时可以起到引导雷电流的作用。间隙放电过程非常复杂，汤逊放电理论[7]根据试验结果提出了空气击穿电压计算公式：

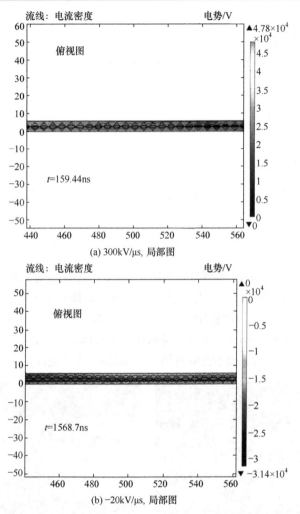

图 13-15　米量级导流条模型的电流密度流线和电势云图

$$U_c = \frac{Bpd}{T\ln\dfrac{Apd}{T\ln\left(1+\dfrac{1}{\gamma}\right)}} \qquad (13\text{-}1)$$

式中：p 为大气压，d 为击穿间隙，T 为气体温度，A、B 是与气体种类有关的常数，γ 为材料表面的电离系数。空气击穿电压与温度、气压、电极距离和电极材料相关，仿真中的气体状态、金属片段尖端和材料均为理想状态，因此试验与仿真结果会有偏差。

表 13-1 试验与仿真结果对比

电压上升率/(kV/μs)	试验击穿电压/kV	仿真击穿电压/kV	对比误差/%
300	43.39	47.8	10.16
−20	−36.63	−31.4	14.28

13.4 分段式导流条的高电流击穿特性

13.4.1 高电流击穿模型

分段式导流条包含许多小间隙，当施加强电场时，这些小间隙可以被电离形成小段电弧，这些小段电弧在持续电流作用下会在分段式导流条上方形成等离子体通道，等离子体通道为雷电流提供稳定的传导路径。分段式导流条高电压击穿模型揭示了分段之间的间隙在强电场作用下会被击穿形成电弧，然而高电压击穿模型无法解释分段式导流条在大电流作用下形成等离子体通道的现象。本节基于MHD 理论建立导流条高电流击穿模型，分析分段式导流条在高电流作用下等离子体通道的形成过程和防雷机制。

分段式导流条的高电流击穿测试设备如图 13-16 所示。金属片段粘贴在由聚对苯二甲酸乙二醇酯(PET)聚酯薄膜制成的绝缘基带上，分段式导流条粘附在玻璃纤维复合材料板上进行高电流雷击试验。导流条的一端通过螺栓连接到接地的金属支撑件上，在导流条的另一端上方 50mm 处放置放电电极。电极位置稍微向外偏移，尽量降低电极对等离子体电弧运动的影响。放电电极末端封闭到绝缘球的目的是迫使电弧射流与试验表面垂直，同时降低电弧的快速冲击效应。

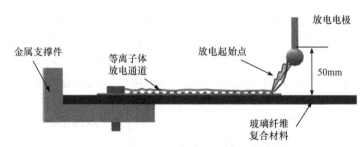

图 13-16 分段式导流条的高电流击穿测试示意图

分段式导流条在高电流作用下会形成等离子体通道，用于传导雷电流。然而，针对分段式导流条上方形成等离子体通道的这一现象，目前还没有统一的理论用于解释[8]。其中一种解释认为高频电流在导流条中传导时存在趋肤效应，从而引起导流条表面的电流密度增大，在其上表面激发形成电弧通道。但是，只归结为趋肤效应还无法完全解释分段式导流条的雷击防护原理。因为分段式导流条在击穿前保持绝缘状态，雷电的能量主要集中在低频阶段，分段式导流条形成的等离子体通道存在于导流条上方，而不是导流条表面内部。本节基于磁流体动力学理论，分析分段式导流条上方等离子体通道的形成机理。

基于磁流体动力学模型构建分段式导流条的二维瞬态高电流击穿模型，如图 13-17(a)所示。高电流击穿模型包括射流转向电极、空气区域、分段式导流条、接地螺栓和复合材料板。金属片段的尺寸和分段之间的间隙宽度将影响分段式导流条的击穿特性，参考上一节中分段式导流条结构的规格尺寸，铜分段宽度为 3.5mm，金属片间隙宽度为 0.5mm，该模型共包含 15 个铜段。PET 聚酯薄膜的厚度为 1mm，接地螺栓的直径为 10mm，复合材料板的厚度为 5mm。射流转向电极由铜电极和绝缘球组成，铜电极的直径为 5mm，高度为 15mm，绝缘球直径为 10mm。将电极放置在分段式分流条上方 50mm 处，空气域的宽度为 110mm，高度为 65mm。

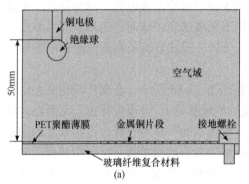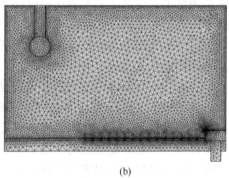

图 13-17 分段式导流条的高电流击穿模型

选择雷电流 A 波形，高电流下分段式导流条的有限元模型如图 13-17(b)所示，包括 13919 个域单元和 798 个边界单元。空气域与电极和导流条的接触区域设置为两层边界层单元，将分段式导流条金属片段和空气间隙进行网格划分，边界层单元采用四边形网格，其余单元均采用三角形网格。电流守恒方程求解区域是铜电极、空气域、铜金属片段和接地螺栓组成的区域，铜电极顶部设置为电流边界，接地螺栓底部设置为零电势，其他边界为电绝缘边界。磁场求解区域与电场求解区域相同，所有边界处的磁矢势梯度为零。温度场求解区域分为固体传热和流体传热，空气域为流体传热区域，模型其余区域均为固体传热区域。温度场求解区域的初始温度设定为室温 300K，温度场求解域周边的边界设定为室温的开放边界，固体传热区域包括分段式导流条、接地螺栓和复合材料板。铜电极设置为阳极，铜金属片段和接地螺栓作为阴极，空气域设定为层流，边界均为非滑移壁。表 13-2 中给出铜和 PET 聚酯薄膜的电热物理参数，复合材料板温度变化的热学性能参数如表 13-3 所示[9]。空气的材料特性参数，包括密度、比热、黏度、热导率和电导率也都随温度而变化,根据第 2 章所给出的数据分别定义空气材料参数。空气的相对磁导率和相对介电常数是 1，比热容为 1.4。

表 13-2　铜和 PET 聚酯薄膜的电、热学性质参数

	热导率/(W/(m·℃))	比热/(J/(kg·℃))	密度/(kg/m³)	电导率/(S/m)
铜	400	385	8700	5.998×10⁷
PET 聚酯薄膜	0.25	2200	1370	绝缘

表 13-3　复合材料板随温度变化的热学性能参数[9]

温度/℃	热导率/(W/(m·℃))			比热/(J/(kg·℃))
	纵向	横向	厚度方向	
25	0.7761	0.2663	0.2663	956.3784
300	0.7795	0.2792	0.2792	967.2042
600	0.8122	0.3939	0.3939	1106.8030
900	0.85	0.5125	0.5125	1174.09
1100	0.85	0.5125	0.5125	1174.09

13.4.2　结果与讨论

不同时刻电极端的电流和电压变化规律如图 13-18 所示。电极电压在 0～0.22μs 内迅速上升至 48673V，在 0.22～0.27μs 的时间段内第一次出现电压降。此时，电极电压上升使得空间电场强度增大，空间电场增强使得导流条金属片段之间的间隙先发生电离形成小段电弧，小段电弧与金属片段形成电连接。随着导电通路的形成，导流条的整体电导率上升，所以此刻的电极电压有一个小的电压降。

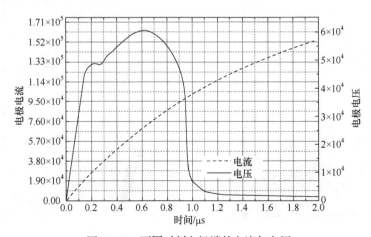

图 13-18　不同时刻电极端的电流与电压

随着电流的持续注入，电极的电压持续上升，在 0.62μs 时上升至 60460V，之后迅速下降。此时，空间电场强度达到了导流条与电极之间空气的击穿电压阈值，电极周围的空气电离形成电弧丝。电极电压在 0.8～1μs 内迅速下降，此时电极尖端与导流条之间的导电通路已经完全形成，电极注入的电流可以迅速经过电弧传导到接地螺栓。

温度和空气电导率分布均能很好地表现等离子体电弧的运动。为了分析电极电压曲线的典型特征时刻与导流条击穿时刻之间的对应关系，利用不同时刻的空气电导率分布来显示电弧形成和等离子体运动过程，如图 13-19 所示。为了更清楚地观察小电弧的状态，图 13-20 给出了不同时刻导流条上等离子体通道的局部放大图，小电弧陆续连接形成等离子体通道。空气电导率与温度之间呈正相关，随着温度的上升，空气电导率也随之上升，空气电离区的电导率远大于非电离区。在 0.27μs 时，图 13-20(a)显示金属片段之间的间隙全部发生电离；在 0.96μs 时，图 13-19(a)显示电极尖端与导流条之间的电弧通路刚好形成。因此，可以根据空气

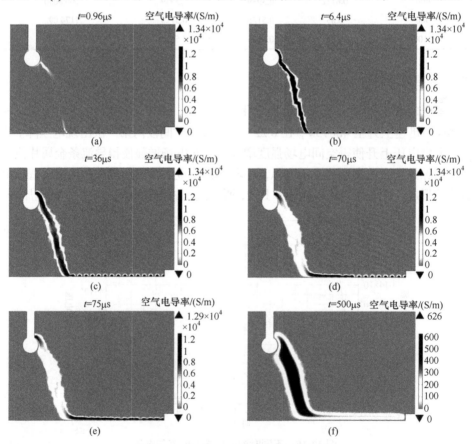

图 13-19　不同时刻的空气电导率分布

电导率的变化来判断导流条的击穿时刻，也可以通过电极电压变化曲线出现瞬间下降的时刻作为导流条击穿时刻，这两种方法所判断导流条的击穿时间基本一致。0.96μs 后电流的持续注入导致等离子体被持续加热，金属片段之间的小电弧以及连接电极与导流条间的大电弧均加热膨胀。由于空间电场的变强，小电弧之间的电场力、小电弧与大电弧之间的电场力均增加。在 36μs 时，图 13-19(c)中大电弧首次与小电弧连接。在 36～75μs 之间，小电弧陆续连接在导流条上方，形成等离子体通道。随着电流的持续注入，形成的等离子体通道会加热膨胀，电流更容易在导流条上方传导。

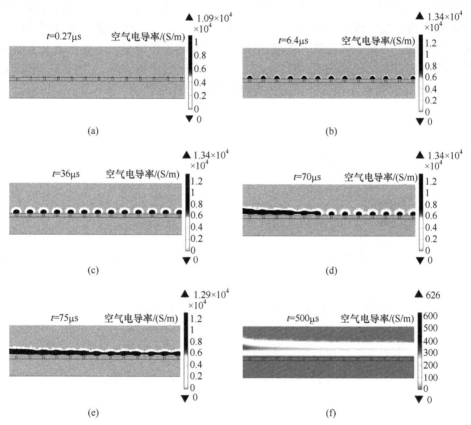

图 13-20　不同时刻等离子体通道的放大图

为了研究等离子体通道的形成机理，分析导流条上方的电场变化，图 13-21中给出了导流条上方 2mm 处的电场强度分布情况。在 35μs 时，导流条上方的电场分布呈现周期分布，并且导流条上方电场强度波峰恰好处于金属片段的正上方，而波谷恰好处于分段之间的小电弧上方。这说明金属片段上方强电场驱动小电弧连接形成等离子通道，等离子体电弧通道的形成能够降低局部电场。对比不同时刻导流条上方的电场强度分布，67μs 时电场强度的前 5 个波峰消失，这表明此时前 5 个小电弧连接形成等离子体通道迫使电场强度下降。基于此分析，前 7 个小电弧在 70μs 时连接形成的电弧通道，所有的小电弧均在 75μs 时连接。

为了分析等离子通道形成对电流传导的影响，图 13-22 中给出了不同时刻导流条上方 2mm 处的电流密度分布。35μs 时的电流密度与电场强度同样呈现周期分布，但电流密度分布和电场强度分布不同，波峰与波谷所处的位置恰好相反。导流条上方电流密度的波峰处于分段之间的小电弧上方，导流条上方电流密度的波谷处于金属片段上方。在等离子体通道形成之前，电流主要通过片段之间的小电弧传导。在 67μs 时，前 5 个金属片段上方的电流密度急剧上升，后面金属片段上方的电流密度呈现和 35μs 时一样的变化趋势。这是因为此时前 5 个金属片段上方已经形成了等离子体通道，等离子体通道更有利于传导电流。导流条上方电流分布和电场分布结果均表明：在 35μs 时开始形成电弧通道，随后小电弧陆续连接，最终在 75μs 时所有小电弧连接形成完整的等离子体通道。

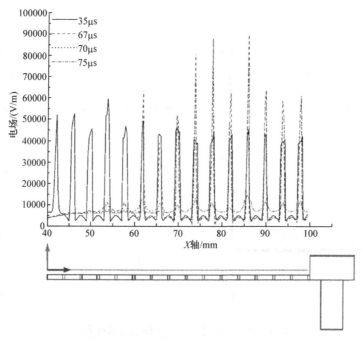

图 13-21　导流条上方的电场强度分布

以上通过分析模型的温度、空气电导率、电场强度和电流密度等宏观物理场分布，揭示了在大电流作用下分段式导流条上方等离子体通道的形成机理，结合汤逊放电理论和流注理论[10]也可以解释等离子体通道形成过程。在空间电场作用下，间隙两端形成阴极和阳极，外界电离因子在阴极附近产生一个初始电子，该

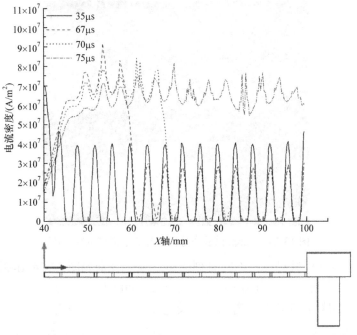

图 13-22　导流条上方的电流密度分布

电子在电场作用下由阴极向阳极运动会与气体原子碰撞。如果电场足够强，电子的能量足够大时会发生碰撞电离，使原子分解为正离子和电子，此时产生一个新电子。初始电子与新电子继续向阳极运动，又会引起新的碰撞电离，产生更多的电子。电子数将按几何级数不断增多，形成如雪崩发展的电子崩。电子崩中的正离子能在阴极上产生新电子，形成二次发射，最终形成连接阴极和阳极的小电弧。当小电弧持续注入电流等离子体中，电子碰撞愈发剧烈，电弧周边气体原子会不断发生碰撞电离，电弧不断膨胀。由于两个小电弧间距不远，当空间电场足够大时，两个相邻膨胀的电弧之间又会产生新的电子崩。该电子崩头部的电场比分段式导流条上方的电场更强时，电子崩附近电场会严重畸变，出现剧烈电离。电子崩可以自行发展成流注，从而导致分段式导流条上方空气被击穿，最终两个小电弧融合为长电弧。依次类推，所有小电弧会陆续融合形成等离子体通道。如图 13-23 所示，Karch 等[4]在实验室中也观察到了分段式导流条上方的等离子体通道。在大电流作用下，分段式导流条上方会产生明亮的发光带。图中发光亮带为等离子体通道，电流主要在等离子体通道中传导。安装在雷达罩上的分段式导流条要求雷电流通过导流条传导，且不会损害重要仪器和驾驶舱人员等。但雷电流击穿空气产生等离子体通道的过程伴随着发光发热，所以需要进一步分析雷电对分段式导流条下玻璃纤维复合材料板造成的热损伤。

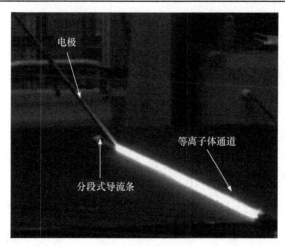

图 13-23　Karch 试验中分段式导流条击穿试验照片[4]

　　导流条和复合材料板在不同时刻的最高温度分别如图 13-24(a)和图 13-24(b)所示。导流条金属片段间电离电弧的温度高达 24000K，这远高于金属片由电阻热效应产生的温度。由于电弧附着效应以及电弧两端边界处的离子和电子加热特性，

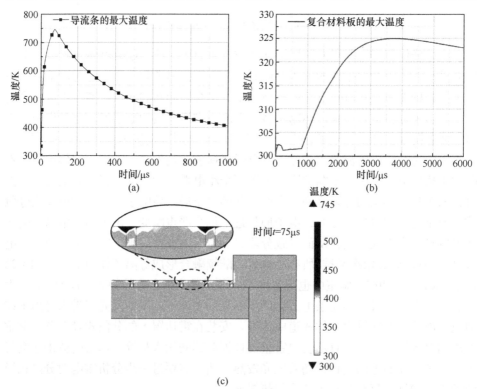

图 13-24　雷击不同时刻下导流条和复合材料的温度

导流条的高温区主要处于电弧附着点附近，电弧附着点主要为金属片段的尖端。根据图 13-24(c)可知：导流条的高温区域主要集中在金属片段的尖端区域，导流条的最高温度在 75μs 时升至 745K，铜片段和 PET 聚酯薄膜的熔点分别为 1357K 和 533K。当导流条被加热时，金属片段没有受到明显损坏，但靠近片段尖端的 PET 聚酯薄膜会熔化，并出现可见的热损伤痕迹，填充的 PET 膜具有约 0.18mm 的热烧蚀深度。复合材料板分解发生在相对较窄的温度范围 (320～380℃)[11]。

由于玻璃纤维复合材料与聚酯薄膜均为绝缘材料，电流主要通过等离子体通道传导，余下的能量不足以击穿玻璃纤维复合材料与聚酯薄膜，复合材料温度上升主要由高温等离子体的热通量引起的。从图 13-24(b)可以看到由于热传递的滞后，0～1ms 时高温等离子体通道的热通量还没有完全传递到复合材料板上，1ms 之后复合材料板温度开始上升至 325K，此温度并不会引起复合材料热分解。综上所述，分段式导流条通过等离子体通道引导雷电流的能量以保护复合材料板。在导流条雷电防护过程中，金属片段间的填充 PET 薄膜会发生轻微的热烧蚀。但分段式导流条的防雷特性主要依赖于金属片段的形状及位置，所以 PET 薄膜发生的微小热损伤并不会影响分段式导流条的重复使用。由于分段式导流条金属片段上方的局部强电场驱动，形成了等离子体通道。等离子体通道的形成避免了雷电电弧与被保护部件的直接接触，同时也提高了分段式导流条传导雷电流的效率[12]。

参 考 文 献

[1] Duan Y C, Xiong X, Pingdao H U. Research on aircraft radome lightning protection based on segmented diverter strips. International Symposium on Electromagnetic Compatibility-EMC EUROPE. Angers, 2017.

[2] 蔡良元, 王清海, 温磊, 等. 某飞机气象雷达天线罩雷电防护技术的研究. 玻璃钢/复合材料, 2010, 5: 66-70.

[3] Petrov N I, Haddad A, Griffiths H, et al. Lightning strikes to aircraft radome: Electric field shielding simulation. 17th International Conference on Gas Discharges and Their Applications, Cardiff, 2008.

[4] Karch C K, Calomfirescu M, Rothenhäusler M. Lightning strike protection of radomes. International Symposium on Electromagnetic Compatibility, Barcelona, 2019.

[5] SAE-ARP-5412A. Aircraft lightning environment and related test waveforms. Society of Automotive Engineers, 2005.

[6] SAE-ARP-5416. Aircraft lightning test methods. Society of Automotive Engineers, 2005.

[7] 严璋, 朱德恒. 高电压绝缘技术. 北京: 中国电力出版社, 2002.

[8] 何征, 熊秀, 范晓宇, 等. 风电叶片片段式导流条雷电防护性能研究. 风能, 2017, (9): 60-63.

[9] Wang Y, Zhupanska O I. Lightning strike thermal damage model for glass fiber reinforced polymer matrix composites and its application to wind turbine blades. Composite Structures, 2015, 132: 1182-1191.

[10] 合肥航太电物理技术有限公司. 航空器雷电防护技术. 北京：航空工业出版社, 2013.

[11] Lattimer B Y, Ouellette J. Properties of composite materials for thermal analysis involving fires. Composites, Part A: Applied Science and Manufacturing, 2006, 37(7): 1068-1081.

[12] Chen H, Wang F S, Xiong X, et al. Plasma discharge characteristics of segmented diverter strips subject to lightning strike. Plasma Science and Technology, 2018, 21(2): 025301.